21世纪高等教育工程管理系列规划教材

建设工程造价管理

第2版

主　编　刘允延
副主编　王炳霞
参　编　胡绍兰　路君平　李　晴　刘浩辰
主　审　龚维丽

机械工业出版社

建设工程造价管理是工程项目管理的一个重要方面。本书共8章，第1、2章主要介绍建设工程造价管理的基本概念和特点以及建设项目造价的构成和计价依据；第3章论述建设项目的采购模式对造价的影响；第4、5章论述建设项目决策阶段和设计阶段造价控制的基本方法；第6章介绍建设项目招标投标的程序与合同价格的确定方法，并通过实例论述定额计价与工程量清单计价的区别与联系；第7、8章详细论述包括成本-进度集成控制及赢得值理论在内的施工阶段造价管理的具体措施，并介绍了竣工验收的程序与竣工决算的编制方法。

本书主要作为高等院校工程管理、工程造价及其他相关专业的本科教材，也可供从事工程造价工作的相关人员学习和参考。

图书在版编目（CIP）数据

建设工程造价管理/刘允延主编.—2版.—北京：机械工业出版社，2016.10（2023.12重印）

21世纪高等教育工程管理系列规划教材

ISBN 978-7-111-54870-6

Ⅰ.①建…　Ⅱ.①刘…　Ⅲ.①建筑造价管理-高等学校-教材

Ⅳ.①TU723.3

中国版本图书馆CIP数据核字（2016）第222716号

机械工业出版社（北京市百万庄大街22号　邮政编码100037）

策划编辑：冷　彬　责任编辑：冷　彬　于伟蓉

责任校对：樊钟英　封面设计：张　静

责任印制：刘　媛

涿州市般润文化传播有限公司印刷

2023年12月第2版第9次印刷

184mm×260mm · 15.25印张 · 365千字

标准书号：ISBN 978-7-111-54870-6

定价：39.80元

电话服务	网络服务
客服电话：010-88361066	机　工　官　网：www.cmpbook.com
010-88379833	机　工　官　博：weibo.com/cmp1952
010-68326294	金　书　网：www.golden-book.com
封底无防伪标均为盗版	机工教育服务网：www.cmpedu.com

序

随着21世纪我国建设进程的加快，特别是经济的全球化大发展和我国加入WTO（世界贸易组织）以来，国家工程建设领域对从事项目决策和全过程管理的复合型高级管理人才的需求逐渐扩大，而这种扩大又主要体现在对应用型人才的需求上，这使得高校工程管理专业人才的教育培养面临新的挑战与机遇。

工程管理专业是教育部将原本科专业目录中的建筑管理工程、国际工程管理、投资与工程造价管理、房地产经营管理（部分）等专业进行整合后，设置的一个具有较强综合性和较大专业覆盖面的新专业。应该说，该专业的建设与发展还需要不断的改革与完善。

为了能更有利于推动工程管理专业教育的发展及专业人才的培养，机械工业出版社组织编写了一套该专业的系列教材。鉴于该学科的综合性、交叉性以及近年来工程管理理论与实践知识的快速发展，本套教材本着“概念准确、基础扎实、突出应用、淡化过程”的编写原则，力求做到既能够符合现阶段该专业教学大纲、专业方向设置及课程结构体系改革的基本要求，又可满足目前我国工程管理专业培养应用型人才目标的需要。

本套教材是在总结以往教学经验的基础上编写的，主要注重突出以下几个特点：

（1）专业的融合性　工程管理专业是个多学科的复合型专业，根据国家提出的“宽口径、厚基础”的高等教育办学思想，本套教材按照该专业指导委员会制定的四个平台课程的结构体系方案，即土木工程技术平台课程及管理学、经济学和法律专业平台课程来规划配套。编写时注意不同的平台课程之间的交叉、融合，不仅有利于形成全面完整的教学体系，同时可以满足不同类型、不同专业背景的院校开办工程管理专业的教学需要。

（2）知识的系统性、完整性　因为工程管理专业人才是在国内外工程建设、房地产、投资与金融等领域从事相关管理工作，同时可能是在政府、教学和科研单位从事教学、科研和管理工作的复合型高级工程管理人才，所以本套教材所包含的知识点较全面地覆盖了不同行业工作实践中需要掌握的各方面知识，同时在组织和设计上也考虑了与相邻学科有关课程的关联与衔接。

（3）内容的实用性　教材编写遵循教学规律，避免大量理论问题的分析和讨论，提高可操作性和工程实践性，特别是紧密结合了工程建设领域实行的工程项目管理注册制的内容，与执业人员注册资格培训的要求相吻合，并通过具体的案例分析和独立的案例练习，使学生能够在建筑施工管理、工程项目评价、项目招标投标、工程监理、工程建设法规等专业领域获得系统深入的专业知识和基本训练。

（4）教材的创新性与时效性　本套教材及时地反映工程管理理论与实践知识的更新，将本学科最新的技术、标准和规范纳入教学内容，同时在法规、相关政策等方面与最新的国家法律法规保持一致。

我们相信，本套系列教材的出版将对工程管理专业教育的发展及高素质的复合型工程管理人才的培养起到积极的作用，同时也为高等院校专业教育资源和机械工业出版社专业的教材出版平台的深入结合，实现相互促进、共同发展的良性循环而奠定基础。

前　言

建设工程造价管理是工程项目管理的一个非常重要的方面。造价管理的内容和控制的方法在建设项目寿命周期的不同阶段各不相同。

项目业主的造价管理实质上是投资控制。业主的投资控制主要体现在投资机会研究、可行性研究、投资决策、工程设计、施工招标等阶段中。工作的重点是前期的一系列估算，为投资决策提供依据。

本书的第1章除了介绍工程造价的特点和计价特征之外，还扼要介绍了我国工程造价管理的历史沿革、造价管理方法论的改进，以及国家不断适时颁发的与新的方法论相配套的法律法规和规范。

本书第2章全面介绍了建设工程造价的构成要素，并根据建标【2013】44号文中的按费用构成要素划分的建筑安装工程的费用构成，给出了工程量清单时代的定额计价模式的费用构成模板，且阐释了该模板中的费用要素与清单科目的关系。

选择项目的实施方式（项目采购模式）及确定施工合同类型是业主开发新项目时必须做出的重大决策，如选择正确不仅能最大限度地降低开发成本，提高投资效率，还能降低业主的风险。本书在第3章对此进行了较详细的论述。本书后续的章节所论述的造价管理的基本方法均以传统的项目采购模式为基础。

优化设计是工程项目建设前期降低成本的核心措施。全寿命周期造价管理是工程项目投资决策的一种分析工具，是一种用来选择决策备选方案的方法。它主要以价值工程的思想和手段，综合考虑工程项目的建造成本和运营、维护成本，从而实现更为科学的建筑设计和更为合理的材料、设备的选择，以便在确保设计质量的前提下，实现降低项目全寿命周期成本的目标。本书在第5章论述这一问题。

第6章中的招投标部分介绍了2012年颁发的《招标投标法实施条例》的内容，对必须招标的项目进行了重新定义。扼要介绍了《建设工程施工合同（示范文本）》（GF—2013—0201）的主要内容，并与菲迪克（FIDIC）施工合同条件进行了对比，指明其编纂特点及在建筑业各专业领域的适用范围。

我国从2003年实行工程量清单计价。本书第6章除了介绍传统的以概预算定额为基础确定工程造价的方法外，还根据2013版《建设工程工程量清单计价规范》的规定，对综合单价法和工程量清单计价的方法、程序、格式等进行了全面的更新和修正。并以真实工程为例，详细演绎以工程量清单模式编制招标控制价（或投标报价）的全过程。承包商的成本管理始于投标报价。本书第6章还介绍了承包商投标报价的基本方法和技巧，主要从技术的角度论述和介绍投标的程序和方法，不仅定性地分析各种投标技巧的应用原则，还定量地介绍如何建立数学模型对工程项目进行精确报价。

承包商中标只是获得了潜在的盈利可能性，而能否实现盈利要取决于施工阶段成本管理的效果。本书在第7章介绍了优化施工组织设计、施工预算的编制和两算对比的具体方法，以及如何在合同价格的基础上制订工程费用计划、进行费用目标分解、对目标实施监控并实施合理的索赔；并以成本-进度的计算机集成管理为主线，以赢得值理论的偏差分析为方法，通过例题详细介绍如何建立目标工程和数据更新，如何对施工项目的成本、资源、进度等数据进行动态监控。因此从纵向看，建设项目造价管理贯穿项目寿命周期的始终；从横向看，包括业主、咨询公司、总包商、分包商、供货商在内的几乎所有参与方都要参与项目的造价管理。

竣工决算是综合全面地反映竣工项目建设成果及财务情况的总结性文件。本书在第8章详细介绍了竣工验收的概念和程序及竣工决算的编制方法。

本书由刘允延编写第1、2、3章；王炳霞编写第4、5章；刘允延、李晴合编第6章；胡绍兰、刘浩辰合编第7章；路君平编写第8章。中咨工程建设监理公司的注册监理工程师、注册造价师李晴为本书提供了真实工程的案例，并在此基础上编写了第6章的例题。

本书由刘允延担任主编，王炳霞担任副主编，刘允延负责统稿并最终定稿。

本书虽经精心编写，但由于作者水平和能力有限，仍难免有不足之处，敬请专家和读者批评指正。

作　者

目　　录

第1章 建设工程造价管理概述

1.1 建设工程造价的基本概念

1.1.1 工程造价的含义

工程造价的直接含义就是工程的建造价格。这里的工程泛指一切建设工程，它的范围和内涵具有很大的不确定性。在市场经济的条件下工程造价有两种含义。

第一种含义：建设成本，或称为工程投资。这是对投资方、业主、项目法人而言。为谋求以较低的投入获得较高的产出，在确保建设要求、工程质量前提下谋求尽可能低的建设成本，这就必须对建设成本实行从前期就开始的全过程控制和管理。建设成本的管理属于对特定工程项目的投资管理范畴。

第二种含义：承包价格，或称为工程价格。这是对发包方、承包方双方而言的。双方的利益要求是矛盾的，双方在特定工程上都通过市场谋求有利于自己的承包价格，因此承发包双方都要对特定的工程项目进行价格管理。这种管理属于价格管理的范畴。

中文的“造价”与英文的“cost”是对应的，而“cost”同样既可以表示“费用”或“成本”，也可以表示“价格”或“造价”。“cost”的具体含义同样取决于该词使用在何处和使用者的用意。本书在不同场合提到造价、成本、费用、价格等词汇时一般会指明其含义，如果在特定的章节其含义已很明显，读者完全可从上下文逻辑关系知晓其含义，笔者就不再赘述其含义。

1.1.2 工程造价的特点

1. 工程价格的大额性质

工程价格的大额性是由于其形体庞大、构造复杂、大量耗费资源所致。工程价格少则几百万，多则几个亿、十几亿甚至更多。价格越高的工程，其节约的潜力也越大。工程价格的大额性影响到有关各方的重大经济利益，同时也会对国家宏观经济产生重大影响。因此加强工程价格管理可取得巨大的经济效益。

2. 工程价格的竞争性

发包价格只有一个，然而由于参与施工承包的竞争者的多元性，故各有自己的估价方式和估价量。在投标竞争中，价格的竞争是最主要的竞争，竞争的结果只剩下取胜者的一个价格。按照我国《招标投标法》的规定，这个价格是在能够满足招标文件的实质性要求的前提下，由评审的投标价格最低者中标。竞争性计价有利于进行价格优化 有利于提高承包者的经营管理水平。

3. 工程价格的可变性

由于工程施工期长、资金具有时间价值、工程变更的必然性和索赔行为的存在等原因，承包时的合同价格是要变化的。没有人能够事先确定其变化后的具体数值，只有在竣工结算时，才能确定实际的准确价格。所以，在计价中必须考虑风险因素和可变因素，力争在估价时估算的价格与实际工程价格更贴近，而在工程价格结算时必须进行价格调整。

4. 工程价格的地区性

工程是固定在大地上的，不能移动。工程有地区性，故工程价格亦有地区性。地区性使价格水平、计价应考虑的因素、工程价格的可变性和竞争性等，均产生很大差异。这种差异表现在国内、省内的不同地区，也表现在国内外。地区性差异使宏观监督管理的难度增大，在不同地区之间竞争与管理的难度大，风险也大。我国幅员辽阔，应在工程价格管理中充分注意工程价格的地区性。

5. 工程价格的多专业性

建设工程施工按专业可分成许多类，如建筑工程、市政工程、公路工程、水利水电工程、矿山工程、电信工程、铁路工程、化工石油工程等。各类专业工程由专业施工队伍进行承包施工，各专业施工队伍又往往分属于不同的主管部门，因此长期以来，各有一套管理模式、计价方法、标准与规定，计价水平也有差别，由此导致了工程价格的多专业性。在我国工程价格的确定和管理必须考虑专业的特点，尊重各专业管理部门的管理要求。随着改革的深入和与国际惯例相衔接，随着建筑市场的逐步发育和完善，专业不同的工程的价格管理差距会越来越小，管理的责任会逐渐集中，但是各专业的工程价格之间的专业差别是不会消除的，进行工程价格管理仍然要考虑专业特点。

6. 计价依据的复杂性

不同的费用有不同的计价依据；不同的计价方式也有不同的计价依据；不同的建设阶段计价依据也不相同；不同部门、不同地区、不同时期，计价依据均有差异。因此，工程施工发包承包价格的计价依据十分复杂。如何选择和使用适宜的计价依据是重大的管理理论问题，也是改革中一项十分突出的问题。

7. 工程价格结算方式的多样性

工程价格的结算可以采用按月结算、竣工后一次结算、分阶段结算和合同约定的其他方式结算。各种结算方式产生了不同的核算方式、不同的核算难度、不同的核算工作量，对社会经济产生不同的影响。

工程价格的以上特点，既是它区别于其他价格的标志，又是对工程价格进行管理的根据，应当引起充分重视。工程价格管理同一般商品价格管理比较，无论在内容上、方法上、难度上，均独具特点，它对国民经济的影响之大也是其他商品难以比拟的。

1.1.3 工程造价的计价特征

作为建设工程这一特殊商品的价值表现形式，建设工程造价除具有一切商品价格的共同特点之外，同时又具有其自身的特点。主要特征是：单件性计价、多次性计价、按工程构成的分部组合计价和计价方法的多样性。

1. 单件性计价

每一项建设工程都有特定的用途，不同的结构、造型和装饰，不同的规模，建设时采用不同的设备和材料。即使是用途相同的建设工程，设计标准差别也很大。还要受工程所在地的水文、地质、地震、气候等自然条件的影响。再加上不同地区各种价格要素的差异，最终导致建设工程造价的千差万别。因此对于建设工程不能像对工业产品那样按品种、规格、质量成批定价，只能通过特殊的程序（编制估算、概算、预算、合同价、结算价及最后确定的竣工决算价等）就特定项目计算建设工程造价。

2. 多次性计价

建设工程是一个周期长，规模大，造价高的生产过程。包括可行性研究在内的设计过程一般较长，并且要分阶段进行，逐渐深化。为了便于工程建设过程中各方经济关系的建立，满足项目管理的要求，适应工程造价控制和管理的要求，需要按照设计和建设阶段进行多次计价。

该过程从投资估算、设计概算、施工图预算到合同价的确定，再到各项工程的结算价和最后在结算价基础上编制的竣工决算，整个计价过程是一个由粗到细、由浅入深，最终确定建设工程造价的过程。计价过程各环节相互衔接，前者制约后者，后者补充前者。

3. 按工程构成分部组合计价

在建设项目中，凡是具有独立的设计文件、竣工后可以独立发挥生产能力或工程效益的工程为单项工程，也可将它理解为具有独立存在意义的完整的工程项目。各单项工程又可分解为各个能独立施工的单位工程。各单位工程又可进一步分解为分部工程和分项工程。计价时，先进行分项工程计价再进行组合，依次完成分部工程、单位工程、单项工程和建设项目的计价，所以计价时的计算量很大。之所以要进行分部组合计价，是因为计价对象的体形庞大，又是一次性的，没有标准的价格，这一特点造成了计价结果的差异性。如何进行分解，怎样进行组合，如何计算工程量以及各种费用一直是建设工程造价管理的核心问题，由此便产生了工程造价计价方式的问题，该问题在第6章详细讨论。

1.2 工程造价管理的改革

1.2.1 我国工程造价管理的历史沿革

在计划经济时期，我国工程造价管理一直沿用苏联的模式，实行与高度集中的计划经济相适应的概预算定额管理制度。在计划经济时期，工程建设概预算定额管理制度对工程造价的确定和控制起过积极作用。因为在传统的社会主义计划经济的模式下，商品生产的范围只限于个人消费品，生产资料不是商品，在生产领域起调节作用的是国民经济有计划地按比例发展的规律，价值规律只在流通领域起调节作用，在生产领域只起影响作用，这就淡化或排斥了价值规律。随着经济体制的改革和对外经济开放的扩大，原先的概预算定额管理制度与社会主义市场经济的发展越来越不适应。造价管理制度和定额计价手段暴露出很多问题：

1）国家成为工程价格运行的主体，而本应作为建筑市场的主体的承包人和发包人没有价格的决策权和定价权，影响了发包人投资的积极性；取消了承包人生产经营的自主权。

2）我国建筑市场长期以来违反商品的供求规律，将建筑经济活动纳入行政管理活动。法定性的固定计划价格在承发包过程中不可能对通货膨胀（或紧缩）做出价格调整的反应。当市场供求不平衡时，不便于承包人按照市场竞争原则进行正当的竞争。

3）概预算定额管理作为一种法定性质的制度，在一定程度上束缚了投资者的投资行为和承包者的经营行为，削弱了市场主体的行为能力，既不利于企业的发展也不利于与国际管理接轨。

4）定额理应是确定分项工程资源消耗量的参考标准，但为了事先确定工程造价的需要，而将“量”“价”合一。这在政府长期控制价格水平的计划经济体制下是可行的，也为造价人员带来了方便。但市场经济条件下的工、料、机价格是变化的，这就必然产生“活市场”和“死单价”的矛盾，不能在市场中及时准确地反映建筑产品的造价。

5）定额综合程度过大，在实际操作中往往因为定额的限制，不应计取的也不便扣除。如在墙体工程的定额中，综合了过梁、圈梁、砖砌垃圾道、通风道及附墙烟囱，尽管在实际工程中所包括的内容各不相同，但所计取的单价却相同，造成价格不能反映价值。

施工方法消耗部分也统得过死，工程实体消耗部分固然应由设计决定，而施工方法、手段却可以是多种多样的，应由施工方在统筹考虑成本和工期等因素后自行决定。如模板、机械台班等使用摊销费如何计算，到底是按折旧费还是按租赁费，也应由施工方在确保履行合同的前提下自行决定。但过去的定额制度未考虑结合工程实际的必要的调整，把企业的技术力量、施工能力、管理水平、设备装备等竞争因素固定化了，客观上削弱了优势企业的竞争力。

6）现有的对号入座式的概预算子目不可能涵盖所有的材料做法，也不可能涵盖不断涌现的新材料、新工艺、新技术。为了满足设计要求，施工单位在报价时必须不断地调整换算规定的子目，这样做一方面增加了承发包双方造价人员的工作量，另一方面也为高估冒算提供了可乘之机，从而助长了三超现象。如果业主方（目前我国大部分工程业主仍是国家）缺少称职的造价咨询人员就很容易蒙受巨大损失。

1.2.2 工程造价管理改革的现状

1. 由定额计价向工程量清单计价过渡

针对上述问题，我国近年来就如何建立符合市场经济体制的工程造价管理模式展开了积极有益的探索。广东省率先进行了工程量清单计价方式的试点；随后，北京市根据当时的建设部“十五”规划中有关造价管理改革的指导意见，也提出了造价管理改革的基本思路：总目标是，通过改革建立起国家宏观调控下，由市场形成工程造价的机制；近阶段目标是，通过改革具体计价依据和计价办法，理顺费用构成，为推行国际通用的工程量清单计价办法提供依据。

为此，北京市新编了预算定额，其原则是：以本地定额为基础，以全国定额为指导，以现行规范、标准图集为依据，以新技术、新工艺、新材料、新设备等为补充；子项以本地为主，本地没有的采用全国的，本地与全国水平有差异的进行合理调整，以反映北京市当前的施工水平和管理水平；体现最新成果、节能和智能建筑的特点。在上述原则的指导下，北京市做了下述工作：

1）将概算定额体系改为预算定额体系。在子目设置和工作内容方面，依据以主要工程为主、综合相关工程内容的以主带次、综合编制的原则，将概算定额改成按施工工序编制；并把概算定额按轴线和层高计算改成按图示尺寸计算。

2）将构成工程实体的实体性消耗与非实体性消耗分离。非实体性消耗指为了工程必须发生但又逐步分摊到工程上的消耗及一些措施性消耗。

3）理顺费用构成，将概算定额中的其他直接费分别列入其他人工费、其他材料费、其他机具费、临时设施费、现场经费或单独成章。

4）实行“定额量、市场价、指导费”的计价原则。工程的实体性消耗以定额为依据，非实体性消耗由企业参照定额的消耗标准自主确定；人工、材料、机械全部实行市场价；现场管理费、企业管理费、利润为指导性费率，可上下浮动。

在推出上述计价措施的同时，北京市还颁发了一系列配合性的管理办法。如颁发了《关于北京市建设工程造价计价办法的通知》《关于取消建筑行业劳动保险统筹基金计取有关问题的通知》等。

这一系列配套措施为新旧两种计价方式的并行创造了条件，即既能按预算定额计价，又有利于推行工程量清单计价，两种模式并行，适应了当时建设市场的实际情况。

为了全面推行建设工程发承包的清单计价，原建设部于2003年2月17日颁发了《建设工程工程量清单计价规范》（GB 50500—2003，以下称2003版清单计价规范），要求全部使用国有资金或国有资金投资为主的大中型建设工程均应采用工程量清单计价。为了配合该规范的执行，原建设部和财政部于当年10月15日联合发布了《建筑安装工程费用项目组成》（建标［2003］206号）。该“费用项目组成”既能满足工料单价法的计价过程又能满足综合单价法的计价需要，因此，新文件发布的同时废止了建标［1993］894号文件中只适合工料单价法的费用项目组成。这是我国造价管理体制的一场变革，是工程计价模式的飞跃，对建筑市场各方主体均产生了重大的影响。随着清单计价在全国的全面铺开，2003版清单计价规范的一些错误和缺项逐渐暴露了出来，于是该规范先后于2008年和2013年被重新修订。该部分的具体内容将在第6章作更深入的阐述。

2. 国家适时颁发针对建设市场的法律法规

随着国家经济建设和建筑业市场化的发展，国家相继颁发了《建筑法》《合同法》《价格法》《审计法》《招标投标法》《招标投标法实施条例》等一系列法律法规；颁发或更新了多种合同示范文本及规范，如《标准施工招标文件》《建设工程施工合同（示范文本）》《建设项目工程总承包合同示范文本》，特别是两次修订了工程量清单计价的相关规范。上述法律法规体系的建设为建设工程造价管理提供了坚实的法律依据，提高了工程项目造价管理的可操作性。

3. 建立造价工程师执业资格准入制度及造价咨询行业

为了保证建设工程造价管理的质量，统一造价工作者的知识领域，确保其执业技能水平能胜任建设项目全过程造价管理的要求，1996年，人事部和建设部颁发文件，在我国建设工程造价领域实施造价工程师执业资格制度。造价工程师的职业资格须通过全国统一考试取得。

自我国实施造价工程师制度以来，连续多年的执业资格考试为国家造就了大量合格的造价工程师，并使得造价管理工作迅速形成了一个新的行业，就像英国的quantity surveyor（工料测量师）、美国的cost engineer（造价工程师）一样，我国的造价工程师迅速从原本隶属于监理的“成本控制”的业务中独立出来，形成独立的造价咨询行业，为有需求的项目业主（或承包商）提供专业的造价咨询服务，从过去单纯的概预算员发展成可向项目业主提供全过程造价咨询工作的造价咨询公司。上述服务包括编制投资估算、初步设计概算、施工图预算，编制标底、招标控制价、工程价款结算、工程价款审计，签发现场签证，编制竣工决算等。

随着政府对建设工程招标工作监控力度的加大，编制标底（或招标控制价）的需求也日益加大。由于建筑业的市场化，发承包双方均愈加注重造价/成本的管控，于是越来越多的项目业主逐渐认同了造价咨询服务的作用，从而促进了造价咨询业的发展和壮大。在此过程中，中国建设工程造价管理协会（简称中价协）推出了《建设项目全过程造价管理咨询工作规程》（CECA/GC4—2009），规范了全过程造价管理咨询的内容、范围、格式、深度要求和质量标准。该规程与早些时候颁发的《建设工程造价咨询合同（示范文本）》（GF—2002—0212）相配合，既能保障委托方能享受到高质量的造价咨询服务，又能促进造价咨询全行业整体专业素质的提高。

复习题

1. 简述工程造价的含义。
2. 工程造价的计价特征是什么？
3. 我国工程造价管理的改革经历了哪几个阶段？

第 2 章 建设项目造价的构成和计价依据

2.1 建设项目造价构成概述

2.1.1 我国现行建设项目投资构成和工程造价构成

1. 工程造价相关概念

（1）建设项目总投资　建设项目总投资是指建设项目的投资方在选定的建设项目上所需投入的全部资金。建设项目一般是指在一个总体规划和设计的范围内，实行统一施工、统一管理、统一核算的工程，它往往由一个或数个单项工程所组成。建设项目按用途可分为生产性项目和非生产性项目。生产性项目总投资包括固定资产投资和包括铺底流动资金在内的流动资产投资两部分。而非生产性项目总投资只有固定资产投资，不含上述流动资产投资。建设项目总造价是项目总投资中的固定资产投资总额。

（2）固定资产投资　在我国固定资产投资包括基本建设投资、更新改造投资、房地产开发投资和其他固定资产投资四部分。建设项目的固定资产投资也是建设项目的工程造价。其中，建筑安装工程投资也就是建筑安装工程造价。

（3）流动资产投资　流动资产投资是指经营建设项目为保证生产和经营正常进行，按规定应列入建设项目总投资的流动资金。

（4）建筑安装工程造价　建筑安装工程造价是比较典型的生产领域价格，是建设项目投资中的建筑安装工程投资，也是项目造价的组成部分。项目业主和承包人之间是完全平等的买方与卖方的商品交换关系，建筑安装工程实际造价是买卖双方共同认可的由市场形成的价格。

2. 建设项目总投资及工程造价的构成

根据国家发改委和建设部发布的《建设项目经济评价方法与参数》（发改投资［2006］1325 号）的规定，建设项目总投资包括工程费用、工程建设其他费用和预备费三部分，如图 2-1 所示。

（1）工程费用　工程费用包括设备及工器具购置费和建筑安装工程费。建筑安装工程费由人工费、材料（包括工程设备）费、施工机具使用费、企业管理费、利润、规费和税金构成。

（2）工程建设其他费用　工程建设其他费用是指根据国家有关规定应在投资中支付，

并列入建设项目总造价或单项工程造价的费用。

（3）预备费 预备费是为了保证工程项目的顺利实施，避免在难以预料的情况下造成投资不足而预先安排的一笔费用。其中的基本预备费用以支付可能的工程变更或增加的工程量产生的费用，而涨价预备费是为了应付可能的通货膨胀。

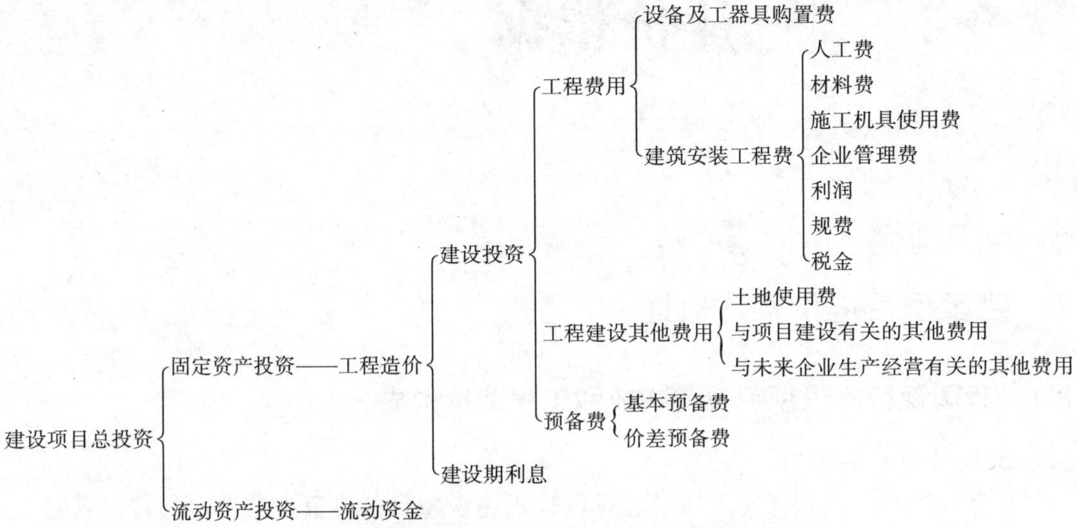

图2-1 我国现行建设项目总投资及工程造价的构成

2.1.2 世界银行工程造价的构成

世界银行和国际咨询工程师联合会于1978年对工程项目的总建设成本作了统一的规定（相当于我国的工程造价）。其详细内容如下。

（1）项目直接建设成本 主要包括土地征用费、场外设施费、场地费、工艺设备费、设备安装费、管道系统费、电气设备费、电气安装费、仪器仪表费、机械的绝缘油漆费、工艺建筑费、工厂普通公共设施费、车辆费、其他当地费用等。

（2）项目间接成本 包括以下内容：

1）项目管理费：包括总部人员的工资和福利费用、施工现场管理人员的工资、差旅费、业务费等杂项费用及各种酬金。

2）开工试车费：指工厂投料试车必需的劳务和材料费用。

3）业主的行政性费用。

4）生产前费用：指前期研究、勘测、建矿采矿等费用。

5）运费和保险费。

6）地方税。

（3）应急费 包括未确定项目的备用金和不可预见费。

（4）建设成本上升费用。

2.2 设备及工器具购置费用的构成

设备及工器具购置费用是由设备购置费和工具、器具及生产家具购置费组成的。

2.2.1 设备购置费的构成及计算

设备购置费是指为建设项目购置或自制的达到固定资产标准的各种国产或进口设备的购置费用，由设备原价和设备运杂费构成。

设备购置费 = 设备原价 + 设备运杂费

式中，设备原价指国产或进口设备的原价；设备运杂费指除设备原价之外的有关设备采购、运输、途中包装及仓库保管等方面支出费用的总和。

2.2.1.1 国产设备原价的构成及计算

1. 国产标准设备原价

国产标准设备原价是指按照主管部门颁布的标准图样和技术要求，由我国设备生产厂批量生产的，符合国家质量检测标准的设备。有的国产设备原价有两种，即带有备件的原价和不带备件的原价。计算时一般采用带有备件的原价。

2. 国产非标准设备原价

国产非标准设备是指国家尚无定型标准，各设备生产厂不可能在工艺过程中采用批量生产，只能按一次订货，并根据特定的设计图制造的设备。该类设备原价有多种不同的计算方法，如成本计算估价法、系列设备插入估价法、分部组合估价法、定额估价法等。但无论采用哪种方法都应使非标准设备计价接近实际出厂价，并且计算方法要简便。按成本计算估价法，非标准设备的原价由以下费用组成。

1）材料费。计算公式为：

材料费 = 材料净重 ×(1 + 加工耗损系数) × 每吨材料综合价

2）加工费。加工费包括生产工人工资和工资附加费、燃料动力费、设备折旧费、车间经费等。其计算公式为：

加工费 = 设备总重(吨) × 设备每吨加工费

3）辅助材料费（简称辅材费）。辅助材料费包括焊条、焊丝、氧气、氩气、氮气、油漆、电石（乙炔气）等费用。其计算公式为：

辅助材料费 = 设备总重量 × 辅助材料费指标

4）专用工具费。专用工具费按以上1）~3）项之和乘以一定百分比计算。

5）废品损失费。废品损失费按以上1）~4）项之和乘以一定百分比计算。

6）外购配套件费。外购配套件费按设备设计图所列的外购配套件的名称、型号、规格、数量、重量，根据相应的价格加运杂费计算。

7）包装费。包装费按以上1）~6）项之和乘以一定百分比计算。

8）利润。利润可按以上1）~5）项加7）项之和乘以一定的利润率计算。

9）税金。税金主要指增值税，计算公式为：

增值税 = 当期销项税额 − 进项税额

当期销项税额 = 销售额 × 适用增值税率

10）非标准设备设计费。非标准设备设计费按国家规定的设计费收费标准计算。

综上所述，单台非标准设备原价可用以下公式表达：

单台非标准设备原价 = {[(材料费 + 辅材费 + 加工费) ×(1 + 专用工具费率) ×
(1 + 废品损失费率) + 外购配套件费] ×(1 + 包装费率) −

外购配套件费}×(1+利润率)+增值税+
非标准设备设计费+外购配套件费

2.2.1.2 进口设备原价的构成及计算

进口设备的原价是指进口设备的抵岸价，即抵达买方边境港口或边境车站，且交完关税后的价格。

1. 进口设备的交货方式

进口设备的交货方式可分为内陆交货类、目的地交货类和装运港交货类。

(1) 内陆交货类 即卖方在出口国内陆的某个地点交货。卖方在交货地点及时提交合同规定的货物和有关凭证，并承担交货前的一切费用和风险；买方按时接受货物，交付货款，承担接货后的一切费用和风险，并自己办理出口手续和装运出口。货物的所有权也在交货后由卖方转移给买方。

(2) 目的地交货类 即卖方在进口国的港口或内地交货，包括目的港船上交货价、目的港船边交货价和目的港码头交货价（关税已付）及完税后交货价（进口国指定地点）等几种交货价。上述交货方式的特点是：买卖双方承担的责任、费用和风险是以目的地约定交货点为分界线，只有当卖方在交货地点置于买方控制下才算交货，才能向买方收取货款。这种交货方式对卖方来说风险较大，在国际贸易中卖方一般不愿采用。

(3) 装运港交货类 即卖方在出口国装运港交货，主要有装运港船上交货价（FOB），习惯称离岸价格；运费在内价（CFR）以及运费、保险费在内价（CIF），习惯称到岸价。它们的主要特点是：卖方按照约定的时间在装运港交货，只要卖方把合同规定的货物装船后提供货运单据便完成交货任务，可凭单据收回货款。

装运港船上交货价（FOB）是我国进口设备采用最多的一种货价。采用船上交货价时卖方的责任是：在规定的期限内，负责在合同规定的装运港口将货物装上买方指定的船只，并及时通知买方；负责货物装船前的一切费用和风险；负责办理出口手续，提供出口国政府或有关方面签发的证件并提供有关装运单据。买方的责任是：负责租船或订舱，支付运费并将船期船名通知卖方；负责货物装船后的一切费用和风险；负责办理保险并支付保险费，办理目的港的进口和收货手续，接受卖方提供的有关装运单据，并按合同约定支付货款。

2. 进口设备抵岸价的构成

我国进口设备采用最多的装运港船上交货价（FOB）抵岸价的构成可概括为

进口设备抵岸价=货价+国际运费+运输保险费+银行财务费+外贸手续费+关税+
增值税+消费税+海关监管手续费+车辆购置附加费

3. 设备运杂费的构成及计算

(1) 设备运杂费的构成 主要包括以下几项。

1) 运费和装卸费：国产设备由设备制造厂交货地点起至工地仓库或施工方指定地点止所发生的运费和装卸费；进口设备则由我国到岸港口或边境车站起至工地指定地点止所发生的运费和装卸费。

2) 包装费：在设备原价中没有包含的，为运输而进行的包装支出的各种费用。

3) 设备供销部门的手续费：按有关部门规定的统一费率计算。

4) 采购与仓库保管费：指采购、验收、保管和收发设备所发生的各种费用，包括设备采购人员、保管人员的工资、工资附加费、办公费、差旅交通费，设备供应部门办公和仓库所占固定资产使用费、工具用具使用费、劳动保护费、检验试验费等。这些费用可按主管部门规定的采购与保管费费率计算。

（2）设备运杂费的计算 设备运杂费按设备原价乘以设备运杂费率计算，其公式为：

$$设备运杂费 = 设备原价 \times 设备运杂费率$$

式中，设备运杂费率按各部门及省、自治区、市的规定费率计取。

2.2.2 工具、器具及生产家具购置费的构成及计算

工具、器具及生产家具购置费，是指新建或扩建项目初步设计规定的，保证初期正常生产必须购置的没有达到固定资产标准的设备、仪器、工卡模具、器具、生产家具和备品备件等购置费用。该费用一般以设备购置费为基数，按照部门或行业规定的工具、器具及生产家具购置费率计算，其公式为

$$工具、器具及生产家具购置费 = 设备购置费 \times 定额费率$$

2.3 建筑安装工程费用的构成

2.3.1 建筑安装工程费用构成概述

2.3.1.1 建筑安装工程费用包括的内容

1. 建筑工程费用包括的内容

1）各类房屋建筑工程和列入房屋建筑工程预算的供水、供暖、卫生、通风、煤气等设备费用及其装饰、油饰工程的费用；列入建筑工程预算的各种管道以及电力、电信和电缆导线敷设工程的费用。

2）设备基础、支柱、工作台、烟囱、水塔、水池等建筑工程以及各种炉窑的砌筑工程和金属结构工程的费用。

3）为施工而进行的场地平整，工程和水文地质勘察，原有建筑物和障碍物的拆除以及施工临时用水、电、气、路和完工后的场地清理、环境绿化、美化等工作的费用。

4）矿井开凿、井巷延伸、露天矿剥离，石油、天然气钻井，修建铁路、公路、桥梁、水库、堤坝、灌溉及防洪等工程的费用。

2. 安装工程费用包括的内容

1）生产、动力、起重、运输、传动和医疗、实验等各种需要安装的机械设备的装配费用，与设备相连的工作台、梯子、栏杆等装设工程费用，附属于被安装设备的管线敷设工程费用，以及被安装设备的绝缘、防腐、保温、油漆等工作的材料费和安装费。

2）为测定安装工程质量，对单台设备进行单机试运转、对系统设备进行系统联动无负荷试运转工作的调试费。

2.3.1.2 建筑安装工程费用构成框架

建筑安装工程费用构成实际上就是建设工程项目的发包承包价格的框架。该费用既是业主的标底或招标控制价的基础，又是承包商投标报价及双方签约的基础。

尽管工程量清单计价在我国已日趋成熟，但不少地区对于非强制要求清单计价的工程项目仍以定额计价为主。因此清单计价与定额计价并存仍有必要。住建部、财政部联合颁发的

《建筑安装工程费用项目组成》（建标［2013］44号）为两种计价方式给出了统一的费用构成平台。

2.3.2 按费用构成要素划分的建筑安装工程费

建标［2013］44号文给出了按费用构成要素划分的建筑安装工程的费用构成。该费用构成框架是对建标［1993］894号文和建标［2003］206号文的修改和补充，形成了工程量清单时代的定额计价模式的费用构成模板，包括人工费、材料（及工程设备）费、施工机具使用费、企业管理费、利润、规费和税金。其中人工费、材料费、施工机具使用费、企业管理费和利润包含在分部分项工程费、措施项目费、其他项目费中，如图2-2所示。该图不仅给出了建安工程的费用构成要素，而且标示出了这些费用要素与清单科目的关系。

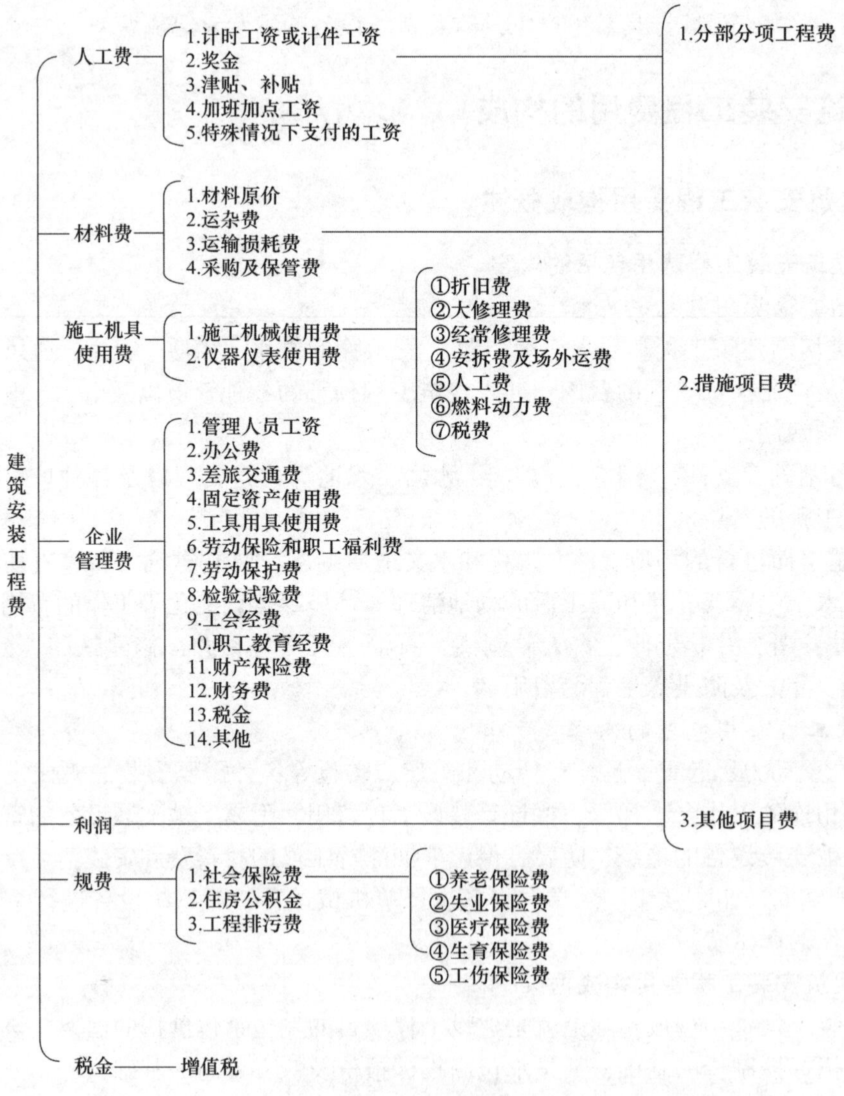

图2-2 定额计价模式下的我国建筑安装工程费用构成

2.3.2.1 人工费

1. 人工费的构成

人工费是指按工资总额构成规定，支付给从事建筑安装工程施工的生产工人和附属生产单位工人的各项费用。内容包括：

（1）计时工资或计件工资　指按计时工资标准和工作时间或对已做工作按计件单价支付给个人的劳动报酬。

（2）奖金　指对超额劳动和增收节支支付给个人的劳动报酬。如节约奖、劳动竞赛奖等。

（3）津贴补贴　指为了补偿职工特殊或额外的劳动消耗和因其他特殊原因支付给个人的津贴，以及为了保证职工工资水平不受物价影响支付给个人的物价补贴。如流动施工津贴、特殊地区施工津贴、高温（寒）作业临时津贴、高空作业津贴等。

（4）加班加点工资　指按规定支付的在法定节假日工作的加班工资和在法定日工作时间外延时工作的加点工资。

（5）特殊情况下支付的工资　指根据国家法律、法规和政策规定，因病、工伤、产假、计划生育假、婚丧假、事假、探亲假、定期休假、停工学习、执行国家或社会义务等原因按计时工资标准或计时工资标准的一定比例支付的工资。

2. 人工费的计算方法

构成人工费的基本要素有两个，即工日消耗量和日工资单价。

工日消耗量又称人工工日定额含量，在编制定额时测定。

日工资单价是指施工企业平均技术熟练程度的生产工人在每个工作日（国家法定工作时间内）按规定从事施工作业应得的日工资总额。计算公式如下：

$$日工资单价=\frac{生产工人平均月工资(计时、计件)+平均月(奖金+津贴补贴+特殊情况下支付的工资)}{年平均每月法定工作日}$$

因此：

$$人工费=\sum(工程工日消耗量\times日工资单价)$$

该公式适用于施工企业投标报价时自主确定人工费，也是工程造价管理机构编制计价定额确定定额人工单价或发布人工成本信息的参考依据。

根据建标［2013］44号文规定，工程造价管理机构确定日工资单价应通过市场调查、根据工程项目的技术要求，参考实物工程量人工单价综合分析确定，最低日工资单价不得低于工程所在地人力资源和社会保障部门所发布的最低工资标准的：普工1.3倍、一般技工2倍、高级技工3倍。

2.3.2.2 材料费

1. 材料费包括的内容

材料费是指施工过程中耗费的原材料、辅助材料、构配件、零件、半成品或成品、工程设备的费用。其内容包括：

（1）材料原价　指材料、工程设备的出厂价格或商家供应价格。

（2）运杂费　指材料、工程设备自来源地运至工地仓库或指定堆放地点所发生的全部费用。

（3）运输损耗费　指材料在运输装卸过程中不可避免的损耗。

（4）采购及保管费 指为组织采购、供应和保管材料、工程设备的过程中所需要的各项费用。包括：采购费、仓储费、工地保管费、仓储损耗。

2013年版清单计价规范及相关文件，将工程设备费纳入材料费的范畴。因此，材料费还应包括工程设备费。工程设备费是指构成或计划构成永久工程一部分的机电设备、金属结构设备、仪器装置及其他类似的设备和装置的费用。

2. 材料费的计算方法

（1）材料费 计算公式为：

$$材料费 = \sum(材料消耗量 \times 材料单价)$$

$$材料单价 = [(材料原价 + 运杂费) \times [1 + 运输损耗率(\%)]] \times [1 + 采购保管费率(\%)]$$

（2）工程设备费 计算公式为：

$$工程设备费 = \sum(工程设备量 \times 工程设备单价)$$

$$工程设备单价 = (设备原价 + 运杂费) \times [1 + 采购保管费率(\%)]$$

2.3.2.3 施工机具使用费

1. 施工机具使用费包括的内容

施工机具使用费是指施工作业所发生的施工机械、仪器仪表使用费或其租赁费。

（1）施工机械使用费 构成施工机械使用费的基本要素是机械台班消耗量和机械台班单价。施工机械台班单价应由下列七项费用组成：

1）折旧费：指施工机械在规定的使用年限内，陆续收回其原值的费用。

2）大修理费：指施工机械按规定的大修理间隔台班进行必要的大修理，以恢复其正常功能所需的费用。

3）经常修理费：指施工机械除大修理以外的各级保养和临时故障排除所需的费用。包括为保障机械正常运转所需替换设备与随机配备工具附具的摊销和维护费用，机械运转中日常保养所需润滑与擦拭的材料费用及机械停滞期间的维护和保养费用等。

4）安拆费及场外运费。安拆费指施工机械（大型机械除外）在现场进行安装与拆卸所需的人工、材料、机械和试运转费用以及机械辅助设施的折旧、搭设、拆除等费用；场外运费指施工机械整体或分体自停放地点运至施工现场或由一施工地点运至另一施工地点的运输、装卸、辅助材料及架线等费用。

5）人工费：指机上司机（司炉）和其他操作人员的人工费。

6）燃料动力费：指施工机械在运转作业中所消耗的各种燃料及水、电等。

7）税费：指施工机械按照国家规定应缴纳的车船使用税、保险费及年检费等。

（2）仪器仪表使用费 指工程施工所需使用的仪器仪表的摊销及维修费用。

2. 施工机具使用费的计算方法

（1）施工机械使用费 计算公式为：

$$施工机械使用费 = \sum(施工机械台班消耗量 \times 机械台班单价)$$

$$\begin{aligned}机械台班单价 = {} & 台班折旧费 + 台班大修费 + 台班经常修理费 + 台班安拆费及场外运费 + \\ & 台班人工费 + 台班燃料动力费 + 台班车船税费\end{aligned}$$

工程造价管理机构在确定计价定额中的施工机械使用费时，应根据《建筑施工机械台班费用计算规则》结合市场调查编制施工机械台班单价。施工企业可以参考工程造价管理机构发布的台班单价，自主确定施工机械使用费的报价，如租赁施工机械，公式为：施工机械使用费 = $\sum$（施工机械台班消耗量 × 机械台班租赁单价）

（2）仪器仪表使用费 计算公式为：

仪器仪表使用费 = 工程使用的仪器仪表摊销费 + 维修费

2.3.2.4 企业管理费

1. 企业管理费的内容

企业管理费是指建筑安装企业组织施工生产和经营管理所需费用，其内容包括：

（1）管理人员工资 指按规定支付给管理人员的计时工资、资金、津贴补贴、加班加点工资及特殊情况下支付的工资等。

（2）办公费 指企业管理办公用的文具、纸张、账表、印刷、邮电、书报、办公软件、现场监控、会议、水电、烧水和集体取暖降温（包括现场临时宿舍取暖降温）等费用。

（3）差旅交通费 指职工因公出差、调动工作的差旅费、住勤补助费，市内交通费和误餐补助费，职工探亲路费，劳动力招募费，职工退休、退职一次性路费，工伤人员就医路费，工地转移费以及管理部门使用的交通工具的油料、燃料等费用。

（4）固定资产使用费 指管理和试验部门及附属生产单位使用的属于固定资产的房屋、设备仪器等的折旧、大修、维修或租赁费。

（5）工具用具使用费 指企业施工生产和管理使用的不属于固定资产的工具、器具、家具、交通工具和检验、试验、测绘、消防用具等的购置、维修和摊销费。

（6）劳动保险和职工福利费 指由企业支付的职工退职金、按规定支付给离休干部的经费，集体福利费、夏季防暑降温补贴、冬季取暖补贴、上下班交通补贴等。

（7）劳动保护费 企业按规定发放的劳动保护用品的支出。如工作服、手套、防暑降温饮料以及在有碍身体健康的环境中施工的保健费用等。

（8）检验试验费 指施工企业按照有关标准规定，对建筑以及材料、构件和建筑安装物进行一般鉴定、检查所发生的费用，包括自设试验室进行试验所耗用的材料等费用。不包括新结构、新材料的试验费，对构件做破坏性试验及其他特殊要求检验试验的费用和建设单位委托检测机构进行检测的费用，对此类检测发生的费用，由建设单位在工程建设其他费用中列支。但对施工企业提供的具有合格证明的材料进行检测不合格的，该检测费用由施工企业支付。

（9）工会经费 指企业按《工会法》规定的全部职工工资总额比例计提的工会经费。

（10）职工教育经费 指按职工工资总额的规定比例计提，企业为职工进行专业技术和职业技能培训，专业技术人员继续教育、职工职业技能鉴定、职业资格认定以及根据需要对职工进行各类文化教育所发生的费用。

（11）财产保险费 指施工管理用财产、车辆等的保险费用。

（12）财务费 指企业为施工生产筹集资金或提供预付款担保、履约担保、职工工资支付担保等所发生的各种费用。

（13）税金 指企业按规定缴纳的房产税、车船使用税、土地使用税、印花税等。

（14）其他 包括技术转让费、技术开发费、投标费、业务招待费、绿化费、广告费、公证费、法律顾问费、审计费、咨询费、保险费等。

2. 企业管理费费率的计算方法

企业管理费率是根据人工费，材料费和施工机械使用费之间的比例来确定的，分为以下三种情况：

（1）以分部分项工程费为计算基础　计算公式为：

$$企业管理费费率(\%)=\frac{生产工人年平均管理费}{年有效施工天数\times 人工单价}\times 人工费占分部分项工程费比例(\%)$$

（2）以人工费和机械费合计为计算基础　计算公式为：

$$企业管理费费率(\%)=\frac{生产工人年平均管理费}{年有效施工天数\times(人工单价+每一工日机械使用费)}\times 100\%$$

（3）以人工费为计算基础　计算公式为：

$$企业管理费费率(\%)=\frac{生产工人年平均管理费}{年有效施工天数\times 人工单价}\times 100\%$$

上述公式适用于施工企业投标报价时自主确定管理费，是工程造价管理机构编制计价定额确定企业管理费的参考依据。

工程造价管理机构在确定计价定额中企业管理费时，应从定额人工费或（定额人工费+定额机械费）作为计算基数，其费率根据历年工程造价积累的资料，辅以调查数据确定，列入分部分项工程和措施项目中。

2.3.2.5　利润

利润是指施工企业完成所承包工程获得的盈利。按照不同的计价程序，利润的计算各不相同。施工企业在投标报价时应根据工程的难易程度、自身的竞争力和市场的竞争程度等因素确定适当合理的利润率，列入报价中。

工程造价管理机构在确定计价定额中利润时，应以定额人工费或（定额人工费+定额机械费）作为计算基数，其费率根据历年工程造价积累的资料，并结合建筑市场实际确定，以单位（单项）工程测算，利润在税前建筑安装工程费的比重可按不低于5%且不高于7%的费率计算。利润应列入分部分项工程和措施项目中。

2.3.2.6　规费

规费是指按国家法律、法规规定，由省级政府和省级有关权力部门规定必须缴纳或计取的费用。

1. 规费包含的内容

（1）社会保险费　社会保险费由以下几项构成：

1）养老保险费：是指企业按照规定标准为职工缴纳的基本养老保险费。

2）失业保险费：是指企业按照规定标准为职工缴纳的失业保险费。

3）医疗保险费：是指企业按照规定标准为职工缴纳的基本医疗保险费。

4）生育保险费：是指企业按照规定标准为职工缴纳的生育保险费。

5）工伤保险费：是指企业按照规定标准为职工缴纳的工伤保险费。

（2）住房公积金　指企业按规定标准为职工缴纳的住房公积金。

（3）工程排污费　指按规定缴纳的施工现场工程排污费。

其他应列而未列入的规费，按实际发生计取。

2. 规费的计算方法

（1）社会保险费和住房公积金　应以定额人工费为计算基础，根据工程所在地省、自治区、直辖市或行业建设主管部门规定费率计算。

社会保险费和住房公积金 = $\sum$(工程定额人工费 × 社会保险费和住房公积金费率)

式中，社会保险费和住房公积金费率可以每万元发承包价的生产工人人工费和管理人员工资含量与工程所在地规定的缴纳标准综合分析取定。

(2) 工程排污费　指按规定缴纳的施工现场工程排污费。

其他应列而未列入的规费应按工程所在地环境保护等部门规定的标准缴纳，按实计取列入。

2.3.2.7　税金

1. 采用一般计税方法时增值税的计算

采用一般计税方法时，建筑业增值税税率为10%。计算公式为：

增值税 = 税前造价 ×10%

税前造价为人工费、材料费、施工机具使用费、企业管理费、利润和规费之和，各费用项目均以不包含增值税可抵扣进项税额的价格计算。

2. 采用简易计税方法时增值税的计算

当采用简易计税方法时，建筑业增值税税率为3%。计算公式为：

增值税 = 税前造价 ×3%

税前造价为人工费、材料费、施工机具使用费、企业管理费、利润和规费之和，各费用项目均以包含增值税进项税额的含税价格计算。

简易计税的适用范围按《营业税改征增值税试点实施办法》以及《营业税改征增值税试点有关事项的规定》的规定执行。

2.3.3　按造价形成划分的建筑安装工程费

建筑安装工程费按照工程造价形成由分部分项工程费、措施项目费、其他项目费、规费、税金组成，分部分项工程费、措施项目费、其他项目费包含人工费、材料费、施工机具使用费、企业管理费和利润，如图2-3所示。

2.3.3.1　分部分项工程费

分部分项工程是指按现行国家计量规范对各专业工程划分的项目。如房屋建筑与装饰工程划分的土石方工程、地基处理与桩基工程、砌筑工程、钢筋及钢筋混凝土工程等。各类专业工程的分部分项工程划分参见现行国家或行业计量规范。

分部分项工程费是指各专业工程的分部分项工程应予列支的各项费用。

2.3.3.2　措施项目费

1. 措施项目费的含义

措施项目费是指实际施工中必须发生的施工准备和施工过程中技术、生活、安全、环境保护等方面的工程非实体性项目的费用。

非实体性项目，指其费用的发生和金额的大小与使用时间、施工方法或者两个以上工序相关，并且不形成最终的实体工程，如大型机械设备进出场及安拆、文明施工和安全防护、临时设施等。

2. 措施项目费的内容

(1) 安全文明施工费　包括以下几项内容：

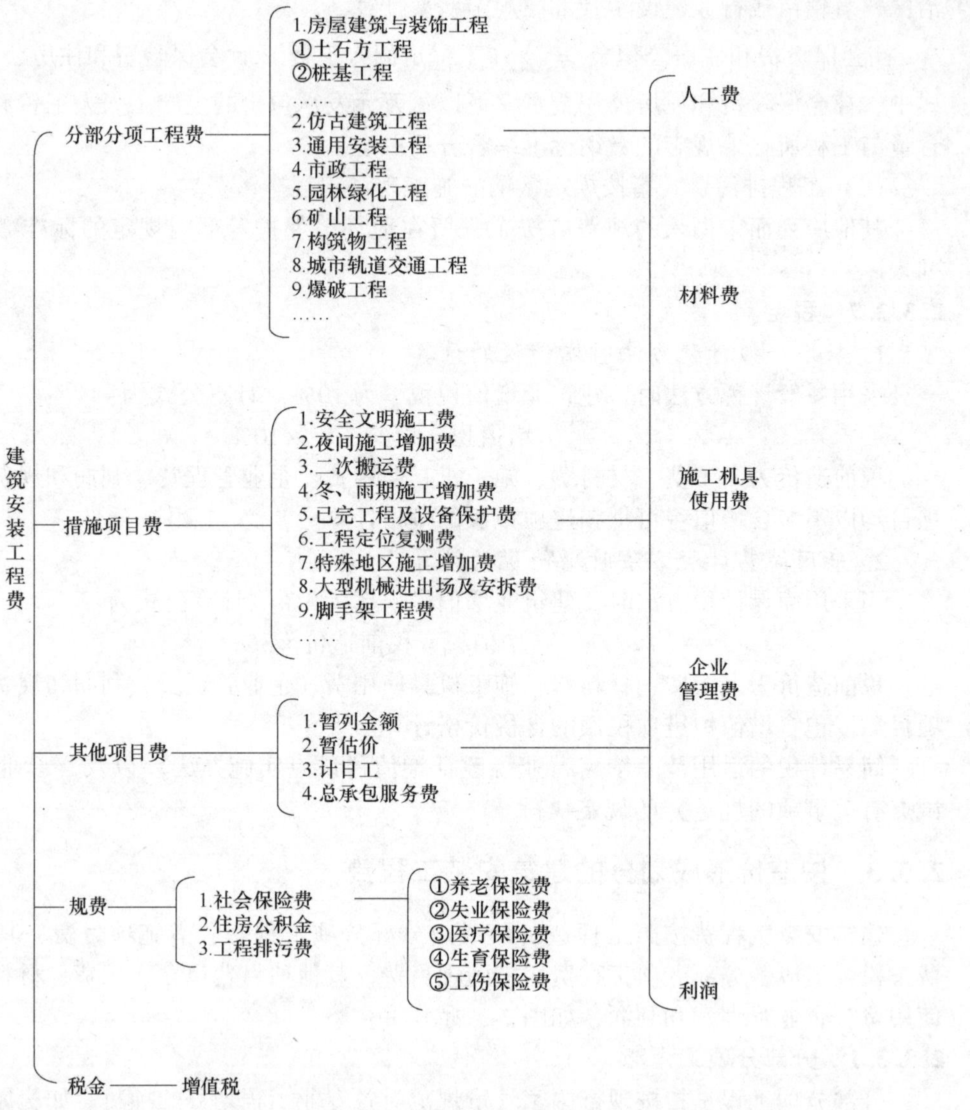

图 2-3 工程量清单计价模式下我国建筑安装工程费用构成及两种计价模式费用构成的关系图

1）环境保护费：是指施工现场为达到环保部门要求所需要的各项费用。

2）文明施工费：是指施工现场文明施工所需要的各项费用。

3）安全施工费：是指施工现场安全施工所需要的各项费用。

4）临时设施费：是指施工企业为进行建设工程施工所必须搭设的生活和生产用的临时建筑物、构筑物和其他临时设施费用，包括临时设施的搭设、维修、拆除、清理费或摊销费等。

（2）夜间施工增加费 指因夜间施工所发生的夜班补助费、夜间施工降效、夜间施工照明设备摊销及照明用电等费用。

（3）二次搬运费 指因施工场地条件限制而发生的材料、构配件、半成品等一次运输不能到达堆放地点，必须进行二次或多次搬运所发生的费用。

(4) 冬雨季施工增加费 指在冬季或雨季施工需增加的临时设施、防滑、排除雨雪，人工及施工机械效率降低等费用。

(5) 已完工程及设备保护费 指竣工验收前，对已完工程及设备采取的必要保护措施所发生的费用。

(6) 工程定位复测费 指工程施工过程中进行全部施工测量放线和复测工作的费用。

(7) 特殊地区施工增加费 指工程在沙漠或其边缘地区、高海拔、高寒、原始森林等特殊地区施工增加的费用。

(8) 大型机械设备进出场及安拆费 指机械整体或分体自停放场地运至施工现场或由一个施工地点运至另一个施工地点，所发生的机械进出场运输及转移费用及机械在施工现场进行安装、拆卸所需的人工费、材料费、机械费、试运转费和安装所需的辅助设施的费用。

(9) 脚手架工程费 指施工需要的各种脚手架搭、拆、运输费用以及脚手架购置费的摊销（或租赁）费用。

措施项目及其包含的内容详见各类专业工程的现行国家或行业计量规范。

2.3.3.3 其他项目费、规费和税金

1. 其他项目费

其他项目费指分部分项工程费、措施项目费所包含的内容以外，由招标人承担的与建设工程有关的其他费用，包括暂列金额、暂估价（包括材料暂估价和专业工程暂估价）、计日工、总承包服务费等。

(1) 暂列金额 指建设单位在工程量清单中暂定并包括在工程合同价款中的一笔款项。用于施工合同签订时尚未确定或者不可预见的所需材料、工程设备、服务的采购，施工中可能发生的工程变更、合同约定调整因素出现时的工程价款调整以及发生的索赔、现场签证确认等的费用。

(2) 暂估价 建设单位在招标时不易确定的某些材料、工程设备或专业分包科目的价格，以暂估价的形式列项，要求投标人以该暂估价格纳入报价中，包括材料暂估单价、工程设备暂估单价、专业工程暂估价。暂估价中的材料、工程设备暂估单价应根据工程造价信息或参照市场价格估算；专业工程暂估价应分不同专业，按有关计价规定估算。

(3) 计日工 指在施工过程中，施工企业完成建设单位提出的施工图以外的零星项目或工作所需的费用。

(4) 总承包服务费 指总承包人为配合、协调建设单位进行的专业工程发包，对建设单位自行采购的材料、工程设备等进行保管以及施工现场管理、竣工资料汇总整理等服务所需的费用。

2. 规费和税金

规费与税金同前2.3.2节的内容。

2.3.4 定额计价与清单计价的费用构成的区别和联系

建标［2013］44号文给出的定额计价与清单计价的费用构成进行对比，不难看出，两种费用构成实质上是一样的，只不过是操作程序有所区别。也就是说，假设某个项目分别以定额计价和清单计价发包，其最终的发承包价格在理论上应该是一致的。

建标［2013］44号文将建标［1993］894号文中的建安工程费的四项构成分解成可以

与清单计价相关联的七项构成。定额计价是先将前三项人、材、机单价与各分部分项的工程量形成合价后汇总成单位工程合价，以此计取管理费和利润，再计取规费和税金。而清单计价是在每个分部分项工程的单价生成过程中就各自计取管理费和利润，与工程量形成合价后再计取规费和税金。

此外，定额计价中的工程变更因素产生的费用，没有纳入到费用构成中。而清单计价中未来可能的工程变更、索赔等因素产生的费用则已纳入到其他项目清单中。

2.3.5 国外建筑安装工程费用的构成

2.3.5.1 工程费用构成框架

在国际建筑市场上，建筑安装工程费用的构成与我国的情况大致相同，尤其是直接费的计算基本一致。但由于长期市场经济条件形成的竞争机制，大多数国家尤其是发达国家都没有类似于我国的以指令性定额为基础的造价管理制度。建筑安装工程的计价标准也不由政府部门组织制订，更没有统一的取费标准（税金除外）。工程所需的估价指标、造价参数、费用标准等一般来自于大型工程公司根据自身具体条件建立的内部数据库，或来自于行业协会制定的参考性的内部标准，或是有名的造价咨询公司提供的逐渐被建筑业界公认为有参考价值的费用参数，但也仅仅是参考而已。国外建筑安装工程项目的发包承包价格的框架如图2-4所示。

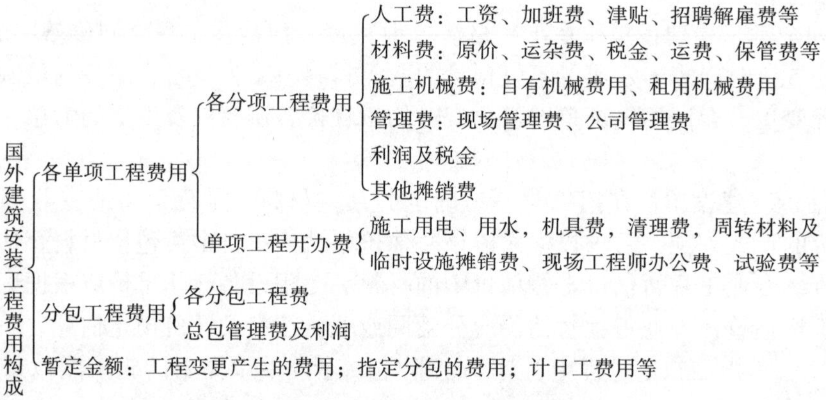

图2-4 国外建筑安装工程费用构成框架

2.3.5.2 工程费用的内容

1. 直接费的构成

（1）人工费 国外建筑工人按技术要求分为高级技工、熟练工、半熟练工和壮工。当工程价格采用平均工资计算时，要按各类工人总数的比例进行加权计算。工资中应包括加班费、津贴、招募费、解雇费等。

（2）材料费 主要包括：

1）材料原价：在当地材料市场中采购的材料价为采购价，包括材料出厂价和采购供销手续费等；进口材料一般指到达当地港口的交货价。

2）运杂费：对于当地采购的材料指的是从采购地点至工程施工现场的短途运输费、装卸费；对于进口材料则为从当地港口运至工程施工现场的运输费、装卸费。

3）税金：在当地采购的材料价一般已包括税金。对进口材料则为工程所在国的进口关税和手续费等。

4）运输损耗及采购保管费。

（3）施工机械费　大型自有机械台时单价，一般由每台时应摊折旧费、应摊维修费、台时消耗的能源和动力费、台时应摊的驾驶工人工资以及工程机械设计险投保费等。

2. 管理费

管理费包括现场管理费和公司管理费。国外建筑安装工程中的管理费除了包括与我国施工管理费构成相似的管理人员工资、辅助工资、办公费、差旅交通费、固定资产使用费、生活设施使用费、工具用具使用费、劳动保护费、检验试验费以外，还包括业务经营费。在许多国家的施工企业中该项费用在管理费中所占比重高达30%以上，其中包括：

1）广告宣传费。

2）交际费：如日常接待饮料，宴请及礼品费用等。

3）业务资料费：如购买招标文件及资料复制费等。

4）保函手续费：担保公司或银行针对投标保函、履约保函及预付款保函等收取的手续费。

5）代理人佣金。

6）保险费：包括建筑安装工程一切险、承包商设备险及第三方责任险等险种的保险费。

7）银行贷款利息。

3. 利润及税金

1）利润：根据单价分析的结果在各分部分项工程单价中摊入适当的利润率。

2）税金：包括印花税、公司所得税、个人所得税、营业税及社会安全税等。

4. 开办费

在许多国家，开办费一般是在各分部分项工程造价的前面单独列出的一笔费用，用以支付与现场工作有关的费用。单项工程建筑安装工程量越大，开办费在工程价格中所占比重就越小，反之越大。一般开办费占工程价格的10%左右。其包括的内容因国家和工程而异，大致包含以下内容：

1）施工用水、用电：施工用水费，按实际打井、抽水、送水发生的费用估算，也可按占直接费的比率估算；施工用电费可按实际需要的电费或自行发电费估算，也可按占直接费的比率估算。

2）机具费：大型机械的进出场及安装拆卸费（使用成本已摊入分部分项费用中）

3）工地清理费及完工后清理费，建筑物烘干费，临时围墙、安全信号灯、防护用品的费用以及恶劣气候条件下的工程防护费、污染费、噪声费及其他法定的防护费用。

4）周转材料费：如脚手架、模板的摊销费等。

5）临时设施费：包括临时办公、生活用房，临时仓库、临时通信、临时道路、临时输电线路等的费用。

6）现场工程师的办公室及所需设备的费用，现场材料试验及所需设备的费用：这些房屋的面积及所需设备的清单一般在招标文件中有明确要求。

7）其他费用：包括职工现场福利费及安全费、职工交通费等。

5. 暂定金额

业主在发包时对未确定的工作及开工后可能发生的不可预见事件的一项备用金。该项金额可能部分使用，也可能完全不用。暂定金额只有经工程师批准后才能使用，用以支付变更产生的费用、指定分包的费用和计日工的费用。

2.3.5.3 费用的组成形式

上述各项费用以三种不同的形式体现在报价中：组成分部分项工程单价；分摊进单价；单独列项。

1. 组成分部分项工程单价

人工费、材料费和施工机械费直接消耗在分部分项工程中，费用和分部分项工程之间存在着直接的对应关系。用单价乘以工程量即得出分部分项工程价格。

2. 分摊进单价

承包商的总部管理费、利润和税金一般要求分摊进单价，某些项目的招标要求中如不设开办费一项，则开办费中的费用项目则要分摊到各分部分项工程的单价中。

3. 单独列项

大部分国外项目在招标时都要求承包商对施工现场内的临时设施、为业主提供的办公和生活设施、脚手架等费用以开办费的形式单独报价。开办费项目中的费用不直接消耗在特定的分部分项工程中，它与分部分项工程没有直接的对应关系，但对整个项目的施工又必不可少。例如起重机、脚手架是施工的必需装备，大多数分部分项工程都在不同程度上使用这些装备，但又无法计算出各分部分项工程在起重机、脚手架上确切的费用消耗。脚手架的费用甚至无法划分用于攀登、安全防护和防环境污染方面的比例。这类费用项目无法以准确的比例计入各分部分项工程单价，因此以单独列项的方式进入报价比较合适。

需要注意的是，将开办费项目单独列项还是分摊进单价由招标方决定，承包商要根据招标文件和工程量计算规则的要求进行组项和报价，不可仅根据自己的习惯和擅长的方法报价。比如招标文件要求将现场的措施费用全部摊入单价，但报价者却按自己的习惯单列开办费，这就给业主的评标工作带来极大的不便，原因是该投标与其他投标失去了可比性。如发生这种情况，其结果多半是因“实质上不符合”而不被业主所考虑。

2.4 工程建设其他费用的构成

工程建设其他费用指在建设项目的建设投资中开支的固定资产其他费用、无形资产费用和其他资产费用，目的是为了保证工程建设顺利完成和交付使用后能够正常发挥效用。

2.4.1 固定资产其他费用

固定资产其他费用是固定资产费用的一部分。固定资产费用指项目投产时将直接形成固定资产的建设投资，包括工程费用以及在工程建设其他费用中按规定将形成固定资产的费用，后者被称为固定资产其他费用。

2.4.1.1 建设管理费

建设管理费是指建设单位从项目筹建开始直至工程竣工验收合格或交付使用为止发生的项目建设管理费用。

1. 建设管理费的内容

(1) 建设单位管理费 指建设单位发生的管理性质的开支。包括：工作人员工资、工资性补贴、施工现场津贴、职工福利费、住房基金、基本养老保险费、基本医疗保险费、失业保险费、生育保险费、工伤保险费，办公费、差旅交通费、劳动保护费、工具用具使用费、固定资产使用费、必要的办公及生活用品购置费、必要的通信设备及交通工具购置费、零星固定资产购置费、招募生产工人费、技术图书资料费、业务招待费、设计审查费、工程招标费、合同契约公证费、法律顾问费、咨询费、完工清理费、竣工验收费、印花税和其他管理性质开支。

(2) 工程监理费 指建设单位委托工程监理单位实施工程监理的费用。此项费用应按国家发改委与建设部联合发布的《建设工程监理与相关服务收费管理规定》（发改价格[2007] 670号）计算。依法必须实行监理的建设工程施工阶段的监理收费实行政府指导价；其他建设工程施工阶段的监理收费和其他阶段的监理与相关服务收费实行市场调节价。

2. 建设单位管理费的计算

建设单位管理费按照工程费用之和（包括设备工器具购置费和建筑安装工程费用）乘以建设单位管理费费率计算。

$$建设单位管理费 = 工程费用 \times 建设单位管理费费率$$

建设单位管理费费率按照建设项目的不同性质、不同规模确定。有的建设项目按照建设工期和规定的金额计算建设单位管理费。如采用监理，建设单位部分管理工作量转移至监理单位，监理费应根据委托的监理工作范围和监理深度在监理合同中商定或按当地或所属行业部门有关规定计算；如建设单位采用工程总承包方式，其总包管理费由建设单位与总包单位根据总包工作范围商定在合同中给出，从建设管理费中支出。

2.4.1.2 建设用地费

任何一个建设项目都固定于一定地点与地面相连接，必须占用一定量的土地，也就必然要发生为获得建设用地而支付的费用，这就是土地使用费。土地使用费是指通过划拨方式取得土地使用权而支付的土地征用及迁移补偿费，或者通过土地使用权出让方式取得土地使用权而支付的土地使用权出让金。

1. 土地征用及迁移补偿费

土地征用及迁移补偿费，是指建设项目通过划拨方式取得无限期的土地使用权，依照我国《土地管理法》等规定所支付的费用。土地征用及迁移补偿费的总和一般不得超过被征土地年产值的30倍，土地年产值则按该地被征用前三年的平均产量和国家规定的价格计算。土地征用及迁移补偿费的内容包括：

(1) 土地补偿费 征用耕地（包括菜地）的补偿标准，按政府规定，为该耕地被征用前三年平均年产值的6～10倍，具体补偿标准由省、自治区、直辖市人民政府在此范围内制定。征用园地、鱼塘、藕塘、苇塘、宅基地、林地、牧场、草原等的补偿标准，由省、自治区、直辖市参照征用耕地的土地补偿费制定。征收无收益的土地，不予补偿。土地补偿费归农村集体经济组织所有。

(2) 青苗补偿费和被征用土地上的房屋、水井、树木等附着物补偿费 这些补偿费的标准由省、自治区、直辖市人民政府制定。征用城市郊区的菜地时，还应按照有关规定向国家缴纳新菜地开发建设基金。地上附着物及青苗补偿费归地上附着物及青苗的所有者所有。

(3) 安置补助费　征用耕地、菜地的，其安置补助费按照需要安置的农业人口数计算。每一个需要安置的农业人口的安置补助费标准，为该耕地被征用前三年平均年产值的4～6倍。但是，每公顷被征用耕地的安置补助费，最高不得超过被征用前三年平均年产值的15倍。征用土地的安置补助费必须专款专用，不得挪作他用。需要安置的人员由农村集体经济组织安置的，安置补助费支付给农村集体经济组织，由农村集体经济组织管理和使用；由其他单位安置的，安置补助费支付给安置单位；不需要统一安置的，安置补助费发放给被安置人员个人或者征得被安置人员同意后用于支付被安置人员的保险费用。市、县和乡（镇）人民政府应当加强对安置补助费使用情况的监督。

(4) 缴纳的耕地占用税或城镇土地使用税、土地登记费及征地管理费等　县市土地管理机关从征地费中提取土地管理费的比率，要按征地工作量大小，视不同情况，在1%～4%幅度内提取。

(5) 征地动迁费　征地动迁费包括征用土地上的房屋及附属构筑物、城市公共设施等拆除、迁建补偿费、搬迁运输费，企业单位因搬迁造成的减产、停工损失补贴费，拆迁管理费等。

(6) 水利水电工程水库淹没处理补偿费　水利水电工程水库淹没处理补偿费包括农村移民安置迁建费，城市迁建补偿费，库区工矿企业、交通、电力、通信、广播、管网、水利等的恢复、迁建补偿费，库底清理费，防护工程费，环境影响补偿费用等。

2. 土地使用权出让金

土地使用权出让金，指建设项目通过土地使用权出让方式，取得有限期的土地使用权，依照我国《城镇国有土地使用权出让和转让暂行条例》规定，支付的土地使用权出让金。

1) 该条例明确国家是城市土地的唯一所有者，并分层次、有偿、有限期地出让、转让城市土地。第一层次是城市政府将国有土地使用权出让给用地者，该层次由城市政府垄断经营，出让对象可以是有法人资格的企事业单位，也可以是外商。第二层次及以下层次的转让则发生在使用者之间。

2) 城市土地的出让和转让可采用协议、招标、公开拍卖等方式。

① 协议方式是由用地单位申请，经市政府批准同意后双方洽谈具体地块及地价。该方式适用于市政工程、公益事业用地以及需要减免地价的机关、部队用地和需要重点扶持、优先发展的产业用地。

② 招标方式是在规定的期限内，由用地单位以书面形式投标，市政府根据投标报价、所提供的规划方案以及企业信誉综合考虑，择优而取。该方式适用于一般工程建设用地。

③ 公开拍卖是指在指定的地点和时间，由申请用地者叫价应价，价高者得。这完全是由市场竞争决定，适用于盈利高的行业用地。

3) 在有偿出让和转让土地时，政府对地价不作统一规定，但应坚持以下原则：

① 地价对目前的投资环境不产生大的影响。

② 地价与当地的社会经济承受能力相适应。

③ 地价要考虑已投入的土地开发费用、土地市场供求关系、土地用途和使用年限。

4) 关于政府有偿出让土地使用权的年限，各地可根据时间、区位等各种条件作不同的规定。根据我国《城镇国有土地使用权出让和转让暂行条例》，土地使用权出让最高年限按下列用途确定：

① 居住用地70年。

② 工业用地50年。

③ 教育、科技、文化、卫生、体育用地50年。

④ 商业、旅游、娱乐用地40年。

⑤ 综合或者其他用地50年。

5）土地有偿出让和转让，土地使用者和所有者要签约，明确使用者对土地享有的权利和对土地所有者应承担的义务。

① 有偿出让和转让土地使用权，要向土地受让者征收契税。

② 转让土地如有增值，要向转让者征收土地增值税。

③ 在土地转让期间，国家要区别不同地段、不同用途向土地使用者收取土地占用费。

2.4.1.3 可行性研究费

可行性研究费是指在建设项目前期工作中，编制和评估项目建议书（或预可行性研究报告）、可行性研究报告所需的费用。此项费用应依据前期研究委托合同计列，或参照《国家计委关于印发〈建设项目前期工作咨询收费暂行规定〉的通知》（计投资［1999］1283号）规定计算。

2.4.1.4 研究试验费

研究试验费是指为建设项目提供和验证设计参数、数据、资料等所进行的必要的试验费用以及设计规定在施工中必须进行试验、验证所需的费用。包括自行或委托其他部门研究试验所需人工费、材料费、试验设备及仪器使用费等。这项费用按照设计单位根据本工程项目的需要提出的研究试验内容和要求计算。在计算时要注意不应包括以下项目：

1）应由科技三项费用（即新产品试制费、中间试验费和重要科学研究补助费）开支的项目。

2）应在建筑安装费用中列支的施工企业对建筑材料、构件和建筑物进行一般鉴定、检查所发生的费用及技术革新的研究试验费。

3）应由勘察设计费或工程费用中开支的项目。

2.4.1.5 勘察设计费

勘察设计费是指委托勘察设计单位进行工程水文地质勘察、工程设计所发生的各项费用。包括工程勘察费、初步设计费（基础设计费）、施工图设计费（详细设计费）、设计模型制作费。此项费用应按《关于发布〈工程勘察设计收费管理规定〉的通知》（计价格［2002］10号）的规定计算。

2.4.1.6 环境影响评价费

环境影响评价费是指按照我国《环境保护法》《环境影响评价法》等规定，全面、详细评价建设项目对环境可能产生的污染或造成的重大影响所需的费用。包括编制环境影响报告书（含大纲）、环境影响报告表以及对环境影响报告书（含大纲）、环境影响报告表进行评估等所需的费用。此项费用可参照《关于规范环境影响咨询收费有关问题的通知》（计价格［2002］125号）规定计算。

2.4.1.7 劳动安全卫生评价费

劳动安全卫生评价费是指按照原劳动部《建设项目（工程）劳动安全卫生预评价管理办法》等规定，预测和分析建设项目存在的职业危险、危害因素的种类和危险、危害程度，并提出先进、科学、合理可行的劳动安全卫生技术和管理对策所需的费用。包括编制建设项目劳动安全卫生预评价大纲和劳动安全卫生预评价报告书以及为编制上述文件所进行的工程分析和环境现状调查等所需费用。必须进行劳动安全卫生预评价的项目包括：

1）属于《关于基本建设项目和大中型划分标准的规定》中规定的大中型建设项目。

2）属于《建筑设计防火规范》中规定的火灾危险性生产类别为甲类的建设项目。

3）属于《爆炸危险场所安全规定》中规定的爆炸危险场所等级为特别危险场所和高度危险场所的建设项目。

4）大量生产或使用《职业性接触毒物危害程度分级》规定的Ⅰ级、Ⅱ级危害程度的职业性接触毒物的建设项目。

5）大量生产或使用石棉粉料或含有10%以上的游离二氧化硅粉料的建设项目。

6）其他由劳动行政部门确认的危险、危害因素大的建设项目。

2.4.1.8 场地准备及临时设施费

1. 场地准备及临时设施费的内容

1）建设项目场地准备费：是指建设项目为达到工程开工条件所发生的场地平整和对建设场地余留的有碍于施工建设的设施进行拆除清理的费用。

2）建设单位临时设施费：是指为满足施工建设需要而供到场地界区的、未列入工程费用的临时水、电、路、气、通信等其他工程费用和建设单位的现场临时建（构）筑物的搭设、维修、拆除、摊销或建设期间租赁费用，以及施工期间专用公路或桥梁的加固、养护、维修等费用。

2. 场地准备及临时设施费的计算

1）场地准备及临时设施应尽量与永久性工程统一考虑。建设场地的大型土石方工程应进入工程费用中的总图运输费用中。

2）新建项目的场地准备和临时设施费应根据实际工程量估算，或按工程费用的比例计算。改扩建项目一般只计拆除清理费。

$$场地准备和临时设施费 = 工程费用 \times 费率 + 拆除清理费$$

3）发生拆除清理费时可按新建同类工程造价或主材费、设备费的比例计算。凡可回收材料的拆除工程采用以料抵工方式冲抵拆除清理费。

4）此项费用不包括已列入建筑安装工程费用中的施工单位临时设施费用。

2.4.1.9 引进技术和引进设备其他费

1）引进项目设计图资料翻译复制费、备品备件测绘费：可根据引进项目的具体情况计列或按引进货价（FOB）的比例估列；引进项目发生备品备件测绘费时按具体情况估列。

2）出国人员费用：包括买方人员出国设计联络、出国考察、联合设计、监造、培训等所发生的旅费、生活费等。该费用依据合同或协议规定的出国人次、期限以及相应的费用标准计算。生活费按照财政部、外交部规定的现行标准计算，旅费按中国民航公布的票价计算。

3）来华人员费用：包括卖方来华工程技术人员的现场办公费用、往返现场交通费用、接待费用等。该费用依据引进合同或协议有关条款及来华技术人员派遣计划进行计算。来华人员接待费用可按每人次费用指标计算。引进合同价款中已包括的费用内容不得重复计算。

4）银行担保及承诺费：指引进项目由国内外金融机构出面承担风险和责任担保所发生

的费用，以及支付贷款机构的承诺费用。该费用应按担保或承诺协议计取，编制投资估算和概算编制时可以担保金额或承诺金额为基数乘以费率计算。

2.4.1.10　工程保险费

工程保险费是指建设项目在建设期间根据需要对建筑工程、安装工程、机器设备和人身安全进行投保而发生的保险费用。包括建筑安装工程一切险、引进设备财产保险和人身意外伤害险等。

工程保险费根据不同的工程类别，分别以其建筑、安装工程费乘以建筑、安装工程保险费率计算。民用建筑（住宅楼、综合性大楼、商场、旅馆、医院、学校）占建筑工程费的0.2%~0.4%，其他建筑（工业厂房、仓库、道路、码头、水坝、隧道、桥梁、管道等）占建筑工程费的0.3%~0.6%；安装工程（农业、工业、机械、电子、电气、纺织、矿山、石油、化学及钢铁工业、钢结构桥梁）占建筑工程费的0.3%~0.6%。

2.4.1.11　联合试运转费

联合试运转费是指新建项目或新增加生产能力的工程，在交付生产前按照批准的设计文件所规定的工程质量标准和技术要求，进行整个生产线或装置的负荷联合试运转或局部联动试车所发生的费用净支出（试运转支出大于收入的差额部分费用）。试运转支出包括试运转所需原材料、燃料及动力消耗、低值易耗品、其他物料消耗、工具用具使用费、机械使用费、保险金、施工单位参加试运转人员工资以及专家指导费等。试运转收入包括试运转期间的产品销售收入和其他收入。联合试运转费不包括应由设备安装工程费用开支的调试及试车费用，以及在试运转中暴露出来的因施工原因或设备缺陷等发生的处理费用。

2.4.1.12　特殊设备安全监督检验费

特殊设备安全监督检验费是指在施工现场组装的锅炉及压力容器、压力管道、消防设备、燃气设备、电梯等特殊设备和设施，由安全监察部门按照有关安全监察条例和实施细则以及设计技术要求进行安全检验，应由建设单位支付的、向安全监察部门缴纳的费用。此项费用按照建设项目所在省（市、自治区）安全监察部门的规定标准计算。无具体规定的，在编制投资估算和概算时可按受检设备现场安装费的比例估算。

2.4.1.13　市政公用设施费

市政公用设施费是指使用市政公用设施的建设项目，按照项目所在地省一级人民政府有关规定建设或缴纳的市政公用设施建设配套费用以及绿化工程补偿费用。此项费用按工程所在地人民政府规定的标准计列。

2.4.2　无形资产费用

无形资产费用指直接形成无形资产的建设投资，主要指专利及专有技术使用费。

1. 专利及专有技术使用费的主要内容

1）国外设计及技术资料费，引进有效专利、专有技术使用费和技术保密费。

2）国内有效专利、专有技术使用费用。

3）商标权、商誉和特许经营权费等。

2. 专利及专有技术使用费的计算

在专利及专有技术使用费的计算时应注意以下问题：

1）按专利使用许可协议和专有技术使用合同的规定计列。

2）专有技术的界定应以省、部级鉴定批准为依据。

3）项目投资中只需计在建设期支付的专利及专有技术使用费。协议或合同规定在生产期支付的使用费应在生产成本中核算。

4）一次性支付的商标权、商誉及特许经营权费按协议或合同规定计列。协议或合同规定在生产期支付的商标权或特许经营权费应在生产成本中核算。

5）为项目配套的专用设施投资，包括专用铁路线、专用公路、专用通信设施、送变电站、地下管道、专用码头等，如由项目建设单位负责投资但产权不归属本单位的，应做无形资产处理。

2.4.3 其他资产费用

其他资产费用指建设投资中除形成固定资产和无形资产以外的部分，主要包括生产准备及开办费等。

1. 生产准备及开办费的内容

生产准备及开办费是指建设项目为保证正常生产（或营业、使用）而发生的人员培训费、提前进厂费以及投产使用必备的生产办公、生活家具用具及工器具等购置费用。包括：

1）人员培训费及提前进厂费。包括自行组织培训或委托其他单位培训的人员工资、工资性补贴、职工福利费、差旅交通费、劳动保护费、学习资料费等。

2）为保证初期正常生产（或营业、使用）所必需的生产办公、生活家具用具购置费。

3）为保证初期正常生产（或营业、使用）必需的第一套不够固定资产标准的生产工具、器具、用具购置费。不包括备品配件费。

2. 生产准备及开办费的计算

1）新建项目按设计定员为基数计算，改扩建项目按新增设计定员为基数计算：

$$生产准备费 = 设计定员 \times 生产准备费指标(元/人)$$

2）可采用综合的生产准备费指标进行计算，也可以按费用内容的分类指标计算。

2.4.4 预备费、建设期贷款利息

2.4.4.1 预备费

按我国现行规定，预备费包括基本预备费和工程造价调整预备费。

1. 基本预备费

基本预备费是指在初步设计及概算内难以预料的工程费用。费用内容包括：

1）在批准的初步设计范围内，技术设计、施工图设计及施工过程中所增加的工程和费用；设计变更、局部地基处理等增加的费用。

2）一般自然灾害造成损失和预防自然灾害所采取的措施费用。实行工程保险的工程项目该费用应适当降低。

3）竣工验收时为鉴定工程质量对隐蔽工程进行必要的挖掘和修复费用。计算公式为：

$$基本预备费 = (设备及工器具购置费 + 建筑安装工程费 + 工程建设其他费) \times 基本预备费率$$

2. 工程造价调整预备费

工程造价调整预备费是指建设项目在建设期间内由于价格等变化引起工程造价变化的预测预留费用。该费用内容包括：人工、设备材料、施工机械价差费，建筑安装工程费及工程

建设其他费用调整，利率、汇率调整等费用。

涨价预备费一般根据国家规定投资综合价格指数计算。计算公式为：

$$PF = \sum_{t=0}^{n} I_t[(1+f)^m(1+f)^{0.5}(1+f)^{t-1}-1]$$

式中　PF——涨价预备费；

I_t——建设期第 t 年的静态投资计划额，包括工程费用、工程建设其他费及基本预备费；

n——建设期年份数；

f——年均投资价格预计价格上涨率；

m——建设前期年限（从编制估算到开工建设）。

世界银行规定的建设项目投资构成中所规定的预备费则比我国上述规定更宽，包括以下内容：

1）建设成本上升费。

2）未明确项目的准备金：用于在估算时不可能明确的潜在项目，它在每一个组成部分中均单独以一定的百分比确定，并作为概算的一项单独列出。

3）不可预见准备金：这项准备金反映了物质、社会和经济的变化。这些变化预计会使成本估算增加，尽管这一估算达到了一定程度的完整性和符合所考虑的项目种类的技术标准的。它是一种储备，可能不动用。

2.4.4.2　建设期贷款利息

建设期贷款利息包括向国内银行和其他非银行金融机构贷款、出口信贷、外国政府贷款、国际商业银行贷款以及在境内发行的债券等在建设期间内应偿还的贷款利息。建设期贷款利息实行复利计算。

1. 贷款总额一次性贷出且利率固定的贷款

建设期贷款利息按下列公式计算：

$$F = P(1+i)^n$$

$$\text{贷款利息} = F - P$$

式中　P——一次性贷款金额；

F——建设期还款时的本利和；

i——年利率；

n——贷款期限。

2. 总贷款是分年均衡发放

建设期贷款利息的计算可按当年借款在年中支用考虑，即当年贷款按半年计息。计算公式为：

$$Q_j = \left(P_j - 1 + \frac{1}{2}A_j\right)i$$

式中　Q_j——建设期第 j 年应计利息；

P_{j-1}——建设期第 $j-1$ 年末贷款累计金额与利息累计金额之和；

A_j——建设期第 j 年贷款金额；

i——年利率。

国外贷款利息的计算中，还应包括贷款银行根据贷款协议向贷款方以年利率的方式收取的手续费、管理费、承诺费，以及国内代理机构经国家主管部门批准的以年利率的方式向贷款单位收取的转贷费、担保费、管理费等。

2.5 建设项目的计价依据

2.5.1 建设工程定额

2.5.1.1 定额的概念

建设工程定额是额定消耗量标准，是指按照国家有关的产品标准、设计规范和施工验收规范、质量评定标准，并参考行业标准、地方标准以及有代表性的工程设计、施工资料确定的工程建设过程中完成规定计量单位产品所消耗的人工、材料、机械等消耗量的标准。这种规定的额度反映在一定的社会生产力发展水平下完成某项建设工程的各种生产消耗之间特定的数量关系，考虑的是正常的施工条件、大多数施工企业的技术装备程度、合理的施工工期、施工工艺和劳动组织下的社会平均消耗水平。

2.5.1.2 定额的地位和作用

1. 建设工程定额的地位

工程建设概预算定额管理制度之所以在计划经济时期对工程造价管理起过积极作用，是因为定额在计划经济时期具有如下的地位：

1）定额是节约社会劳动、提高劳动生产率的重要手段。降低劳动消耗、提高劳动生产率是人类社会发展的普遍要求和基本条件。节约劳动时间是最大的节约，定额为生产者和管理者树立了评价劳动成果和经济效益的标准尺度，同时使劳动者自觉节约消耗，努力提高劳动生产率和经济效益。

2）定额是组织和协调社会化大生产的工具。随着生产力的发展，分工越来越细，生产社会化程度越来越高。任何一件商品都是许多劳动者共同完成的社会产品，所以必须借助定额实现生产要素的合理配置，借助定额组织、指挥和协调社会生产，保证社会生产的顺利持续发展。

3）定额是宏观调控的依据。我国既要发展市场经济，又要有计划地指导和调节市场经济，需要利用定额提供有依据的参数和计量标准。定额是实现分配、兼顾效率与公平的手段。作为评价劳动成果和经济效益的尺度，定额成为资源分配和个人消费品分配的依据。

随着建筑业的进一步市场化，“量”“价”合一的定额体制已不适应建筑工程市场定价的理念，“定额量”“市场价”“竞争费”已逐渐发展起来。国家或地区编制的定额系统正在被逐渐地淡化，并终将被企业定额所取代。

2. 建设工程定额的作用

1）建设工程定额具有促进节约社会劳动和提高生产效率的作用。企业用定额计算工料消耗、劳动效率、施工工期和工程造价，并与实际水平对比，衡量自身的竞争能力和盈利水平，促使企业加强管理，合理地分配和使用资源。

2）建设工程定额提供的信息为建筑市场供需双方的交易活动创造条件。需方可用以进行投资和购买决策，供方可用以进行定价决策，赢得用户并获取合同。

3）建设工程定额有助于完善建筑市场信息系统。定额本身是大量信息的集合，既是大量信息加工的结果又向使用者提供信息。长期以来我国建设工程发包承包价格就是依据定额提供的信息进行计价的。

2.5.1.3　建设工程定额体系

1. 按所反映物质消耗的内容分类

按照所反映物质消耗的内容，可将定额分为人工消耗定额、材料消耗定额和机械消耗定额。

1）人工消耗定额：是指完成一定合格产品所消耗的人工的数量标准。

2）材料消耗定额：是指完成一定合格产品所消耗的材料的数量标准。

3）机械消耗定额：是指完成一定合格产品所消耗的施工机械的数量标准。

2. 按用途分类

按用途可将定额分为基础定额或预算定额、概算定额（指标）、估算指标。

1）预算定额（基础定额）是完成规定计量单位分项工程的人工、材料、施工机械台班消耗量的标准，是统一预算工程量计算规则、项目划分、计量单位的依据，是编制地区单位估价表、确定工程造价、编制施工图预算的依据，也是编制概算定额（指标）的基础，也可作为制定招标工程标底、企业定额和投标比较报价的基础。

2）概算定额是介于预算定额和概算指标之间的一种定额，是在预算定额基础上以主要分项工程综合相关分项的扩大定额，是编制初步设计概算的依据，也可作为编制施工图预算的依据，还可作为编制估算指标的基础。

3）估算指标是投资估算的依据，是在现有工程造价资料的基础上，经分析整理得出的是合理确定项目投资的基础。

3. 按建设工程专业分类

按建设工程专业分类，可将定额区分为建筑工程定额、安装工程定额、铁路工程定额、公路工程定额、水利工程定额等。

1）建筑工程定额是建筑工程的基础定额或预算定额、概算定额（指标）的统称。建筑工程一般理解为房屋和构筑物工程。目前我国的土建定额、装饰定额等，都属于建筑工程定额的范畴。

2）安装工程定额是安装工程的基础定额或预算定额、概算定额（指标）的统称。安装工程一般是指对需要安装的设备进行定位、组合、校正、调试等工作。目前我国有机械设备安装定额、电气设备安装定额、自动化仪表安装定额、静置设备及工艺金属结构安装定额等，这些都属于安装工程定额的范畴。

3）铁路、公路、水利工程定额等也分别是各自基础定额或预算定额、概算定额（指标）的统称。

4. 按适用范围分类

按适用范围分类，可将定额分为国家定额、行业定额、地区定额和企业定额。

1）国家定额是指由国家建设行政主管部门依据现行有关的国家产品标准、设计规范、施工及验收规范、技术操作规程、质量评定标准和安全操作规程，综合全国工程建设情况、施工企业技术装备水平和管理情况进行编制、批准、发布，并在全国范围内施行的定额。目前我国的国家定额有土建工程基础定额、安装工程预算定额等。

2）行业定额是指由行业建设行政主管部门依据行业标准和规范，考虑行业工程建设特点、本行业施工企业技术装备水平和管理情况进行编制、批准、发布、并在本行业范围内施行的定额。目前我国的各行业几乎都有自己的行业定额。

3）地区定额是指由地区建设行政主管部门，考虑地区工程建设特点，对国家定额进行调整、补充编制并批准、发布，在本地区范围内施行的定额。目前我国的地区定额一般都为国家定额的地区单位估价表。

4）企业定额是指由施工企业根据本企业的人员素质、机械装备程度和企业管理水平，参照国家、部门或地区定额进行编制，只在本企业投标报价时使用的定额。企业定额水平应高于国家、行业或地区定额，才能适应投标报价、增强市场竞争能力的要求。

5. 按构成建设工程的费用分类

按构成建设工程的费用分类，可将定额分为构成直接费用的定额、构成间接费用的定额和构成其他费用的定额。

1）构成直接费用的定额是指施工过程中耗费的构成工程实体和有助于工程形成的各项费用的消耗标准，包括人工、材料、机械消耗定额。我国目前的土建工程基础定额、安装工程预算定额都属于直接费用定额。

2）构成间接费用的定额是指与建筑安装生产的个别产品有关的其他直接费和现场经费，以及与建筑安装生产的个别产品无关但为企业生产全部产品所必须发生的各项费用的消耗标准，包括企业管理费、财务费用和其他费用定额。由于间接费用中许多费用的发生和施工任务的大小没有直接关系，因此通过对间接费用定额的管理，有效控制间接费用的发生，对控制承发包价格是十分必要的。

3）构成工程建设其他费用的定额是指应列入总费用的其他费用的消耗标准，包括土地使用费定额，与项目建设有关的其他费用定额，与未来企业生产经营有关的其他费用定额等。这些费用的发生和整个建设项目密切相关，要按各项费用分别编制，合理确定标准。这些费用属间接费用的一部分，亦称为“规费”。

2.5.1.4 基础定额

建设部于1995年以建标［1995］736号文件通知颁发了《全国统一建筑工程基础定额——土建工程》（GJD—101—1995）。现简单介绍如下。

1. 土建基础定额概述

（1）编制原则

1）遵循社会主义市场经济原则。从有利于全国统一市场的建立、有利于市场竞争、有利于国家对工程造价的宏观调控出发，规范工程计价依据和计价行为。

2）以正常的施工条件、多数施工企业的装备程度、合理的施工工艺、劳动组织及工期条件下的社会平均消耗水平进行编制，既从当前的设计、施工和管理的实际出发，又有利于促进技术进步和管理水平的提高。

3）适应招标竞争和市场价格的变化，实行工程实体消耗和施工措施消耗的分离，消耗量与劳务、材料、施工机械台班价格的分离，以逐步实行依工程个别成本报价，通过市场竞争形成造价和价格的动态调整。

4）满足不同施工工艺计价需要，项目齐全，覆盖面广，简明适用，便于计算机在工程造价计价和管理方面的开发和应用。

5）定额与工程量计算规则分别成册，并逐步与国际通用规则接轨。

(2) 编制依据

1) 国家现行规范、规程、质量评定标准。

2) 国家现行标准图集、通用图集及有关省、自治区、直辖市的标准图集。

3) 1985年《全国统一建筑安装工程劳动定额》(以下简称“1985年劳动定额”)。

4) 1981年国家建委《建筑工程预算定额》(修改稿),1993年建设部《全国统一建筑装饰工程预算定额》,以及各省、自治区、直辖市现行定额。

5) 各部门,省、自治区、直辖市提供补充定额和有关资料及现场实地调查资料。

(3) 基础定额的作用

1) 是完成规定计量单位分项工程计价的人工、材料、施工机械台班消耗量的标准。

2) 是编制招标工程标底、制定企业定额的指导性定额。

(4) 基础定额的构成　基础定额由人工工日、材料、机械台班消耗量组成。

1) 人工工日消耗量是指在正常施工生产条件下 完成规定计量单位分项工程必须消耗的综合人工工日数量,内容包括基本用工、超运距用工、人工幅度差、辅助用工。

2) 材料消耗量是指在合理和节约使用材料的条件下,完成规定计量单位分项工程必须消耗的一定品种规格的材料、半成品、构配件等的数量标准,包括材料净耗量和材料不可避免的损耗量。

3) 机械台班消耗量是指在正常施工条件下,完成规定计量单位分项工程必须消耗的某类某种型号施工机械的台班数量,它由分项工程的机械台班消耗量及施工定额同预算定额的机械台班幅度差组成。

(5) 土建基础定额的表现形式

1) 章、节、项的划分:基础定额按章、节、项的顺序划分。章按施工程序以分部工程划分,共分为14章和4个附录。章的顺序是:土、石方工程,桩基工程,脚手架工程,砌筑工程,混凝土及钢筋混凝土工程,构件运输及安装工程,门窗及木结构工程楼地面工程,屋面及防水工程,防腐、保温、隔热工程,装饰工程,金属结构制作工程,建筑工程垂直运输定额,建筑物超高增加人工、机械定额,附录。节按分项工程划分,以桩基础工程为例,共11节142项。

2) 定额表格式:包括工作内容、计量单位、定额编号(对应于项目、子目)、项目名称及细分以及人工、材料、机械消耗量。

2. 土建基础定额的确定

(1) 人工工日消耗量的确定

1) 定额人工工日消耗量计算。

① 定额人工工日不分工种、技术等级,一律以综合工日表示。内容包括基本用工、超运距用工、辅助用工和人工幅度差。

基本用工以1985年劳动定额的劳动组织和时间定额为基础按工序计算。凡依据劳动定额的时间定额计算用工数的,均应按规定计入人工幅度差。根据施工实际采用估工增加的辅助用工,不计算人工幅度差。

② 机械土石方工程、打桩工程、构件运输及安装工程等,人工随机械产量计算的人工幅度差按机械幅度差计算。

③ 1985年劳动定额允许各省、自治区、直辖市调整部分,基础定额未予考虑。1995年

全国统一劳动定额发布后经与1985年劳动定额水平对比基本持平，基础定额编制中又适当加大了幅度差，可以弥补不作调整。

2）定额人工综合工日数计算。定额综合人工数按下列公式计算：

$$综合工日 = \sum(劳动定额基本用工 + 超运距用工 + 辅助用工) \times (1 + 幅度差率)$$

① 劳动定额基本用工。基本用工是指完成规定计量单位分项工程的基本用工工日，按综合取定的工程量和施工劳动定额进行计算，计算公式为：

$$基本用工 = \sum(综合取定的工程量 \times 施工劳动定额)$$

施工劳动定额是在基本工作时间、辅助工作时间、不可避免中断时间、准备与结束的工作时间以及休息时间的基础上制定的。

基本工作时间是指完成一定产品的施工工艺过程消耗的时间。

辅助工作时间是指为保证基本工作能顺利完成的辅助性工作消耗的时间。例如工具的矫正和小修、机械的调整、施工过程中机械上油等消耗的时间。

不可避免的中断时间是指由施工工艺特点所引起的工作中断时间（例如起重机械吊装预制构件时，安装工等待的时间），它不包括由于劳动组织不合理因素引起的中断时间。

准备与结束工作时间由班内的准备与结束工作时间（例如每天班前领取工具设备、机械开动前规定的试车及交接班的时间）、任务的准备与结束工作时间（例如接受工程任务单、研究施工详图、进行技术交底、竣工验收所消耗的时间）组成。

休息时间是指工人在施工中恢复体力所必需的短暂休息和生理需要的时间。休息时间的长短与劳动条件有关，劳动越繁重，越紧张，劳动条件越差，需要休息的时间越长。

② 超运距用工。超运距用工是指施工劳动定额中已包括的材料、半成品场内搬运距离之外现场材料、半成品由实际堆放地点到操作地点发生的水平运输用工量，一般根据测定的资料取定。计算公式为：

$$超运距用工 = \sum(超运距材料数量 \times 超运距劳动定额)$$

③ 辅助用工。辅助用工是指材料加工等辅助用工用量。计算公式为

$$辅助用工 = \sum(材料加工数量 \times 相应的加工劳动定额)$$

④ 人工幅度差。人工幅度差的内容包括：工序交叉、搭接停歇的时间损失；机械临时维修、小修、移动等不可避免的时间损失；工程检验影响的时间损失；施工收尾及工作面小影响工效的时间损失；施工用水、电管线移动影响的时间损失；工程完工、工作面转移造成的时间损失等。

（2）材料消耗量的确定

1）基础定额中的材料消耗包括主要材料、辅助材料、零星材料。凡能计量的材料、产品、半成品均按品种、规格逐一列出数量，并计入相应损耗，其内容包括：从工地仓库或现场集中堆放地点至现场加工地点（或操作地点），以及从加工地点至安装地点的运输损耗、施工操作损耗、施工现场堆放损耗。难以计量的其他材料费以占该项目材料费之和的百分率表示。

2）施工用周转性材料按不同施工方法、不同材质列出一次使用摊销量。

3）混凝土、砌筑砂浆、抹灰砂浆及各种胶凝材料定额，均按半成品数量包括损耗量计

算，以“m^3”表示，其配合比按现行规范（或常用资料）计算。

4）施工工具性消耗材料及单位价值在2000元以下的小型机具，应计入建筑安装工程费用定额中工具用具使用费项下，不再列入定额消耗量之中。

（3）施工机械台班消耗量的确定

1）挖掘机械、打桩机械、吊装机械、运输机械（包括推土机、铲运机、各种运输车辆）分别按机械功能和容量或性能及工作对象，区别单机或主机配合辅助机械分别以台班消耗量表示。未列机械的其他机械费以项目机械费之和列出。

2）机械幅度差应区别机械类型、功能及作业对象不同确定。幅度差的内容包括：配套机械相互影响的时间损失；工程开工或结尾工作量不饱满的损失时间；临时停水停电影响的时间；检查工程质量影响的时间；施工中不可避免的故障排除、维修及工序间交叉影响的时间等。

3）垂直运输机械区分建筑类型及高度、垂直运输机械种类，以每$100m^2$建筑面积列出台班消耗量。

2.5.2 工程价格信息

2.5.2.1 工程价格信息的含义和作用

工程价格信息是指已建成竣工和在建的有使用价值和有代表性的工程设计概算、施工预算、工程竣工结算、竣工决算、单位工程施工成本以及新材料、新结构、新设备、新工艺等建筑安装工程分部分项的单价分析等资料。

工程造价信息是工程造价宏观管理、决策的基础；是制定修订投资估算指标、概预算定额和其他技术经济指标以及研究工程造价变化规律的基础；是编制、审查、评估项目建议书、可行性研究报告投资估算，进行设计方案比较，编制设计概算，投标报价的重要参考。

2.5.2.2 我国工程造价信息管理的现状

我国目前的工程造价信息管理主要以国家和地方政府主管部门为主，通过各种渠道进行工程造价信息的搜集、处理和发布。社会主义市场经济体系的建立使得工程造价信息成为建筑市场的一种客观需要。实行工程造价体制改革后，国家对工程造价的管理逐渐由直接管理到间接管理。无数工程项目发承包价格真实地反映了工程造价在不同项目、不同时期的动态信息。政府对工程造价的动态管理，不能再沿袭习惯做法，即不能再依靠对工、料、机及间接费的动态管理，而应及时转向信息管理，建立有助于确定工程发承包价格的要素信息系统，定期发布工、料、机等各种要素价格和各类工程造价指数，为工程造价的技术经济分析、发承包价格的确定提供可靠依据。国家制定了统一的工程量计算规则，在推出工程量清单计价方式的同时，编制了全国统一工程项目编码。随着计算机网络技术及互联网的广泛应用，国家建立了工程造价信息网，定期发布价格信息及其产业政策，为各地主管部门、各咨询机构及其他造价编制和审定单位提供基础数据。

由于各地区的生产力发展水平不一致，经济发展不平衡，各地价格差异较大，因此各地区造价管理部门通过建立地区造价信息系统，定期发布反映市场价格水平的价格信息和调整指数；依据本地区的经济、行业发展情况制定相应的政策措施。同时通过收集本地区的实际工程价格，作为本地区造价政策制定价格信息的数据和依据，使地区主管部门发布的信息更具有实用性和市场性。

2.5.2.3 目前工程造价信息管理存在的问题

1）对信息的采集、加工和传播缺乏统一规划、统一编码和系统分类。信息系统开发和资源拥有之间处于相互封闭、各自为战的状态，其结果是无法达到信息资源的共享和优势互补。很多部门满足目前的表面信息，忽略信息的深加工。

2）信息采集的技术落后，信息分类标准不统一，数据格式和存取方式不一致，使得信息资源的远程传递、加工和处理非常困难，信息资源的内在质量很难提高，信息维护更新速度慢，不能满足信息市场的需要。

3）信息网建设有待完善。现有的工程造价信息网多为定额站或咨询公司所建，网站内容主要为定额颁布、价格信息发布查询、相关文件转发、招投标信息发布、企业或公司介绍等；网站只是将已有的造价信息显示出来，缺乏对这些信息的整理与分析。

2.5.2.4 工程造价信息化的发展方向

工程造价信息系统是对工程造价进行收集、加工、处理、储存、分析和反馈的组织程序和方法，主要解决信息于何时何地以何种方法取得，以何种手段加工、储存、处理和发布，以及如何使用，因此造价信息系统应满足如下要求：

1）由于工程造价信息是一个涉及面极其广阔的庞大系统，应构筑一个互相联系、资源共享的信息系统。按项目分应包括建设项目、单项工程、单位工程、分部工程和分项工程；按计价阶段划分应包括投资估算、概算、预算、承包价、结算价等；按价格组成应分为人工、材料、机械费，建安工程费、设备工器具购置费、工程建设其他费用等；按功能分应包括建筑工程、安装工程、装饰工程、市政工程、水利工程、铁路工程等。

2）应建立一个相对完善的信息数据库。完善的信息数据库主要由价格信息的采集系统、储存系统、检索系统和处理系统组成，其功能是保证信息向处理中心流动，处理中心向用户传递信息。

3）建立一套严格的信息管理制度和控制系统。该系统使造价信息的收集、加工、传递、储存、检索各子系统分别承担各自的职能，最终形成一个良性循环系统。

2.5.2.5 信息数据库的基本内容

造价信息数据库是把社会经济运行中产生的大量的工程造价信息和影响工程发包承包价格的相关信息以数据形式存储在计算机的存储器（或中心）中。造价信息数据库中的各种类别的数据，以一定的数据结构和存储方法存储，可供用户随时选取调用和查阅，并与全国各地造价信息网或其他信息网联网，不断扩大信息量、丰富数据库。造价信息数据库的基本介绍如下。

1. 价格管理信息数据库

价格管理信息库应由四方面组成：

1）价格管理体制分数据库，主要有价格管理体制，国家、地方价格管理机构的设置，国家、地方管理权限以及分工、管理职责等。

2）价格管理法规分数据库，主要有价格管理方面的法律、法规、规章和规范性文件。

3）建设法规分数据库，主要有工程建设、管理方面的法律、法规、规章和规范性文件。

4）工程造价方面的法规分数据库，包括法律、法规、规章和规范性文件及中央各部、各省、自治区、直辖市制定的规章和规范性文件。

2. 要素造价信息数据库

要素造价信息数据库由工程建设相关的各种要素组成。包括：钢材、木材、水泥、砖瓦、石灰、玻璃等建筑材料价格信息库；各工种、不同技术等级的劳动力市场价格信息库；机械设备租赁市场价格信息库；交通运输价格信息库；其他与建筑业相关的服务性价格信息库等。这些价格信息可以按不同的价格形式，分为国家定价、指导价、市场调节价；还可以分为出厂价、供应价、批发价、收购价、调拨价、零售价等。

3. 工程造价信息数据库

将不同类别、不同年代建成的工程的造价（包括概算、预算、决算）按照工程的类型、用途、建设地域等特征，汇总成相应的投资估算价格信息库、设计概算价格信息库、施工预算价格信息库、工程承发包价格信息库、竣工结算价格信息库，并经一定规则加工处理后可生成新的数据库，能提供各种类别建筑物、构筑物的参考价格。

4. 工、料、机消耗量信息数据库

工、料、机消耗量信息数据库包括：概算指标消耗量信息库；实际概算消耗量信息库；施工预算消耗量信息库；实际施工消耗量信息库；定额消耗量信息库以及设计规范、标准信息库。

5. 成本消耗信息数据库

成本消耗信息数据库可分为直接成本信息库、间接成本信息库。直接成本信息库可分为人工成本、材料成本、机械加工成本等制造成本信息库；间接成本信息库则可分为生产管理费用成本、经营管理费用成本、财务费用成本等信息库。这些数据库经一定规则加工处理后可生成技术经济指标数据库。

6. 相关统计指数信息数据库

相关统计指数信息数据库中的内容包括：商品零售价格指数及统计、生活费用价格指数及统计、生产资料价格指数及统计、工资价格指数及统计、固定资产投资统计（可细分为基本建设、更新改造、商品房开发等）、建筑施工企业各项指标统计等。

7. 相关经济信息数据库

相关经济信息数据库中的内容主要是与工程价格相关的宏观经济环境信息，包括国民生产总值，工业生产总值，农业生产总值，主要物资年产量及供应量，国民收入总额，职工工资总额，财政收入以及汇率、利率、固定资产投资计划等。

2.5.2.6 工程价格信息的收集

信息的收集要做到及时、真实可靠和有明确的目的性。及时是真实可靠的前提。尽管信息来源多、信息量大，但仍必须广开渠道及时收集。现代社会靠社会化大生产，利用好网络资源不失为及时收集信息的有效途径。真实可靠是要求原始信息一定要准确，这是最基本的要求。因此选择信息源应特别要注意核实，不仅数字要准确，文字表达还要明确。明确的目的性则是要求为满足特定的需要而进行有意识的收集，尽可能避免无效劳动。

造价信息收集的方法主要是通过建立造价信息网络，包括建立纵向、横向网络。收集主体既包括承包方、发包方、材料供应方、机械设备租赁供应方，还包括各类交易市场、各类社会价格信息员等。在收集手段上除了利用传统方式外，电子通信技术和计算机网络已为造价信息的收集创造了非常便利的条件，必须大力推广计算机技术，以使造价信息的收集手段现代化。在收集方式上则有调查、定期报告和对有关部门传递的造价信息摘录，以及对原始信息经加工处理形成新的再生信息等。

2.5.2.7 工程价格信息的传递

造价信息的传递是指造价信息从信息源出发，经过加工处理成为有重要价值的再生信息之后，借助一定的媒介被信息的接受者接收的过程。

造价信息的传递是信息进入实际应用过程的必要前提。当造价信息传递到接收者时，此时的接收者就成为用户，造价信息开始产生经济和社会效益。

1. 造价信息传递的基本要求

造价信息传递的基本要求是迅速、全面并适用、优质、经济。

1）迅速是对造价信息传递最基本的要求。市场经济的进一步发展使市场所有的经济活动对价格的依赖性越来越强，甚至可以说造价信息是建筑经济活动的前提。没有造价信息，建筑经济活动就寸步难行，因此造价信息一旦发生，就应在尽可能短的时间内传递给信息的需求者，以保持信息的时效性。为此必须借助现代先进的计算机技术和通信技术，以满足迅速传递信息的要求。

2）全面并适用是指为了满足工程施工发包承包的需要，有用的、可传递的信息数量应最大限度地满足用户的需求，同时要掌握信息需求者对信息的适用要求，切忌“多多益善”，产生信息垃圾，反而降低效率，造成信息污染。

3）优质是指传递信息要做到可靠、可信度高，避免造价信息在传递过程中失真，以保证造价信息的质量不受损害。

4）经济就是指要合理选择传递渠道和传递方式，以尽可能少的传递费用完成信息的传递任务。

2. 造价信息的传递方式

造价信息的传递可通过会员制建立传递网络，在网络内按流向的不同可分为单向传递、反馈传递和双向传递。

单向传递是信息中心向网络用户传递信息，供用户使用。反馈传递是信息源主体向信息中心传送信息数据，扩大信息量。双向传递是信息中心向用户传送信息的同时，用户也向信息中心传送信息数据，互惠互助。

造价信息传递按其对话的方式可分为：发出者与接收者对话，这种方式常采用的传递工具有函件、电话、电话传真、电子邮件等；发出者通过一定的媒介物与接收者进行信息交换的方式，这种方式采用的媒介有报纸、杂志、广播、电视、互联网等。

2.5.2.8 工程价格信息的管理

造价信息管理是政府部门或其授权的行业协会对工程造价动态管理的重要手段，也是在市场经济条件下，政府转变职能、实施间接管理的具体途径。政府部门在造价信息管理方面应做好以下几项工作：

1）制定工程造价信息管理的有关规章文件，规范信息市场的行为。

2）在大量信息经一定规则处理的基础上，定期公布或授权有关部门定期公布人工指导价、主要材料指导价和机械台班指导价。

3）在信息处理的基础上制定各类工程造价的基期价格指数，并定期公布造价指数。定期公布或授权有关部门定期公布各类工程的工、料、机实物量分析数据和各种经济技术参数。

4）指导、监督各类要素指导价、价格指数、经济技术参数等的加工、处理。定期公布或授权有关部门定期发布适应“四新”成果推广应用的补充定额和技术标准。

5）及时发布有关工程造价方面的文件规定，指导工程造价活动。

2.5.2.9 工程价格指数

1. 工程价格指数的概念

工程价格指数是反映一定时期由于价格变化对工程价格影响程度的指标，是调整工程价格差价的依据。工程价格指数是报告期与基期价格的比值，可以反映价格变动趋势，用来进行工程估价和结算，估计工程价格变动对宏观经济的影响。工程造价指数是工程发承包双方进行工程估价的重要依据。

2. 工程价格指数的分类

1）按工程范围、类别和用途分类，可分为单项价格指数和综合价格指数。各单项价格指数分别反映各类工程的人工、材料、施工机械及主要设备等报告期价格对基期价格的变化程度。综合价格指数综合反映各类项目或单项工程人工费、材料费、施工机械使用费和设备费等报告期价格对基期价格变化而影响工程价格的程度，反映工程价格总水平的变动趋势。

2）按工程价格资料期限长短分类，可分为时点价格指数、月指数、季指数和年指数。

3）按不同基期分类，可分为定基指数和环比指数。定基指数指各期价格与其固定时期价格的比值；环比指数指各时期价格与前一期价格的比值。

3. 工程价格指数的编制

1）人工、机械台班、材料等要素价格指数的编制见下式：

$$\text{材料(设备、人工、机械)价格指数} = \frac{\text{报告期预算价格}}{\text{基期预算价格}}$$

2）建筑安装工程价格指数的编制见下式：

$$\begin{aligned}\text{建筑安装工程价格指数} = {} & \text{人工费指数} \times \text{基期人工费占建筑安装工程价格的比例} + \\ & \sum(\text{单项材料价格指数} + \text{基期该材料费占建筑安装工程价格比例}) + \sum(\text{单项施工机械台班指数} \times \text{基期该机械费占建筑安装工程价格比例}) + (\text{其他直接费、间接费综合指数}) \times \\ & (\text{基期其他直接费间接费占建安工程价格比例})\end{aligned}$$

2.5.2.10 国外工程价格信息管理简介

1. 美国

发达工业国家历来重视工程价格信息的作用。如美国确定工程造价的依据是历史记录，即历年竣工的工程项目的造价记录。其中的道理很简单，因为所有竣工项目都是中标承包商的作品，而他们之所以中标除其他综合优势外，主要原因是价格合理。因此历史记录基本上代表了当时的合理价格。

美国没有类似于我国的以统一标准定额为基础的造价管理制度，工程造价的计价标准不由政府部门组织制订，也没有统一的造价计价的标准。美国的联邦政府、州或地方政府根据各自积累的工程造价资料，并参考各工程咨询公司有关造价的资料，对各自管辖的政府投资项目制定相应的计价标准，作为项目费用估算的依据。工程所需的估价指标、造价参数、费用标准等一般来自于大型工程公司根据自身具体条件建立的内部数据库，或来自于行业协会制定的参考性的内部标准，或是由有名气的造价咨询公司积累的数据而逐渐被业界公认为有参考价值的定额标准，但也仅仅是参考而已，最终的价格要由竞争的结果而定。比如美国的造价咨询公司（R. S. Means Consulting Services）每年出版的造价信息就是美国建筑业界最具权威的造价参考数据。ENR（Engineering News Record）造价指标也占有重要的位置，它是一种加权总指数，由钢材、水泥、木材和人工费四种数据组成。ENR 指数资料来源于二十个美国城市和两个加拿大城市，ENR 在这些城市中派有专门收集价格信息的信息员。ENR 总部再将收集到的数据汇总计算，并于每周的星期四发布最新的造价指数。

美国还注重建立造价信息反馈系统，十分注意收集造价管理各阶段的资料，按照形式多样的记录制度予以登记，最后存储于计算机数据库中。各有关组织向行业提供造价信息资料形成了制度和义务。各公司派调查员深入施工现场记录有关造价资料。造价工程师对造价计划执行中出现的问题及时分析研究，及时采取纠正措施。造价管理因环境、工作内容及价格的变化而调整标准和控制方法，进行限度控制。

2. 英国

英国的造价工程师可以通过三种渠道取得有关造价的资料：

1）各预算公司对所承担的工程造价的分析积累资料。

2）各种来自社会有关情报机构的数据资料。主要有以下六个来源：

① 60 多种刊物的工程价格资料（技术新闻报道）。

② 工程价格本和价目表。

③ 政府部门颁发的造价标准、价格指数和有关统计资料。

④ 有关专业学会和联合会所属情报机构颁发的造价资料。

⑤ 大专院校和建筑研究部门发表的研究资料。

⑥ 专业技术图书馆提供的各种造价资料。

3）皇家特许测量师学会（RICS）房屋造价情报所提供的资料。该机构成立于 1962 年 4 月，负责收集全国有关房屋造价资料，分析整理后定期出版并形成数据库。数据主要由会员提供，还可从中央政府和有关学会得到统计资料。RICS 公布的房屋造价统计资料包括从供应商的材料、器材价格到机械租赁费等各类造价信息。对于收集到的资料从以下六个方面进行整理分析：

① 按不同类型房屋整理出粗细不同的造价指标。

② 分析主要材料和工资的价格变化情况，提出房屋造价的涨价系数，预测近期价格上涨趋势。

③ 分析预算造价和投标价格的发展趋势。

④ 分析各地区的差价。

⑤ 分析现场费用的变化情况。

⑥ 分析国外工程造价情况。

对于上述各种研究的数据资料定期组织出版，约有 6 类共 100 多种数据，其中包括：

A 类：英国建筑业经济发展全面资料及基本资料（General and Background Information）

B 类：书刊文章摘要和相片复制（Publications Digest and Photocopying Service）

F 类：造价研究资料（Cost Studies）

G 类；详细的造价分析（Detail Cost Analysis）

H 类：简要造价分析（Concise Cost Analysis）

E 类：造价资料目录索引（Reference Indexes）

对于上述情报资料，该所每季度出版一次，在年终出版合订本。此外还将整理的人工和材料单价、机械使用费和分部分项工程单价定期刊载于《建筑》杂志。为了统一各类造价指标的计算方法，以便统计分析比较，该所根据统一的工程量计算方法，具体制定了《造价分析标准》（Standard Form of Cost Analysis），对工程项目分类、工程量计算单位等做统一的补充规定。

复习题

1. 简述建设项目总投资的构成。
2. 简述我国现行建筑安装工程费用项目的组成。
3. 分部分项工程费和措施费的区别是什么？
4. 国外建设项目的费用一般以哪几种形式体现在报价中？每种形式都包含哪几种费用？
5. 我国建设工程的计价依据都包括什么？

第 3 章 建设项目的采购模式对造价的影响

建设项目的采购是指通过招标或业主方认为适宜的其他方式选定承包方实施并交付竣工项目的行为。

任何建设项目的造价均与其采购模式密切相关。除传统的设计-招标-施工模式以外，国际上还流行设计-建造 D&B 模式、设计采购施工 EPC/交钥匙模式、施工管理 CM 模式和建造-经营-移交 BOT 模式等。选择项目的采购模式是业主开发新项目时必须做出的重大决策，采购模式的正确选择不仅能最大限度地降低业主的风险，还能降低项目的总造价，提高投资效率。对上述几种模式不能笼统地说孰优孰劣，要根据项目的特点、项目的内在外在环境、业主的主要目标等多种因素统筹考虑。

3.1 传统的采购模式

建设项目的传统采购模式是“设计-招标-建造”，我国目前大多数建设项目均采用这种采购模式。在这种模式下项目的实施过程和造价管理过程如图 3-1 所示。

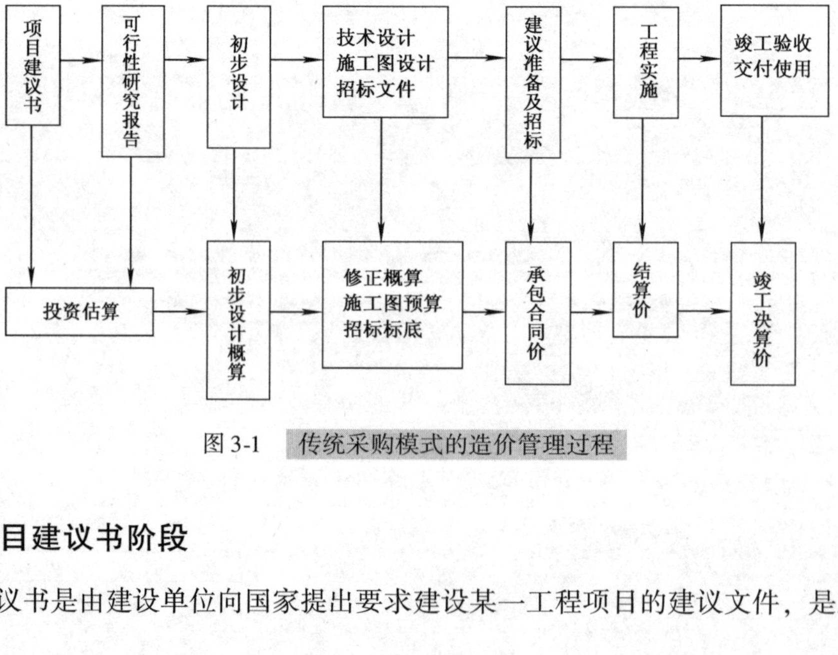

图 3-1 传统采购模式的造价管理过程

3.1.1 项目建议书阶段

项目建议书是由建设单位向国家提出要求建设某一工程项目的建议文件，是对建设项目的轮廓设想，是从拟建项目的必要性和现实性加以考虑。拟建项目在宏观上应符合国民经济的长远规划，符合部门、行业和地区规划的要求，在初步分析拟建项目的可行性时须考虑的具体内容有：

1）拟建项目的必要性和依据。

2）产品方案，拟建规模和建设地点的初步设想。

3）资源的可获取性、建设条件和协作关系。

4）投资估算和资金筹措方案的设想及项目的进度安排。

5）经济效益和社会效益的初步评估。

3.1.2 可行性研究阶段

项目建议书经批准后应进行可行性研究。可行性研究是对项目在技术上和经济上是否可行进行科学分析和论证工作，为项目决策提供依据。可行性研究的内容概括为市场研究、技术研究和效益研究。其中的市场研究主要解决必要性问题；技术研究主要解决可行性问题；效益研究解决合理性问题。经批准的可行性报告即可作为初步设计的依据。对于一般工业项目来说，在可行性研究的基础上编制的可行性报告应包括以下内容：

1）根据经济预测、市场预测确定的建设规模和产品方案。

2）资源、原材料、燃料、动力、供水、运输等条件。

3）建厂条件和厂址的选择方案及相应的城市规划、防洪、环境保护等措施。

4）技术工艺、主要设备选型和相应的技术经济指标。

5）主要单项工程、公用辅助工程及配套工程。

6）企业组织、劳动定员和管理制度。

7）工程的进度和工期。

8）投资估算和资金筹措方案。

9）项目的经济效益和社会效益。

3.1.3 设计阶段

大型的或技术比较复杂的项目或缺乏设计经验的项目以采用三阶段设计为宜，这三个阶段是初步设计、技术设计和施工图设计。一般的中小型项目可采用初步设计和施工图设计两个阶段进行。

1. *初步设计*

设计单位在初步设计阶段根据批准的可行性报告或委托设计合同和基础资料进行初步设计。此阶段应完成的工作包括以下内容：

1）初步设计说明书。包括：设计依据、工程性质、设计范围、设计的指导思想及原则；设计生产能力；建筑结构、设备及电气设计说明；主要技术经济指标、工艺流程；产品方案、综合利用和三废治理说明等。

2）设计图及主要设备清单。设计图主要是工程位置图、建筑总平面图及建筑图。

3）设计总概算文件。

4）取得城市规划部门及上级主管部门对设计方案的审查意见。

5）建设单位与市政、公用、供电、电信、铁路、交通、消防、人防等部门的协议文件或配合方案。

2. 技术设计

技术设计是根据初步设计和更详细的调查研究资料编制的，将进一步解决初步设计中的重要技术问题，如工艺流程、建筑结构、设备选型及数量确定等，以便使建设项目的设计更具体、更完善，技术经济指标更合理。此阶段应完成的工作包括以下内容：

1）各项工艺方案逐渐落实，对关键生产工艺设备提出规格、型号和数量以备订货。

2）大型建筑物、构筑物的某些关键部分的试验研究及确定。

3）某些须慎重处理的复杂技术问题的研究及确定。

4）完成修正概算。

技术设计的深度应能满足确定设计方案重大技术问题和初步设计深度的有关要求。技术设计是施工图设计的依据。

3. 施工图设计

施工图设计是为项目施工提供完整的设计图和设计文件。工作的主要内容是：根据批准的初步设计或技术设计文件绘制出完整、详细的建筑、安装图样，包括建设项目各部分工程的详图和零件、部件、结构件明细表以及验收标准、方法等。它是初步设计或技术设计的完善和补充，是施工的依据。

施工图设计应能满足设备材料的选择与确定的要求；应满足非标准设备的设计与加工制作的要求；应满足施工图预算的编制及建筑工程施工和设备安装的要求。

在施工图设计阶段的后期应完成施工图预算，作为招标标底的依据。

3.1.4 建设准备及招标阶段

初步设计被批准后即可列入预备项目。国家预备项目计划是对列入部门、地方编报的年度基本建设预备项目计划中的大中型和限额以上项目，经过从建设总规模、生产力总布局、资源优化配置以及外部协作条件等方面进行综合平衡后安排和下达的。预备项目在进行建设准备过程中的投资活动不计算建设工期，统计上单独反映。

建设准备的内容包括：

1）征地、拆迁和“七通一平”。“七通一平”是指给水、排水、供电、燃气、热力、通信、道路和平整场地。

2）对建设方指定供货的设备材料组织采购。

3）对投标者进行资格预审，组织招标。

4）报批开工报告。按规定进行了建设准备和具备了开工条件以后应组织开工。建设单位申请批准开工要经国家发改委统一审核后编制年度大中型和限额以上建设项目开工计划报国务院批准。部门和地方政府无权自行审批大中型和限额以上建设项目开工报告。

项目在报批开工前必须由审计机关对项目的有关内容进行审计。审计的主要内容是：资金来源是否正当，是否落实；项目开工前的各项支出是否符合国家的有关规定；资金是否存入规定的银行。为配合审计，建设单位应提供资金来源与存入专业银行的凭证、财务计划等资料。

3.1.5 工程实施阶段

在工程实施阶段，施工单位开始建筑安装工程的实施；监理单位受建设单位的委托对施工过程实施“三控两管”（质量控制、进度控制、成本控制、合同管理和信息管理），包括建安工程施工中的分项、分部、单位工程的验收，进度付款等内容。

建设单位此时的主要工作是生产准备，具体内容包括：建立组织管理机构并制定相关的管理制度；招收并培训生产人员，准备对设备的安装、调试和工程验收；签订原材料、协作产品、燃料、水、电等供应及运输协议；必要的工具器具、备品、备件等的制造或订货等。

3.1.6 竣工验收阶段

竣工验收是建设项目建设全过程的最后一个程序，是全面考核设计、施工质量是否符合要求，审查投资使用是否合理的重要环节，是投资成果转入生产或使用的标志。竣工验收是建设、设计和施工单位检验项目的生产能力或效益、质量、成本、收益等全面情况及交付新增固定资产的过程。竣工验收项目应在办理手续之前编报竣工决算，这对于总结分析建设过程的经验教训，提高工程造价管理水平和积累技术经济资料具有重要意义。

3.1.7 传统采购模式的优缺点

1. 优点

1）项目参与各方对传统的实施程序十分熟悉，有利于该方法的顺利实施。大多数业主、设计、咨询单位、总包商、分包商和供货商长期在传统方式下协调工作，十分熟悉典型的合同条件，建立了相互认同的责权利的分配原则和风险的分担原则，有利于全部工程的相互协调。

2）在工程招标前设计工作已经完成，设计图纸、规范、合同文件已全部齐备，有理由要求承包商报出固定总价。因此业主可以用固定总价发包，将工程风险、通货膨胀风险等不确定因素最大限度地转移给承包商。特别是在建筑业低迷的时期，业主更能获得较低的报价。

3）业主只须选择咨询，设计单位完成设计工作，然后选择总包商进行施工，无须参与工程管理的全过程。业主不必过多地参与到施工中去，省去了庞大的业主项目管理班子；无须考虑工程的进度和成本问题，只须将注意力放在对施工质量的监督方面。

2. 缺点

1）建设项目只能按设计-发包-施工的顺序实施。承包商无法提前介入设计工作。尽管设计师具有深厚的理论根基和丰富的设计经验，但在施工知识和施工经验方面却不如承包商。当所有的设计方案，材料、设备的选择都由设计师独立做出的时候，难免使项目的可施工性（constructability）较差，因此而导致施工期过多的工程变更。特别是在设计阶段实施价值工程时，如没有承包商的参与，必定会错过很多降低成本的机会。

2）由于项目实施的规划、设计、招投标、施工等阶段是按顺序进行的，各阶段不能搭接，因此项目周期较长，缩短整个项目建设周期的可能性很小。此外，由通货膨胀而导致的施工费用上涨的风险较大。这是传统采购模式最大的不足。

3.2 设计-建造 D&B 模式

3.2.1 设计-建造（Design-Build）的概念

设计-建造是一种将设计和施工委托给一家机构来完成的项目采购模式，美国目前大约有40%的项目以这种方式进行采购。FIDIC（国际咨询工程师联合会）出版的橘皮书《设计-建造与交钥匙工程合同条件》也是基于这种采购模式而编制的。在这种情况下业主首先聘用一家专业咨询公司根据项目的特点选定采购模式，如确定为设计-建造模式，再研究拟建项目的基本要求，授权一位具有专业知识和管理能力的管理专家为业主代表，与设计-建造总承包商沟通。该方式在投标和订立合同时可以总价合同为基础，设计-建造总承包商对整个项目的成本负责，并自行完成绝大部分设计和施工工作，仅将专业性很强的设计和施工的部分分包出去，其组织形式如图3-2所示。在选择设计-建造总承包商时，如果是政府的公共项目，则须采用资格预审及公开竞争性招标的办法；如果是私营项目，业主可以采用邀请招标方式。

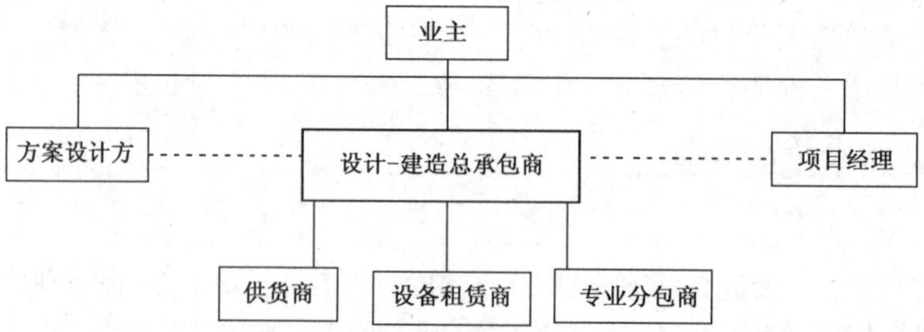

图3-2 设计-建造模式的组织形式

3.2.2 设计-建造模式的主要优缺点

1. 优点

1）由总承包商来完成设计，克服了在传统模式下设计方与施工方相互推诿责任的弊病。从业主的角度来看总承包商是唯一的责任方，在出现工程缺陷时减少了推诿扯皮的现象，从而保护了业主的利益。

2）有助于设计部门与施工部门之间更好地沟通，从而有助于可建造性的分析与探讨，并为实施价值工程创造了条件，因此也就减少了工程的变更。此外，该模式可使设计阶段与施工阶段有一定程度的搭接，从而缩短工期。

3）一旦业主提出变更或不可预见的情况发生，由于设计和施工是在同一个公司内协调，重新估价及重新安排进度要比传统方式便捷得多。

4）业主不必过多介入到设计和施工的沟通中，从而避免了庞大的业主项目管理班子，节约了费用。

2. 缺点

1）由于业主雇佣设计-建造公司是在设计工作开始之前，如果没有类似的已竣工的项目做比较，要想确定准确的工程量和承包价格是十分困难的。即便确定了固定总价，设计-建造公司为了确保自己的利润，也会选择牺牲工程质量或缩小工作范围来实现其目的。

2）削弱了业主对项目的控制。由于业主较少参与项目运作，这本是优点但在某种意义上又是缺点。因为承包商设计部门与施工部门之间的良好的沟通和丰富的D&B经验使得项目会进展迅速，但由于业主的监控或决策往往跟不上项目的进度，项目的发展可能偏离业主的愿望。

3）在传统采购模式中，设计院不仅完成全部设计，还受业主委托监控承包商的施工质量；但在设计-建造模式中，设计人员和施工人员均属同一公司雇员，设计对施工的监控力度自然有所削弱。

3.3 设计采购施工 EPC/交钥匙模式

3.3.1 设计采购施工 EPC/交钥匙（Engineering, Procurement and Construction/Turnkey Projects）模式的概念

设计采购施工 EPC/交钥匙模式主要适用于以交钥匙方式提供的生产线或发电厂等工厂或类似设施、基础设施项目或其他类型的开发项目。其特点是具有设计-建造资质的承包商按照业主的要求设计并建造该项目，该项目是可能包括土木、机械、电气或构筑物的任何组合。我国常提到的“总承包”并没有一个确切的定义，但至少设计-建造是总承包的一个类型。近年来国际建筑市场需要一种固定最终价格、固定竣工日期的合同格式。业主对于这类交钥匙项目，只要商定的价格不被突破，宁愿支付更多的费用。此类项目有很多都是靠私人资金融资的，且建设投资仅是整个商业项目投资的一部分，建设投资的出超将危及整个项目投资的成败，因此贷款人要求业主的项目成本比基于 FIDIC 传统合同格式所导致的成本有更大的确定性，这就产生了“设计采购施工 EPC/交钥匙”合同模式。

对于 EPC/交钥匙项目，承包商需要比基于传统的采购模式和设计-建造模式承担更广泛的风险和责任。为了使最终价格有更大的确定性，业主往往要求承包商承担不可预计的场地条件等风险。甚至某些国家的政府采购项目的业主往往不遵照 FIDIC 红皮书或黄皮书中的风险分配原则，而将条款做了修改，将原本属于业主的风险转移给承包商，实际上违背了 FIDIC 平衡分配风险的原则。FIDIC 并未忽视这部分业主的需求，但认为对这种需求公开予以承认并使之合法化、规范化会更好。于是 FIDIC 编纂了 EPC/交钥匙合同范本，将业主要求承担更大风险的要求写清楚，从而业主也就不必为了采取其他的风险分配方案而修改标准格式了，而承包商也可充分了解他必须承担的附加风险，进而正当地增加其报价。

3.3.2 与设计-建造模式的区别和联系

设计-建造模式主要适用于电气或机械设备的供货及建筑或工程的设计与施工；设计采购施工 EPC/交钥匙模式主要适用于以交钥匙方式提供的生产线或发电厂等工厂或类似设施、基础设施项目或其他类型的开发项目。这两种模式的相似之处是：均由承包商提供成套设备的供货和设计并负责安装和施工，只不过后者的最终价格有更大的确定性（即采用总价合同），且承包商负责全过程服务直至交钥匙，业主对工程介入得更少。

3.4 施工管理 CM 模式

3.4.1 CM（Construction Management）模式的基本概念

CM 模式又称为阶段发包方式（Phased Construction）或快速轨道方式（Fast-Track Construction），美国人 Charles B. Thomsen 是 CM 方式的理论创始人。1968 年包括他在内的一些人受美国建筑基金会的委托，在纽约州立大学研究如何加快设计与施工的速度以及如何改进项目控制的方法。他们通过对国内许多大建筑公司的调查，在综合各方面的经验和体会的基础上提出了一份题为《Fast Track》的研究报告。该报告详细研究了设计与施工的搭接、施工阶段的管理和系统工程的管理方法。1986 年 Scott 认为纽约的世界贸易中心是首次采用 CM 模式的项目。随着理论的日趋完善和经验的逐步积累，CM 模式在美国成为一种重要的项目实施方式。

CM 模式的具体操作方法是由业主和经业主委托的 CM 经理与建筑师组成一个联合小组共同负责组织和管理工程的规划、设计和施工，但 CM 经理对设计的管理起协调作用。在项目总体规划、布局和设计时，要考虑到控制项目的总投资。在初步设计方案确定后，随着设计工作的进展，每完成一部分设计后，就对这一部分工程进行招标，发包给一家承包商，由业主直接与该承包商签订承包合同。因此整个项目的施工就不再由一家施工单位总包，而是由不同的承包商分别完成。这样做的结果使得设计、招标、施工等环节在进度上充分搭接，施工可以在尽可能早的时间开始，与传统模式相比，大大缩短了整个项目的建设周期（见图 3-3）。

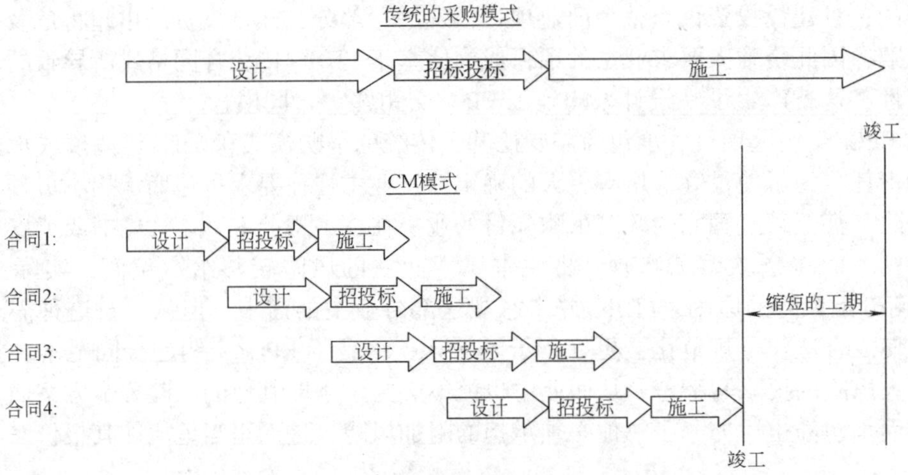

图 3-3 CM 模式比传统模式节约工期的原理

CM 公司一般承担下列工作：

1）为了缩短工期，首先要制定周密的项目进度计划，实现设计和施工的相互搭接。

2）为了控制项目总投资，在项目的各个阶段尽可能精确地编制项目估算（Estimate）并不断进行调整。在设计阶段应用价值工程（Value Engineering）的方法，向设计单位提供能提升项目的功能并同时降低成本的合理化建议。

3）在整个招标过程中，负责全部招标工作的组织，合理地确定各个合同的工作范围和招标方案及招标文件的编制，并主持议标和合同谈判甚至直接与分包商签约。

4）在施工阶段，CM 公司则负责直接的工程管理。使施工单位的进场，设备、材料以及预制构件供应的招标、生产和到货等各项工作得到妥善安排，协调各承包商的工作。

从以上工作内容可以看出，CM 公司只有在掌握一流的施工技术和施工工艺，十分了解施工成本的前提下，才能在设计阶段向设计单位提出合理化建议；只有在具备很高的施工管理和组织协调能力的前提下，才能在施工阶段直接管理和指挥各个承包商。因此，在国外 CM 这一角色大多由承包商来担当。在北美大多数 CM 公司本身就是大型建筑公司，它们除了拥有技术和管理人员外，还拥有施工机械和工人，可以在管理承包商的同时，直接承担部分零星工程的施工，甚至可以参加该项目的某个部分工程的投标。因此 CM 公司在本质上属于承包商的范畴。CM 可以有多种形式，下面介绍常用的两种。

3.4.2　代理型 CM（CM/Agency）模式

所谓代理型 CM（Agency），是指 CM 公司仅以“业主的代理”的身份参与工作，不直接与承包商签订合同，而是由业主直接与各承包商签订合同，因此业主的合同管理和组织协调工作量将大大增加。由于 CM 公司与各承包商/供货商之间没有合同关系，其所承担的风险比非代理型 CM 公司（Non-Agency）大大降低，而转由业主承担。CM 公司的身份是管理顾问（Advisor），不直接从事施工活动，亦不承担保证最大工程费用（Guaranteed Maximam Price，GMP）。CM 公司仍然是在施工前（设计阶段）即介入项目，并向设计单位提供合理化建议，协助业主主持招标工作，在施工阶段管理和协调各承包商。其工作量与非代理型 CM 公司（Non-Agency）相比无太大区别。CM 公司与设计单位间没有合同关系，并且也不能向设计单位颁发指令，它们之间是协调关系。代理型 CM 模式的组织结构如图 3-4 所示。

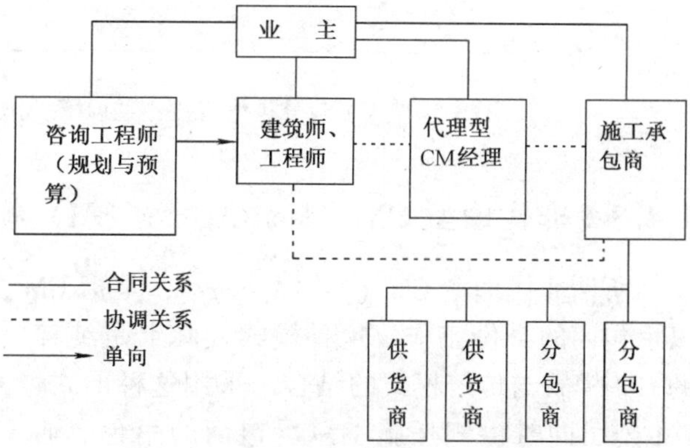

图 3-4　代理型 CM 模式的组织结构图

采用这种模式的优点是：业主可自由选定建筑师/咨询工程师；在招标前可确定完整的工作范围和项目原则；可以有完善的管理与技术支持。此外由于是将整个工程分解后多次发包，施工合同总价不是一次确定，每次发包都通过竞争性招标，并且少了总包商这一中间环节，业主与各分包商的直接签约便降低了施工成本。其原因是总包商在分包询价方面总会有局限性，很难获得业主公开招标所能得到的低标价。如图 3-5 所示，业主在三个标段的直接招标中均与最低标签约（每个标段均获得 5 个分包商的报价），假若存在总包商的话，与两个总承包商报价中较低的一个相比，业主还节省了 25000 美元。通常的大型商业建筑项目远不止三个标段，因此单从业主直接与分包商签约这点考虑，累计的施工合同总价应更具合理性。

尽管上述 CM 模式可以缩短工期和降低成本，但项目业主必须准备为此承担较大的风险。最大的风险是施工图仅完成了一部分，因而在无法做出详细估价的时候工程就必须开工。假如施工过程过半，发现设计存在较大的问题，业主所蒙受的损失就绝不仅仅是重新设计的问题了。因此业主、设计院和 CM 经理的协调合作就显得尤为重要。该方式的缺点是在明确整个项目的成本之前，投入较大；CM 经理不对项目进度和成本做出保证；可能的索赔与变更的费用较高，即业主方风险较大，投入施工管理的工作量也较大。

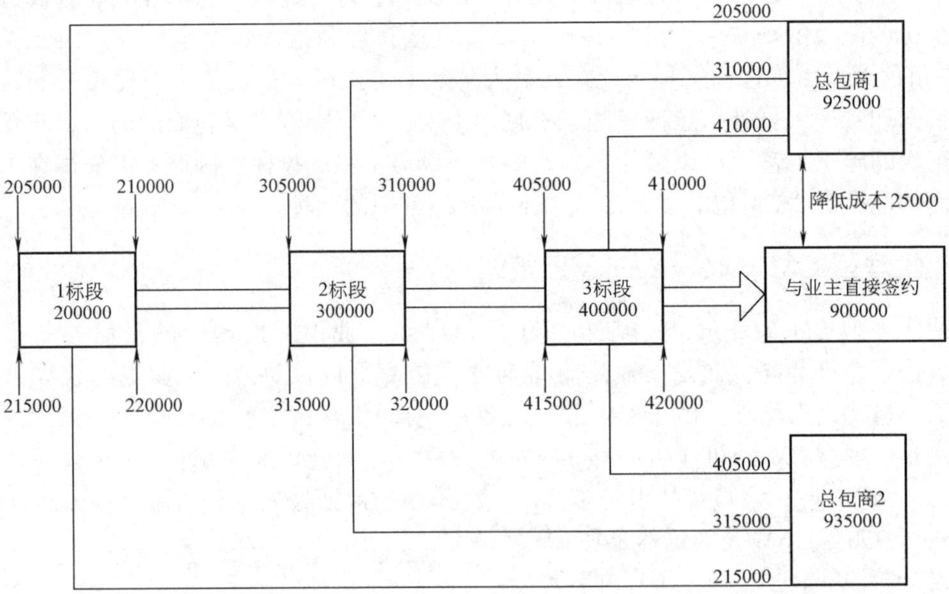

图 3-5 业主与分包商直接签约以降低施工成本的示意图（单位：美元）

3.4.3 非代理型 CM（Non-Agency CM）模式

所谓非代理型 CM（Non-Agency），是指 CM 公司不是以“业主的代理”的身份，而是以承包商的身份工作。这种模式实际上是纯粹的 CM 模式与传统模式的结合。采用这种形式，CM 公司同时也担任施工总承包商的角色。业主与 CM 公司签订 CM 合同（除业主自行采购和自行发包的部分之外），对业主来说合同关系简单，对各分包商的组织协调工作量较小。但对 CM 公司来说，直接与分包商/供货商签约，增加了 CM 公司对分包商/供货商管理的责任和义务（见图 3-6）。

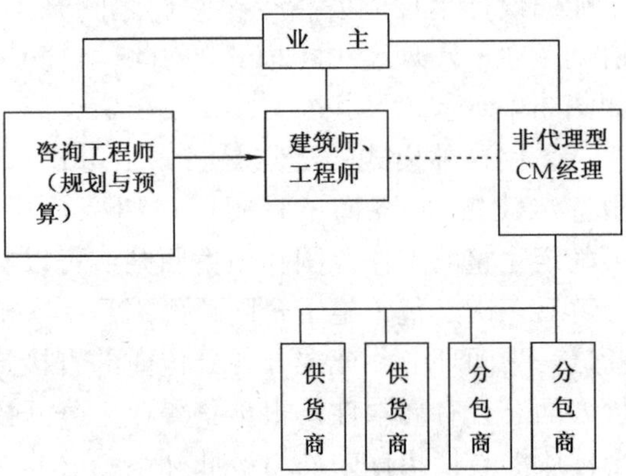

图 3-6 非代理型 CM 模式的组织结构

一般情况下业主要求 CM 经理提出保证最大工程费用（GMP）以保证业主的投资控制。如最后结算超过 GMP，由 CM 公司赔偿；如低于 GMP，节约的投资归业主所有。业主向 CM 经理支付佣金及专业承包商所完成工程的直接成本，CM 经理由于承担了保证施工成本的风险而能得到额外的收入。这种形式在英国称为管理承包。因 CM 公司介入项目时间较早，CM 合同不需等施工图全部完成之后才签。CM 合同形式一般采用“成本加酬金（即 CMcost + CMfee）”方式，CM 公司与分包商每签一份合同，才确定该分包合同价格，而不事先把总造价包死。CM 公司对各分包商的招标，资格预审、议标以及签约，都必须经过业主的确认才有效（在特殊情况下，若业主有要求，CM 公司与分包商的合同价款亦可以由业主直接支付）。另外，业主还可向 CM 公司指定与其签约的分包商/供货商。CM公司与设计单位之间没有合同关系，但是CM公司在采用Fast-Track方法加快建设进度时，必须与设计单位密切协调。CM公司可以从施工方法和施工成本的角度向设计单位提供合理化建议，但是，如果CM公司与设计单位之间产生矛盾，仍需要业主进行协调，这是CM模式与设计-建造模式的不同之处。

非代理型CM模式的优点是：有完善的管理与技术支持；在项目初期选定项目组的成员；可提前开工，提前竣工；业主工作量较轻，风险较小。缺点是：保证的成本中包含设计和投标的不确定因素；可供选择的高水平的非代理型CM公司较少。能够进行非代理型管理的CM公司通常是从过去的大型工程公司演变而来的，来自咨询设计公司的CM经理往往只能承担代理型CM。目前为了适应市场的要求，许多国际承包商已形成独立的公司机构，能够进行任何一种形式的建筑工程管理。

3.5 建造-经营-移交BOT模式

3.5.1 BOT（Build-Operate-Transfer）模式的产生

基础设施建设的最大特点是耗资巨大，任何国家如果全靠政府投资，都很难从根本上改善基础设施短缺的状况。BOT模式即建造-经营-移交方式是由土耳其前首相Turgut Ozal首创并于1984年创造性地用于本国的基础设施的开发建设。该方法的基本概念是政府鼓励国内外私人资本投资基础设施项目，并以投入使用后的项目预期收益作为融资担保，从而避免以往由政府大量借债所需的巨额银行担保，同时也减少了政府的债务负担。Turgut Ozal的这一创意立即引起了全世界的注意。首先效法的是马来西亚和泰国等发展中国家，随后很多发达国家也积极采纳。实践证明该方式是吸引国内外私人资本进行基础设施建设的一种有效的融资和建造的模式，或者说是国有基础设施民营化的举措。其实质是工程所在国政府开放本国基础设施建设和运营市场，吸引国内外私人资金，将本应由政府开发的基础设施项目交由民间机构开发，其方法是授予项目公司特许经营权，由该公司负责融资和组织建设，建成后负责运营并偿还贷款，同时允许项目公司赚取相应的利润，在特许期满时将工程移交给工程所在国政府，由政府赚取项目后期的利润。

BOT项目中各参与方的关系如图3-7所示，项目资金的流向如图3-8所示。以收费公路为例，在政府授予项目公司特许经营权的同时就相当于向项目公司注入了土地成本。项目资金一般来自两个方面：一是项目公司股东的股本金；二是从金融机构融资。如向国外银行融资一般可通过信托投资公司办理。为了分散风险并确保工程质量，国际上大多数BOT的项目公司都要求承包商购买一定比例的项目股份，甚至要求承包商在项目竣工后参与项目的经营及直接收取项目的运营收入。图3-8中的双箭线表示一方面承包商向项目注入资金并获取股份，另一方面项目公司按合同约定方式给付承包商工程款。这种做法实际上是赋予承包商双重身份——既是业主又是承包商。这必然导致利益上的矛盾，使承包商陷入进退两难的境地。以英法海底隧道工程为例，参与的承包商一半是法国公司一半是英国公司，他们同时又都是项目公司的持股人。在经济不景气时期，从业主的角度出发当然希望放缓施工进度甚至削减项目规模，而从承包商的角度出发又绝不希望削减工程量。在合同谈判中他们发现大部分时间是在同自己谈判。结果海底隧道工程的承包商们未能解决既是买方又是卖方这一问题，并最终导致了海底隧道融资银行与承包商的分离。

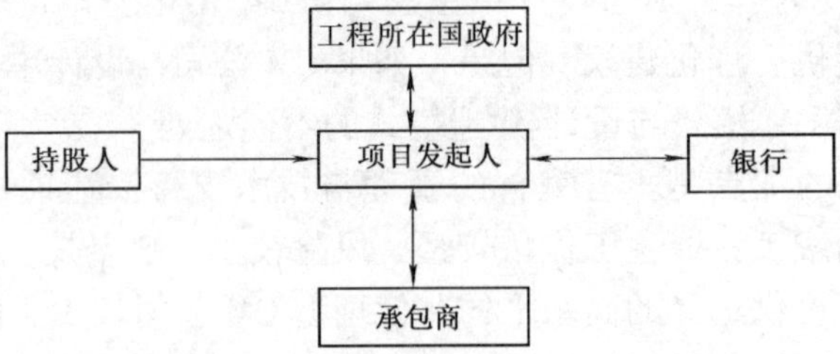

图 3-7 BOT 项目中各参与方的关系

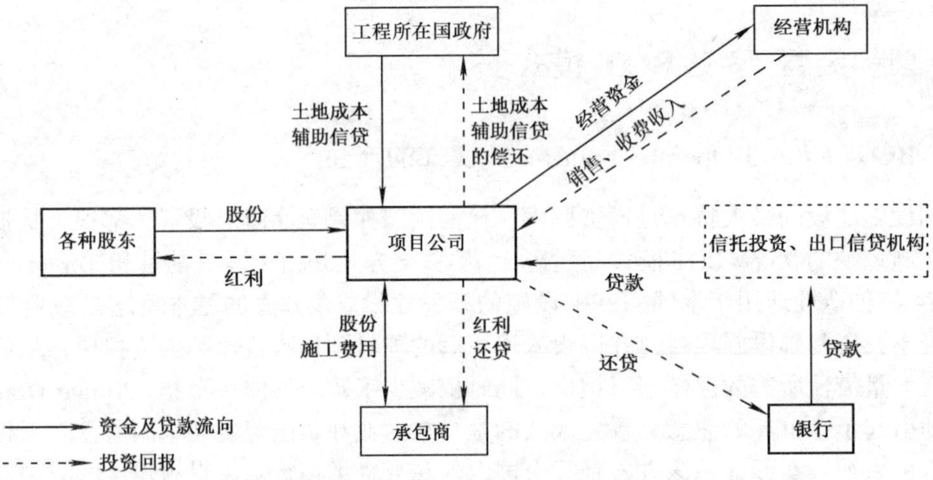

图 3-8 BOT 的运作模式示意图

从英法海底隧道工程的经验教训中，美国一家名为 Bechtel 的建筑公司意识到了这一深层次的问题，在参与 BOT 项目时，将公司拆分成两个独立的公司——Bechtel 开发公司和 Bechtel 融资公司，来处理建筑工程的施工和投资入股问题。这种拆分不同于 D&B 公司中的设计分公司和建筑分公司，这两个 Bechtel 公司分别有各自独立的管理层，各自按自身业务的规律来谋取利润。

为了确保融资的顺利偿还，最适合用 BOT 方式开发的项目应是收费高速公路、收费桥梁、发电厂、输油输气管道等能产生稳定收入的基础设施项目。目前国外的英法海底隧道、悉尼港隧道等数十个 BOT 项目已竣工并投入运营；我国的沙头角电厂、广西来宾电厂和多条高速公路也都采用了 BOT 的融资建造模式。

3.5.2 我国 BOT 项目的运作程序

1. 项目建议、批准和招标

拟采用 BOT 方式建设的基础设施项目，如是大型项目应由中央政府部门审批，一般项目均由地方政府审批。采用 BOT 方式建设的项目往往是委托一家咨询公司对项目进行初步可行性研究，随后颁布特许意向，准备招标文件，公开招标。

2. 项目发起人组织投标

项目发起人往往是有实力的咨询公司和大型工程公司的联合体，在申请并通过资格预审后购买招标文件进行投标。BOT项目的投标工作要比一般工程项目复杂得多，只有在对整个项目的技术和财务方面做充分的可行性分析之后才有可能向政府提出相关的实施方案。项目的融资是最重要的工作之一，公司股东的股本金一般占资金的10%~30%，其余部分向金融机构融资。因此需要事先与金融机构接洽，使计划的实施方案，特别是融资方案得到金融机构的认可，之后才可正式递交投标书。在此过程中项目发起人需要聘用法律、金融、财会等方面的咨询机构协助编制投标文件。

3. 成立项目公司，签署各种合同与协议

中标的项目发起人往往就是项目公司的组织者。项目公司的参与方一般包括项目发起人、大型承包商、设备材料供应商、相关的国有企业等。此外还包括一些不直接参加项目公司日常经营的独立股东，如保险公司、金融机构等。在我国的BOT项目试点阶段，一律以外方独资方式组建项目公司。而现在我国采用BOT方式开发基础设施项目日趋成熟，不再局限于外方独资组建项目公司。

项目公司在取得政府的特许经营权后即可与各参与方谈判签署承包合同、运营养护合同、保险合同、各类专业咨询及工程监理合同等。

4. 项目建设和运营

项目公司在这一阶段的主要工作是委托工程监理公司对承包商的工作进行监理，保证项目的顺利实施和工程款的给付。如发电厂或高速公路等可分阶段竣工的项目每完成一部分之后即可交付运营公司开始营业，以早日回收资金。在项目部分或全部投入运营后即应按照原定协议开始偿还金融机构的贷款，同时也考虑向股东分红。

5. 项目移交

政府是BOT项目的最终拥有者。在特许经营期满之前项目公司应做好必要的维修及资产评估等工作，以便按时将项目移交政府运行。政府既可以另组运营公司，也可以聘用原运营公司经营管理移交后的项目。

3.5.3 BOT模式尚待解决的问题

政府倡导以BOT模式兴建基础设施的初衷是充分利用海内外私人资本，减轻政府负债，将有限的资金投入更急需的领域。但政府付出的代价是授予私营项目公司几十年的特许经营权，以使其偿还贷款并赚取应得的利润。为了在特许经营期赚取更多的利润，项目公司有可能对项目只使用不维护或尽量压缩维护成本，使得特许期结束时移交给政府的项目过于残破以至于大大缩短项目的预期寿命，使国家的利益受到损害。因此从政府的角度出发，在项目实施之前与项目公司的谈判中，除合理确定特许经营期的长短之外，还要对将来移交时设施的质量进行严格的合同约定，而这种对未来质量的定量描述是十分困难的。这一问题有待于业内人士进一步思考。

3.6 各种采购模式优缺点的分析比较

为了使传统模式、设计-建造模式与CM模式的基本概念更加清晰（由于BOT主要优势是其融资功能，故未列出），可将该三种模式的异同和优缺点进行比较和分析，见表3-1。

表3-1 传统模式、设计-建造模式和CM模式比较

项目分类	传统模式	设计-建造模式	CM模式
适用类型	中小型建设项目，注重投资效益，工期要求低	规模较大、内容较复杂的项目	规模大、内容复杂的项目
核心内容	"设计-招标-建造"顺序进行	承包商负责项目的设计与建造，交钥匙工程	快速轨道法（Fast-Track Construction）
项目工期	较长	较短	更短
项目费用	较低	较低	较高
项目质量	较好	略低	较好
项目设计变更与索赔	较多	少	较少
合同条件	《建设工程施工合同》示范文本（GF—2013—0201）或FIDIC红皮书	"工程设备与设计-建造合同条件"和"EPC（设计-采购-施工）交钥匙项目合同条件"	美国建筑师协会（AIA）和美国总承包商协会（AGC）颁布的CM通用合同文本
合同形式	固定总价合同或单价合同	总价合同	成本加酬金合同
业主对项目的控制	缺乏系统性和连续性	缺乏深度，容易失控	具有系统性和连续性
业主风险	小	较大	较小
业主招标次数	一次	一次	多次
优点	1. 管理方法较成熟，操作方便 2. 对设计要求可以控制 3. 可自由选择咨询工程师负责工程的监理 4. 可采用各方均熟悉的标准合同文本，有利于合同管理和风险管理	1. 连续性好，项目责任单一 2. 可减少管理费用 3. 可减少由于设计错误和疏忽引起的施工变更	1. 有利于合理协调设计与施工的关系，缩短建设周期 2. 有利于业主合理组织生产与管理，简化管理程序 3. 有利于合理利用投资，以提高投资效益 4. 有利于培养和锻炼新型的建筑管理人才
缺点	1. 项目周期较长 2. 业主管理费较高，前期投入较高 3. 变更时容易引起较多的索赔	1. 业主对最终设计和项目实施过程中的细节控制能力降低 2. 可能会受设计-施工方的利益驱使，影响设计和工程质量	1. 在明确整个项目的成本之前投入较大 2. 可能的索赔与变更费用较高 3. 业主工作量较大 4. 可供选择的高水平CM公司较少
结论	1. 注重工程的费用和质量控制 2. 实施项目工期较长	1. 竣工快、造价低 2. 质量可能受影响 3. 缺乏对承包商的制约	1. 最快的项目实施方式 2. 质量好 3. 造价略高 4. 降低投资控制风险

通过表3-1的分析可以看出，不同的项目采购模式既有区别又有联系，任何一种模式都不是孤立、绝对的。有的采购模式是其他模式的变异或综合。表3-1中所列三种模式及BOT模式各有所长，也各有所短，项目业主在选择时要根据自己的主要目标有所取舍：

1）如果是世界银行或亚洲开发银行的贷款项目，项目的范围、目标很明确，工期要求不紧，贷款方最关注的是项目的功能和贷款使用的效率，则以传统模式为最好。

2）如果是国家投资的包括多种专业的大型联合企业，业主单位首先要规避的是签署大量的合同以及随之而来的庞大的合同管理工作量，因此首先要追求的目标是责任方唯一，在此情况下可允许竞标的设计-建造公司们与各类专业公司组成联营体联合投标并以固定总价签约。

3）如果是规模大、技术复杂、工期紧的现代化大型项目，由于很多专业性很强的技术要求在设计前无法确定，编制功能描述书有困难，如仍采用传统模式，在招标时由于不熟悉新工艺、新方法，缺乏新材料、新设备的价格数据，会给投标报价造成许多困难，合同总价很难一次包死。在这种情况下，CM 模式不失为一种可取的新途径。

4）对于基础设施项目，可尽量利用海内外私人资本以 BOT 方式实施，从而节约政府的资金。

我国多年来一直在建设项目领域使用传统模式，设计-建造模式的使用也已不成问题，BOT 模式亦取得了一定的经验，但 CM 模式仍属新生事物，尽管近年来上海、深圳的个别项目采用了 CM 模式，但仍属于试验性质。该方式未能被广泛使用有多方面的原因，一是业主和施工方对其均不熟悉；二是相关法规滞后。我国现行的《建筑法》《招标投标法》等均尚未对 CM 模式做出约定。相关部门也尚未出台专用的 CM 合同示范文本。CM 模式在 WTO 成员方之间是一种通用的工程实施方式，在特定的条件下有它独到的优点。建议我国相关部门尽快研究 CM 模式，并且在相关法规上及时跟进。相信随着我国建筑市场的进一步与国际惯例接轨，CM 模式也会逐渐取得它应有的位置。

复习题

1. 什么叫建设项目的采购？简述建设项目常用采购模式的类型。
2. 我国当前最常用的采购模式是什么？
3. 指出具有融资功能的采购模式，该模式主要适用于哪种类型项目的开发？
4. 简述 C M 模式的主要优点，代理型和非代理型 C M 的主要区别是什么？
5. 在 BOT 项目的签约中，工程所在国政府除考虑特许经营期以外还须考虑什么因素？

第 4 章 建设项目决策阶段的造价控制

建设项目投资决策是选择和决定投资行动方案的过程，是对拟建项目的必要性和可行性进行技术经济论证，对不同建设方案进行技术经济比较选择及做出判断和决定的过程。项目投资决策是投资行动的准则，正确的项目投资行动来源于正确的项目投资决策，而正确的投资决策又来源于高水平的项目可行性研究。

4.1 建设项目的可行性研究

4.1.1 可行性研究（Feasibility Study）的概念

项目建议书通过主管部门批准后，业主即可组织进行该项目的可行性研究工作。

建设项目可行性研究是指在项目决策前，通过对与项目有关的工程、技术、经济等各方面条件和情况进行调查、研究、分析，对各种可能的建设方案进行比较论证，并对项目建成后的经济效益进行预测和评价的一种科学分析方法。可行性研究包括评价项目技术上的先进性和适用性，经济上的盈利性和合理性，建设的可能性和可行性。可行性研究是项目前期工作的最重要内容，它从项目建设和生产经营的全过程考察分析项目的可行性，目的是回答项目是否有必要建设，是否可能建设和如何进行建设的问题，其结论为投资者的最终决策提供直接的依据。

4.1.2 可行性研究的作用

在建设项目投资决策前进行可行性研究，是保证建设项目以最少投资耗费取得最佳经济效益的科学手段。可行性研究的作用主要体现在以下几个方面：

1）作为建设项目投资决策和编制设计任务书的依据。项目投资决策者主要根据可行性研究的评价结果决定一个项目是否应该投资和如何投资，因此，它是投资的主要依据。可行性研究中具体研究的技术经济数据，都要在设计任务书中明确规定，它是编制设计任务书的依据。

2）作为筹集资金，向银行申请贷款的依据。银行在接受项目建设贷款申请时，需对贷款项目进行分析评估，在确认项目具有偿还能力、不承担过大风险后，才能同意贷款。

3）作为项目主管部门商谈合同、签订协议的依据。根据可行性研究报告和设计任务书，项目主管部门可同有关部门签订项目所需的原材料、能源资源和基础设施等方面的协议和合同，以及引进技术和设备的正式协议。

4）作为项目进行工程设计、设备订货、施工准备等建设前期工作的依据。按照可行性研究中对产品方案、建设规模、厂址、工艺流程、主要设备选型和总图布置等方案的评选论证结果，在设计任务书确认后，可作为初步设计、设备订货和施工准备工作的依据。

5）作为项目采用新技术、新材料、新设备研制计划和工业性试验的依据。

6）作为环保部门审查项目对环境影响的依据，并作为向项目建设所在地政府和规划部门申请建设执照的依据。

4.1.3 可行性研究的依据

对一个拟建项目进行可行性研究，必须在国家有关的政策、法规、规划的指导下完成，同时还要有各种相应的技术资料。可行性研究工作的主要依据包括：

1）国家有关的发展规划、计划文件，包括对该行业政策中的鼓励、特许、限制、禁止等有关规定。

2）项目主管部门对项目建设要求请示的批复。

3）项目建议书及其审批文件。

4）双方签订的可行性研究合同协议。

5）拟建地区的环境现状资料。

6）试验、试制报告。在进行可行性研究前，对某些需要进行试验的问题，应由业主委托有关单位进行试验或测试，并将结果作为可行性研究的依据。

7）业主与有关方面达成的协议，如投资、原料供应、建设用地、动力等方面的初步协议。

8）国家或地方颁布的有关法规，如“三废”处理标准、土地法规、劳动保护条例等。

9）国家有关的经济法规，如中外企业合资、税收、外资管理、贷款等规定。

10）国家和地方颁布的与项目建设有关的标准、规范、定额等。

11）市场调查报告。

12）主要工艺和设备的技术资料。

4.1.4 可行性研究的内容

建设项目可行性研究的目的主要解决四个问题：一是项目建设的必要性；二是研究项目的技术方案及其可行性；三是研究项目生产建设的条件；四是进行财务和经济评价，解决项目建设的经济合理性。为解决上述问题，可行性研究应主要包括以下内容：

1）市场研究与需求分析。

2）产品方案与建设规模。

3）建厂条件与厂址选择。

4）工艺技术方案设计与分析。

5）项目的环境保护与劳动安全。

6）项目实施进度安排。

7）投资估算与资金筹措。

8）财务效益和社会效益评估。

4.1.5 可行性研究的阶段

可行性研究是一个由粗到细的分析研究过程，按照国际惯例，可以分为投资机会研究、初步可行性研究和详细可行性研究三个阶段。

1. 投资机会研究（Opportunity Study）

投资机会研究为项目的投资方向和设想提出建议。根据国民经济发展长远规划和行业地区规划、经济建设方针、建设任务和技术经济政策，在一个确定的地区和部门内，利用对自然资源和市场的调查、预测，寻找最有利的投资机会，提出项目投资建议。

在投资机会研究阶段，需要编制项目建议书，提出项目的大致设想，初步分析项目建设的必要性和可行性。

2. 初步可行性研究（Pre-feasibility Study）

项目建议书经国家相关部门批准后，对于那些投资规模较大、工艺技术复杂的大中型骨干建设项目，在进行全面分析研究之前，往往需要先进行初步可行性研究。

初步可行性研究是介于机会研究和详细可行性研究的中间阶段。其目的是对项目初步评估进行专题辅助研究，广泛分析、筛选方案，鉴定项目的选择依据和标准，确定项目的初步可行性。通过编制初步可行性研究报告，判定是否有必要进行下一步的详细可行性研究。

3. 详细可行性研究（Feasibility Study）

详细可行性研究为项目决策提供技术、经济、社会及商业方面的依据，是项目投资决策的基础。研究的目的是对建设项目进行深入细致的技术经济论证，重点对建设项目进行财务效益和经济效益的分析评价，经过多方案比较选择最佳方案，确定建设项目的最终可行性。本阶段的最终成果为可行性研究报告。

在可行性研究的各个阶段，由于基础资料的占有程度、研究深度及可靠程度要求不同，决定了各阶段的工作内容和投资估算精度也不同，见表4-1。

表4-1 可行性研究的阶段

工作阶段	投资机会研究	初步可行性研究	详细可行性研究
工作性质	项目设想	项目初选	项目拟定
工作内容及成果	鉴别投资方向，寻找投资机会，提出项目建议，为初步选择项目提供依据	对项目进行专题辅助研究，编制初步可行性研究报告，确定是否有必要进行详细可行性研究，进一步判明建设项目的生命力	对项目进行深入细致的技术经济论证，编制可行性研究报告，提出结论性意见，作为项目投资决策的重要依据
投资估算精度	±30%	±20%	±10%
费用占投资总额百分比（%）	0.2~1.0	0.25~1.25	大项目0.8~1.0 小项目1.0~3.0
所需时间/月	1~3	4~6	8~12或更长

4.1.6 可行性研究报告的主要内容

可行性研究工作完成后，需要编写出反映其全部工作成果的“可行性研究报告”。就其内容来看，国际上可行性研究报告还不统一，但可概括为以下三个方面：一是进行市场研究，以解决项目建设的必要性问题；二是进行工艺技术方案的研究，以解决项目建设的技术可能性问题；三是进行财务和经济分析，以解决项目建设的合理性问题。

1. 联合国工业发展组织（UNIDO）规定的内容

联合国工业发展组织《工业可行性研究手册》规定的工业项目可行性研究报告的内容如下：

1）实施纲要。

2）项目的背景和历史。

3）市场和工厂生产能力。

4）材料投入物。

5）建厂地区和厂址。

6）工程设计。

7）工厂组织和管理费用。

8）人工。

9）项目建设。

10）财务和经济评价。

2. 我国相关规定的内容

原国家计委《关于建设项目进行可行性研究的试行管理办法》规定，工业项目的可行性研究报告内容如下：

1）总论。

2）需求预测和拟建规模。

3）资源、原材料、燃料及公用设施情况。

4）设计方案。

5）建厂条件与厂址方案。

6）环境保护。

7）企业组织、劳动定员和人员培训（估算数）。

8）实施进度建议。

9）投资估算和资金筹措。

10）社会及经济效果评价。

对于非工业建设项目，其可行性研究报告可参照工业建设项目并结合项目特点编制。

4.2 建设项目的投资估算

投资估算是建设项目决策的重要依据之一。在整个投资过程中，要对建设工程造价进行估算，在此基础上研究是否建设。投资估算要保证必要的准确性，如果误差太大，必将导致决策失误。因此，准确全面地估算建设项目的工程造价是项目可行性研究乃至整个项目投资决策阶段造价管理的重要任务。

4.2.1 投资估算及其作用

1. 投资估算

投资估算是在对项目的建设规模、产品方案、工艺技术及设备方案、工程方案及项目实施进度等进行研究并基本确定的基础上，估算项目所需资金总额并测算建设期分年资金使用计划。投资估算是拟建项目编制项目建议书、可行性研究报告的重要组成部分，是项目决策的重要依据之一。

2. 投资估算的作用

1）投资估算是项目主管部门审批项目建议书和可行性研究报告的依据之一，并对制定项目规划、控制项目规模起参考作用。

2）投资估算是项目筹资决策和投资决策的重要依据，对于确定融资方式、进行经济评价和进行方案选优起着重要的作用。

3）投资估算既是编制初步设计概算的依据，又对初步设计概算起控制作用，是项目投资控制目标之一。

4.2.2 投资估算的编制依据与原则

1. 投资估算的编制依据

1）项目建议书、可行性研究报告。

2）建设规模、产品方案。

3）工程项目一览表。

4）设计方案，设计图，主要设备、材料表。

5）投资估算指标、概预算定额、材料预算单价、设备价格、运杂费率等。

6）同类型建设项目的投资经济指标、概预算。

7）资金贷款利率，对建设投资的收益率要求等。

8）当地的费用标准、历年的调价系数、现场有关情况（水、电、交通、水文地质条件等）。

2. 投资估算的原则

1）深入开展调查研究，掌握第一手资料。

2）实事求是地反映投资情况，不弄虚作假。

3）综合考虑设计标准和工程造价两方面的问题，在满足设计功能的前提下，降低建设成本。

4）尽量减少投资估算的误差，注意分析市场的变动因素，充分估计物价上涨因素和市场供求情况对造价的影响。

5）合理选用造价指标，切忌生搬硬套。

4.2.3 投资估算的编制方法

根据项目的不同特点，投资估算采用的方法也不尽相同。应根据所需精度和可获取的技术经济资料选取适宜的估算方法。

1. 资金周转率法

资金周转率法是一种用资金周转率来推测投资额的简便方法。计算公式为：

$$资金周转率=\frac{年销售总额}{总投资}=\frac{产品年产量\times产品单价}{总投资}$$

$$投资额=\frac{产品年产量\times产品单价}{资金周转率}$$

拟建项目的资金周转率可以根据已建类似项目的有关数据进行估计，然后再根据拟建项目的预计产品的年产量及单价估算拟建项目的投资额。

资金周转率法比较简单，计算速度快，但精确度较低，适用于投资机会研究及项目建议书阶段的投资估算。

2. 生产能力指数估算法

生产能力指数估算法是根据已建成的、性质类似的建设项目或装置的投资额和生产能力及拟建项目或生产装置的生产能力估算拟建项目的投资额。其计算公式为：

$$C_2 = C_1 \times \left(\frac{Q_2}{Q_1}\right)^n \times f$$

式中 C_1——已建类似项目或装置的投资额；

C_2——拟建项目或装置的投资额；

Q_1——已建类似项目或装置的生产能力；

Q_2——拟建项目或装置的生产能力；

f——不同时期、不同地点的定额、单价、费用变更等的综合调整系数；

n——生产能力指数，$0 \leqslant n \leqslant 1$。

若已建类似项目或装置的规模和拟建项目或装置的规模相差不大，生产规模比值在0.5~2之间，则指数n的取值近似为1。

若已建类似项目或装置与拟建项目或装置的规模相差不大于50倍，且拟建项目规模的扩大仅靠增大设备规模来达到，则n的取值约在0.6~0.7之间；若是靠增加相同规格设备的数量达到，n的取值约在0.8~0.9之间。

生产能力指数估算法计算简单、速度快，但要求类似工程的资料可靠，条件基本相同，否则误差就会增大。

3. 分项比例估算法

比例估算法分为以下两种。

1）以拟建项目或装置的设备费为基数，根据已建成的同类项目或装置的建筑安装费和其他工程费用等占设备价值的百分比，求出相应的建筑安装费及其他工程费用等，再加上拟建项目的其他有关费用，其总和即为项目或装置的投资。计算公式为：

$$C = E(1 + f_1P_1 + f_2P_2 + f_3P_3 + \cdots) + I$$

式中 C——拟建项目或装置的投资额；

E——根据拟建项目或装置的设备清单按当时当地价格计算的设备费（包括运杂费）的总和；

P_1，P_2，P_3…——已建项目中建筑、安装及其他工程费用等占设备费用的百分比；

f_1，f_2，f_3…——由于时间因素引起的定额、价格、费用标准等变化的综合调整系数；

I——拟建项目的其他费用。

2）与前者相似，以拟建项目中最主要、投资比重较大并与生产能力直接相关的工艺设备的投资（包括运杂费及安装费）为基数，根据同类型已建项目的有关统计资料，计算出拟建项目的各专业工程（土建、暖通、给水排水、管道、电气及电信、自控及其他工程费用等）占工艺设备投资的百分比，据以求出各专业的投资，然后把各部分投资费用（包括工艺设备费）相加求和，再加上工程其他有关费用，即为项目的总费用。其表达式为：

$$C = E(1 + f_1 P'_1 + f_2 P'_2 + f_3 P'_3 + \cdots) + I$$

式中 P'_1，P'_2，P'_3……——各专业工程费用占工艺设备费用的百分比。

其余符号同前。

4. 朗格系数法

朗格系数法是以拟建项目设备费为基础，乘以适当系数来推算项目的建设费用。计算公式为：

$$D = C(1 + \Sigma K_i)K_C$$

式中 D——总建设费用；

C——主要设备费用；

K_i——管线、仪表、建筑物等各项费用的估算系数；

K_C——管理费、合同费、应急费等间接费在内的总估算系数。

总建设费用与设备费用之比为朗格系数 K_L。即：

$$K_L = (1 + \Sigma K_i)K_C$$

朗格系数法比较简单，但没有考虑设备规格、材质的差异，所以精确度不高。

5. 指标估算法

房屋、建筑物的投资估算，常采用指标估算法。这种方法是根据各种具体的造价指标，进行单位工程投资的估算方法。投资估算指标的形式很多，如元/m^2、元/m^3、元/kVA 等，分别与单位面积法、单位体积法、单位容量法等相对应。根据这些造价指标，乘上拟建项目的面积、体积、容量等，就可求出相应工程项目的投资。

采取这种方法时，当套用的指标与具体工程之间的标准或条件有差异时，应进行必要的局部换算或调整。

以民用建筑为例，目前编制的各种指标大都是以 100m^2 建筑面积为单位，指标内容包括工程特征，主要工程量指标、主要材料及人工实物消耗量指标及造价指标。

民用建筑的各种指标大都以单项工程编制，其中包括配套的土建、水、暖、空调、电气等单位工程的内容。但目前不少指标只编制了土建部分，其余有待于以后补充编制。

（1）以单项工程造价指标编制　主要适用于项目建议书或规划阶段较粗的投资估算或用于建设项目中的附属配套项目，目前各地对各类建筑都编有每平方米建筑面积的有一定幅度的单项工程造价指标（包括土建、水、暖、电气等），如北京市 1995 年多层砖混一般标准住宅约为 750～850 元/m^2 等。这一数字可视为 1995 年的基期价格，采用时可根据结构类型套用，并根据项目规模、地区间差异、年份等因素调整。

（2）采用类似工程概、预算编制　其前提是要有建设规模与标准相类似的已建工程的概、预算（或标底），其中尤以标底较可靠。套用时对局部不同用料标准或做法应加以必要的换算，对不同年份间在造价水平上的差异应加以调整。

（3）采用近似（框算）工程量估算法编制　这种方法基本与编制概、预算方法相同，即采用框算主要子目工程量后（不一定太精确），套上概预算定额单价和取费标准，加上一定的配套子目系数，即为所需投资。这种方法适用于无指标可套的单位工程，如构筑物、室外工程等，也可供换算或调整局部不相同的构配件分项工程和水、暖、电气等工程之用。

（4）采用市场询价加系数办法编制　这种方法主要适用于建筑设备安装工程和专业分包工程。如电梯、电话总机等设备，不论是进口还是国产，在向生产厂商询价后，再加运杂费及安装费后即得到所需的估算投资。又如保龄球、桑拿浴等设备，一般由专业厂商分包报价后，再另加总包管理费（或称施工交叉作业费，一般按2%～5%计算）即可。

（5）采用民用建筑快速投资估算法编制　这种方法解决了当前大量的、标准悬殊、建筑功能齐全的各类民用建筑的单位工程投资估算。其方法是积累和掌握较广泛的各种单位造价指标、速估工程量指标和设计参数，如各类民用建筑的单位耗热、耗冷、耗电量指标（W/m^2），锅炉蒸发量指标（t/h）等，根据各单位工程的特点，分别以不同的合理的计量单位（改变采用单一的以建筑面积为计量单位的不合理性），结合工程实际灵活快速地估算出所需投资。

民用建筑快速投资估算法的特点是快速、准确，能密切结合工程的功能需要，充分采用各种设计参数和合理的计量单位，减少了综合套用估、概算指标的盲目性，或套用技术经济指标或类似工程概、预算造价而要做换算调整的繁琐性，尤其是弥补了名目繁多的建筑工程所缺乏的各种估、概算指标的空白或不足。因此这是一种比较实用的系统的民用建筑的投资估算方法。

以结构部分投资估算为例，结构部分投资估算一般指钢筋混凝土部分，而不包括维护结构（这部分列入建筑装饰装修工程内），遇有钢结构或局部钢结构时应单独估算。

1）采用造价指标估算（见表4-2）。

表4-2　结构部分造价指标表

序号	项　目	计量单位	估算指标/元
1	五级人防或地下室	地下面积/m^2	1500～2000
2	四级人防	人防面积/m^2	2200～2500
3	基础（条基、柱基、满堂基础等或其综合）	土建造价（%）	8～12
4	上部框架结构	上部建筑面积/m^2	500～650
5	上部砖混结构	上部建筑面积/m^2	160～250

2）采用速估工程量指标估算（见表4-3）。方法是，按指标套用各构件（基础、墙、柱、梁、板等）定额单价，或各构件加权后的综合平均单价并计取企业管理费及利润、规费、税金等费用后，算出每平方米有关面积的估算造价，再乘以相应面积，得出该部分结构造价，各部分相加即为全部结构投资。

表4-3　结构部分速估工程量参考指标

序号	项　目	单　位	速估指标	
			指　标	其　中
1	钢筋混凝土桩基（长10m内）	m^3/基础m^3	0.45～0.6	
2	钢筋混凝土，单层地下室 （1）底板厚0.5m内 （2）底板厚0.8m内 （3）底板厚1.0m左右	 m^3/基础m^2 m^3/基础m^2 m^3/基础m^2	 1.00～1.10 1.50～1.60 2.00～2.20	底板50%，顶板15%，其余为内外墙、柱等 顶板10%，余同上 顶板8%，余同上
3	条基、柱基或综合基础	%/土建造价m^2	8～12	
4	上部结构，现浇框架	m^3/上部建筑m^2	0.3～0.45	柱16%，框架梁22%，板底梁9%，有梁板23%，内墙21%，电梯井壁7%，其他2%

（续）

序号	项　目	单　位	速估指标	
			指　标	其　中
5	上部结构全现浇剪力墙（高层住宅为主）	m^3/上部建筑 m^2	0.35～0.4	墙体60%，板30%，电梯井壁4%，楼梯、阳台、挑檐5%，其他1%
6	上部结构，砖混（多层住宅为主）	m^3/上部建筑 m^2	0.2～0.25	板40%，梁8%，构造柱18%，圈梁10%，过梁5%，墙6%，其他（楼梯、阳台、挑檐等）13%
7	无粘着预应力楼板	m^3/楼板 m^2	0.2～0.25	预应力钢丝束双向6～7 kg/m^2，单向3～4 kg/m^2，一般配筋2～4 kg/m^2
8	钢网架（钢管无吊顶）	kg/网架展开 m^2	$12.2\times\frac{L}{20}$（L为短向跨度单位：m）	12.2为无吊顶屋面系数，有吊顶屋面系数为14.1，型钢网架系数为1.2

由于以上估算指标大部分是以北京市1996年《建设工程概算定额》中的分部分项单价为基础测算的，所以主要是介绍估算的方法，而且仅以结构部分为例。

4.2.4　流动资金的估算

流动资金是指生产经营性项目投产后，为进行正常生产运营，用于购买原材料、燃料，支付工资及其他经营费用等所需的周转资金。流动资金估算一般是参照现有同类企业的状况采用分项详细估算法，个别情况或者小型项目可采用扩大指标法。

1. 分项详细估算法

计算流动资金需要掌握流动资产和流动负债，这两类因素应分别进行估算。在可行性研究中，为简化计算，仅对存货、现金、应收账款这三项流动资产和应付账款这项流动负债进行估算。

2. 扩大指标估算法

1）按占建设投资的一定比例估算。例如，国外化工企业的流动资金，一般是按建设投资的15%～20%计算。

2）按经营成本的一定比例估算。

3）按年销售收入的一定比例估算。

4）按单位产量占用流动资金的数额估算。

流动资金一般在投产前开始筹措，在投产第一年开始按生产负荷进行安排，其借款部分按全年计算利息。流动资金利息应计入财务费用。项目计算期末收回全部流动资金。

4.3　建设项目的经济评价

4.3.1　建设项目经济评价的内容

建设项目经济评价，主要是指在项目决策阶段的可行性研究和评估中，采用现代经济分析方法，对拟建项目计算期（建设期和生产经营期）内投入产出的诸多经济因素进行调查、预测、研究、计算和论证，比较、选择和推荐最佳方案的过程。经济评价是在完成一项技术方案或同一经济目标后，对所取得的劳动成果与劳动消耗进行比较的评价。它的结论是项目决策的重要依据。经济评价是项目可行性研究和评估的核心内容，其目的是力求在允许的条件下，使投资项目获得最佳的经济效益。

1. 财务评价和国民经济评价

项目的经济评价分为财务评价和国民经济评价。财务评价是指从项目或企业的财务角度出发，根据国家现行财税制度和价格体系，分析、预测项目投入的费用和产出的效益，考查项目的财务盈利能力、清偿能力以及财务外汇平衡等状况，据以判断建设项目的财务可行性。国民经济评价是从国家整体的角度出发，用影子价格等经济评价参数，分析计算项目需要国家付出的代价和对国家的贡献，考查投资行为的经济合理性和宏观可行性。

财务评价与国民经济评价的共同点：首先它们都是经济评价，都要寻求以最小的投入获得最大的产出；其次，都用货币作为统一的尺度，也考虑货币的时间因素；再次，都采用现金流量分析方法，通过编制基本报表计算净现值、内部收益率等指标；最后，都是在完成产品需求预测、厂址选择、工艺技术路线和技术方案论证、投资估算和资金筹措等基础上进行的。

财务评价与国民经济评价的不同点：评价角度不同；项目费用、效益的含义和范围划分不同；采用的价格不同，财务评价对投入物和产出物采用财务价格，而国民经济评价采用影子价格；采用的主要参数不同，财务评价采用国家发布的利率和行业基准收益率或银行贷款利率，国民经济评价采用国家统一测定的影子汇率和社会折现率等。

建设项目投资决策中，财务评价与国民经济评价的结论均可行的项目，应予通过。国民经济评价结论不可行的项目，一般应予否定。对某些国计民生急需的项目，如国民经济评价合理而财务评价不可行的，应重新考虑方案，必要时也可向主管部门提出采取相应经济优惠措施的建议，使项目在财务上具有生存能力。

2. 经济评价报表

项目经济评价采用基本报表及辅助报表两类。

(1) 基本报表　有现金流量表（全部投资）、现金流量表（自有资金）、损益表、资金来源与运用表、资产负债表、财务外汇平衡表、国民经济效益费用流量表（全部投资）、国民经济效益费用流量表（国内投资）、经济外汇流量表共9种表式。

(2) 辅助报表　有固定资产投资估算表、流动资金估算表、投资计划与资金筹措表、主要产出物与投入物使用价格依据表、单位产品生产成本估算表、固定资产折旧费估算表，无形与递延资产摊销估算表、总成本费用估算表、产品销售（营业）收入和销售税金及附加估算表、借款还本付息计算表、出口（替代进口）产品国内资源流量表、国民经济评价投资调整计算表、国民经济评价销售收入调整计算表、国民经济评价经营费用调整计算表共14种表式。

4.3.2 经济评价指标

1. 财务盈利能力分析指标

(1) 财务净现值（*FNPV*）　财务净现值是指按行业的基准收益率或设定的折现率，将项目计算期内各年净现金流量折现到建设期初的现值之和。其表达式为：

$$FNPV = \sum_{t=1}^{n}(CI - CO)_t(1 + i_c)^{-t}$$

式中 n——计算期；

i_c——行业基准收益率或设定的折现率；

CI——现金的流入量；

CO——现金的流出量；

$(CI-CO)_t$——第 t 年的净现金流量；

$(1+i_c)^{-t}$——在行业基准收益率或设定的折现率情况下的现值系数。

如果 $FNPV \geqslant 0$，表明项目的盈利能力超过了基准收益率或设定的折现率水平，项目可以考虑接受。$FNPV$ 越高，项目的经济效益越好。如果 $FNPV<0$，说明项目的盈利能力达不到要求水平，项目不可行。

(2) 投资回收期 (P_t)　投资回收期是最为直观和简单的盈利能力指标，它是指以项目生产经营期的净收益回收全部投资所需要的时间。投资回收期可以从开始投资的年份算起，也可以从开始回收投资的年份算起。其以“年”表示的表达式是满足下式时的 P_t。

$$\sum_{t=1}^{P_t}(CI - CO)_t = 0$$

当计算所得的回收期年份不是整数时，可以按下式求出投资回收期的精确数值：

$$P_t = \begin{pmatrix}\text{累计净现金流量}\\ \text{开始出现正值的年份}\end{pmatrix} - 1 + \frac{\text{上年累计净现金流量的绝对值}}{\text{当年净现金流量}}$$

在财务评价中，把求出的投资回收期 (P_t) 与行业的基准投资回收期 (P_0) 比较。当 $P_t \leqslant P_0$时，表明项目投资在规定的时间内收回，项目可以考虑接受；反之，不接受。

以上是静态投资回收期。如果考虑资金的时间价值，可以计算动态投资回收期。动态投资回收期指标计算较复杂，但比较真实，建设项目投资回收期较长时，可以考虑采用该指标。

(3) 财务内部收益率 ($FIRR$)　财务内部收益率是指财务净现值恰好等于零时的收益率（或称折现率）。计算公式为：

$$FNRV = \sum_{t=1}^{n}(CI - CO)_t(1 + FIRR)^{-t} = 0$$

项目评价时，当 $FIRR \geqslant i_c$ 时，项目的净现值大于零，此时项目可以考虑接受；反之，项目不可接受。

内部收益率是由项目本身（内部）的净现金流量所决定的，能直接给出项目盈利性水平的相对值，便于投资者理解和做出判断。因此，我国目前把收益率指标定为投资盈利性评价的主要指标。内部收益率一般采用内插法试算求得。

(4) 投资利润率　投资利润率是指项目达到设计生产能力后，一个正常生产年份的年利润总额与项目总投资的比率，它是考查项目单位投资盈利能力的静态指标。对于生产期内各年的利润总额变化幅度较大的项目，应计算生产期年平均利润总额与项目总投资的比率。其计算公式为：

$$\text{投资利润率} = \frac{\text{年利润总额或年平均利润总额}}{\text{项目总投资}} \times 100\%$$

$$年利润总额 = 年产品销售(营业)收入 - 年产品销售税金及附加 - 年总成本费用$$

$$年产品销售税金及附加 = 年增值税 + 年销售税 + 年营业税 + 年资源税 + 年城市维护建设税 + 年教育费附加$$

$$项目总投资 = 固定资产投资 + 建设期利息 + 流动资金$$

投资利润率由损益表求得。在财务评价中，将项目的投资利润率与行业平均投资利润率对比，来判别项目单位投资盈利能力是否达到本行业的平均水平。

（5）投资利税率　投资利税率是指项目达到设计生产能力后，一个正常年份的年利税总额或项目生产期内的年平均利税总额与项目总投资的比率。其计算公式为：

$$投资利税率 = \frac{年利税总额或年平均利税总额}{项目总投资} \times 100\%$$

$$年利税总额 = 年利润总额 + 年销售税金及附加$$

投资利税率可根据损益表求得。在财务评价中，将投资利税率与行业平均投资利税率对比，以判别单位投资对国家积累的贡献水平是否达到本行业的平均水平。

（6）资本金利润率　资本金利润率是指项目达到设计生产能力后，一个正常年份的年利润总额或项目生产期内的年平均利润总额与资本金的比率，它反映投入项目资本金的盈利能力。其计算公式为：

$$资本金利润率 = \frac{年利润总额或年平均利润总额}{资本金} \times 100\%$$

2. 财务清偿能力分析指标

（1）资产负债率　资产负债率是企业负债与资产之比，它是反映企业各个时刻所面临的财务风险程度及偿债能力的指标。

$$资产负债率 = \frac{负债合计}{资产合计}$$

资产负债率到底多少合适，没有绝对的标准，一般认为在0.5～0.8之间是合适的。

（2）流动比率　流动比率是企业各个时刻偿付流动负债能力的指标。

$$流动比率 = \frac{流动资产总额}{流动负债总额}$$

由于流动资产总额中包括存货，这些存货在通常情况下也不易立即变现，所以流动比率反映的瞬时偿债能力是含有一定水分的。一般认为，流动比率应为1.2～2.0。

（3）速动比率　速动比率是企业各个时刻用可以立即变现的货币偿付流动负债能力的指标。

$$速动比率 = \frac{流动资产总额 - 存货}{流动负债总额}$$

一般认为，速动比率应为1.0～1.2。

（4）固定资产投资国内借款偿还期　国内借款偿还期是指在国家财税规定及项目具体财务条件下，以项目投产后可用于还款的资金，偿还固定资产投资国内借款本金和建设期利息（不包括已用自有资金支付的建设期利息）所需要的时间。其表达式为：

$$I_d = \sum_{t=1}^{P_d} R_t$$

式中　I_d——固定资产投资中，国内借款的本金（含建设期利息）；

P_d——固定资产中，国内借款的偿还期（从借款开始年计算，若从投产年算起时，则应予注明）；

R_t——第 t 年可用于还款的资金，包括利润、折旧、摊销及其他还款资金。

国内借款偿还期是通过借款还本付息计算表、总成本费用估算表、损益表三个表，逐年循环计算求得。

3. 国民经济评价的主要指标及判断标准

（1）经济净现值（*ENPV*） 经济净现值是指用社会折现率；将项目计算期内各年的净效益流量折算到建设期初（基准年）的现值之和，是反映项目对国民经济净贡献的绝对指标。其表达式为：

$$ENPV = \sum_{t=1}^{n}(B - C)_t(1 + i_s)^{-t}$$

式中 B——效益流入量；

C——费用流出量；

$(B-C)_t$——第 t 年的净效益流量；

i_s——社会折现率；

n——计算期；

$(1+i_s)^{-t}$——社会折现率下 t 年的现值系数。

如果 $ENPV \geqslant 0$，表明项目达到或超过从国家整体角度对投资的盈利要求，这时认为项目是可以考虑接受的。

（2）经济内部收益率（*EIRR*） 经济内部收益率是项目在计算期内各年经济净效益流量的现值累计等于零时的折现率，是反映项目对国民经济净贡献的相对指标。其表达式为：

$$\sum_{t=1}^{n}(B - C)_t(1 + EIRR)^{-t} = 0$$

经济内部收益率判断标准是社会折现率 i_s。如果 $EIRR \geqslant i_s$，表明项目对国民经济净贡献达到或超过了要求的水平，这时认为项目是可以考虑接受的。

（3）外汇效果分析指标 当项目的产品出口创汇或替代进口节汇时，需要计算项目的经济换汇成本、经济节汇成本、经济外汇净现值。

1）经济换汇成本：是指产品直接出口换取单位外汇需要消耗（投入）的国内资源。它是用影子价格计算的为生产出口产品而投入的国内资源现值（以人民币表示）与生产出口产品的经济外汇净现值（通常以美元表示）之比，即换取1美元外汇所需要的人民币金额。

2）经济节汇成本：是指产品替代进口节省外汇所需要投入的国内资源。它是用影子价格计算的为生产替代进口产品投入的国内资源现值与替代进口产品的经济外汇净现值之比，即节约1美元外汇所需要的人民币金额。

经济换汇成本和经济节汇成本的判断标准是影子汇率。经济换汇成本和经济节汇成本不超过影子汇率，表明项目产品出口或替代进口在经济上是可行的；否则，从外汇获得或节约的角度来看是不合算的。

3）经济外汇净现值（$ENPV_E$）：是反映项目实施后直接或间接影响国家外汇收入的重要指标，用以衡量项目对国家外汇真正的净贡献（创汇）或消耗（用汇）。其表达式为：

$$ENPV_E = \sum_{t=1}^{n}(FI - FO)_t(1 + i_s)^{-t}$$

式中　　FI——外汇流入量；

FO——外汇流出量；

$(FI-FO)_t$——第 t 年的净外汇流量。

复 习 题

1. 建设项目的决策阶段为什么要做可行性研究？
2. 建设项目的可行性研究应包括哪些内容？
3. 建设项目的投资估算与初步设计概算的关系是什么？
4. 指标估算法的基本方法是什么？
5. 简述建设项目的财务评价与国民经济评价的相同点与不同点。

第 5 章 建设项目设计阶段的造价控制

5.1 建设项目设计阶段造价控制概述

建设工程的设计阶段对工程造价的全过程控制起着十分重要的作用，它是实现业主根据可行性研究拟订的设计委托书及投资估算的过程，也是对建设项目进行全面规划和具体描述实施意图的过程，是处理技术与经济关系的关键性环节，对控制工程造价具有十分重要的意义。

5.1.1 设计阶段的划分和各阶段的成本管理

在设计阶段，设计单位应根据业主单位的设计任务委托书的要求和设计合同的规定，努力将概算控制在委托设计的投资限额内。一般的工业与民用建设项目的设计按初步设计和施工图设计两个阶段进行，对于技术上比较复杂或缺乏设计经验的项目，可按初步设计、技术设计和施工图设计三个阶段进行。在设计工作的同时要进行相应的成本管理工作。

1. *初步设计阶段*

设计单位根据批准的可行性研究报告、投资估算或设计承包合同进行初步设计。在此阶段应根据初步设计图（含有作业图）和说明书及概算定额（扩大预算定额或综合预算定额）编制初步设计总概算。概算一经批准，即为控制拟建项目工程造价的最高限额。

2. *技术设计阶段（扩大初步设计阶段）*

根据批准的初步设计文件进行扩大初步设计。在此阶段应根据技术设计的图样和说明书及概算定额（扩大预算定额或综合预算定额）编制初步设计修正总概算。

3. *施工图设计阶段*

根据批准的初步设计文件或扩大初步设计文件和主要设备订货情况进行施工图设计。此阶段应根据施工图和说明书及预算定额编制施工图预算，用以核实施工图阶段造价是否超过批准的初步设计概算。

设计阶段的造价控制是一个有机联系的整体，各设计阶段的造价（估算、概算、预算）相互制约、相互补充，前者控制后者，后者补充前者，共同组成工程造价的控制系统。

5.1.2 工程设计与工程造价的关系

工程设计是具体实现技术与经济对立统一的过程。拟建项目一经决策确定，设计就成了工程建设和控制工程造价的关键。初步设计基本上决定了工程建设的规模、产品方案、结构形式和建筑标准及使用功能，形成了设计概算，确定了投资的最高限额。施工图设计完成后，编制出了施工图预算，准确地计算出工程造价。因此工程设计是影响和控制工程造价的关键环节。

设计质量和深度是否达到国家标准、功能是否满足使用要求，不仅关系到建设项目一次性投资的多少，而且影响到建成交付使用后经济效益的良好发挥，如产品成本、经营费、日常维修费、使用年限内的大修费和部分更新费用的高低，还关系到国家有限资源的合理利用和国家财产以及人民群众生命财产安全等重大问题。

工程造价对设计也有很大的制约作用。在市场经济条件下，归根结底应该说还是经济决定技术，还是财力决定工程规模和建设标准、技术水平。在一定经济约束条件下，就一个建设项目而言，应尽可能减少次要辅助项目的投资，以保证和提高主要项目设计标准或适用程度。总之，要加强对工程设计与工程造价关系的研究分析，正确处理好两者的相互制约关系，从而使设计产品技术先进、稳妥可靠、经济合理，使工程造价得到合理确定和有效控制。

设计阶段控制造价是必须的也是行之有效的，它体现了事前控制的思想。因为设计图上的一切内容都需要投资来实现，所以工程师在此阶段控制造价能起到事半功倍的作用。由于设计阶段毕竟是在计算机上进行，还没有在现场上形成建筑产品，故改动比较容易。长期以来，我国普遍忽视工程建设项目设计阶段的造价控制，结果造成有些项目设计粗糙，初步设计深度不够，设计概算质量不高；有些项目甚至没有概算，概算审批走过场，三超（概算超估算，预算超概算，结算超预算）现象严重。要有效地控制建设工程造价，就要坚决地把控制重点转到设计阶段，从源头上控制工程造价。

5.2 设计方案的优选

优化设计方案是设计阶段的重要步骤，是控制工程造价的有效方法。设计方案优选的目的在于论证拟采用的设计方案技术上是否先进可行、功能上是否满足需要、经济上是否合理、使用上是否安全可靠。近些年来，优化设计方案主要采用设计招投标及其设计方案竞选、运用价值工程优化设计方案和设计方案的技术经济评价等方式。

5.2.1 设计招标投标

工程设计招标投标是指招标单位就拟建工程的设计任务发布招标公告，以吸引设计单位参加竞争；经招标单位审查符合投标资格的设计单位按照招标文件要求，在规定的时间内向招标单位填报投标文件，招标单位从而择优确定中标设计单位来完成工程设计任务的活动。工程设计招标投标的目的是：鼓励竞争，促使设计单位改进管理，采用先进技术，降低工程造价，缩短工期，提高投资效益。工程设计招标和投标是双方法人之间的经济活动，受国家法律的保护和监督。

设计招标的方式分为公开招标和邀请招标。设计招标的优点是：有利于设计方案的选择和竞争，从而择优确定最佳设计方案，达到优化设计方案的目的；有利于控制建设工程造价，中标项目一般做出的投资估算能接近招标文件所确定的投资范围；有利于加快设计进度、提高设计质量、降低设计费用。

5.2.2 设计方案竞选

设计方案竞选是指由组织竞选活动的单位通过报刊、信息网络或其他媒介发布竞选公告，吸引设计单位参加方案竞选；参加竞选的设计单位按照竞选文件和国家关于《城市建筑方案设计文件编制深度规定》，做好方案设计和编制有关文件，经具有相应资格的注册建筑师签字，并加盖单位法定代表人或法定代表人委托的代理人的印鉴，在规定的日期内，密封送达组织竞选单位；组织竞选单位邀请有关专家组成评定小组，采用科学方法，按照适用、经济、美观的原则，以及技术先进、结构合理、满足建筑节能、环境等要求，综合评定设计方案优劣，择优确定中选方案，最后双方签订合同等一系列活动。

设计方案竞选有利于多种设计方案的选择和竞争，从中选择最佳方案；有利于控制项目投资。因为中选的设计方案所做出的投资估算一般控制在竞选文件规定的投资范围内，能集思广益，吸取多种方案设计的优点。因为设计方案竞选与设计招标是有区别的，所以它可以吸取未中选方案的优点，并以中选方案作为设计方案的基础，把其他方案的优点加以吸收综合，取长补短，使设计更完美。但应根据劳动量大小，对于吸收未中选方案的优点部分给予必要的补偿。

5.3 运用价值工程优化设计方案

5.3.1 价值工程的含义

价值工程（Value Engineering），又称价值分析（Value Analysis），是通过各相关领域的协作，对所研究对象的功能与费用进行系统分析，不断创新，旨在提高所研究对象价值的思想方法和管理技术。其表达式为

$$V = F/C$$

式中 V——价值；

F——功能；

C——寿命周期成本（或费用）。

5.3.2 价值工程的目的

价值工程的目的是以对象的最低寿命周期成本可靠地实现使用者所需功能，以获得最佳的综合效益。

所谓寿命周期成本，就是从对象的研究、形成到退出使用所需的全部费用，包括生产费用和使用费用两部分（见图5-1）。其计算式为：

$$C = C_1 + C_2$$

式中 C——寿命周期成本；

C_1——生产费用；

C_2——使用费用。

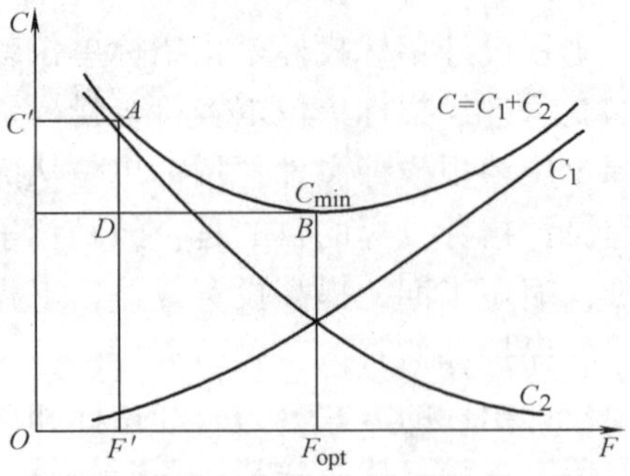

图5-1 寿命周期成本（费用）与功能关系图

由图 5-1 可以看出，要提高建筑产品功能，就要增加生产费用，但提高了功能，使用费用就会降低。这样生产费用和使用费用之和必然存在一个最小值，这个最小值（即 *B* 点）表示了最适宜的功能水平和费用水平，此时的寿命周期成本是最低的。

价值工程的目的，就在于寻求最佳的方案，以使寿命周期成本达到最低。如果 *A* 点表示价值分析前的寿命周期成本，则 *AD* 表示价值分析后寿命周期成本可降低的幅度，F_{opt} 应为最低寿命周期成本的最佳功能水平，则 $F'F_{opt}$ 表示功能可提高的幅度。

5.3.3　提高价值水平的途径

由价值工程的计算公式可以看出，提高价值水平的途径有以下五条：

1）功能提高，成本不变。

2）功能不变，成本降低。

3）功能提高，成本降低。

4）功能稍降，成本大降。

5）功能大大提高，成本稍有提高。

设计工作要做到提高价值水平，就是要从这五个方面动脑筋、想办法。实践还表明：提高功能水平，要依靠功能分析；降低成本固然要靠改善加工方法，但更有潜力的做法是改进设计（见图 5-2）。改进加工方法，只能节省人工费，而占成本大部分的材料费的节约效果并不大。而改进设计则可以采用代用材料或少用材料，从而有效地降低加工费用。因此，必须高度重视设计工作在造价控制中的作用。

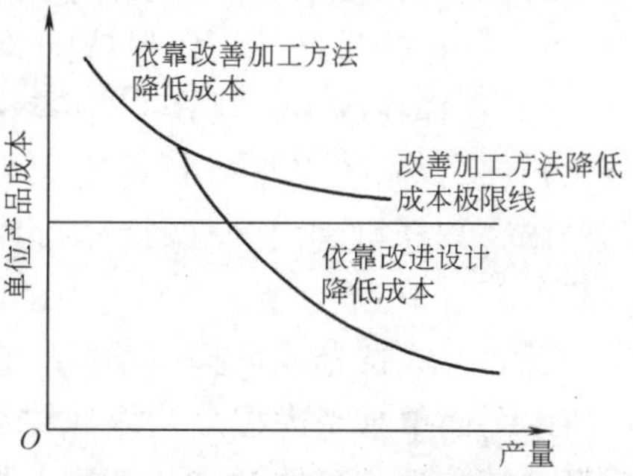

图 5-2　产品成本变化曲线

5.3.4　价值工程的工作程序

价值工程的一般程序可用表 5-1 表示。

表 5-1　价值工程的一般程序

一般程序	实施步骤		价值分析提问
	基本步骤	详细步骤	
分析	1. 功能定义	1. 收集情报	1. 这是什么
		2. 功能定义	2. 它的作用是什么
		3. 功能整理	
	2. 功能评价	4. 功能成本分析	3. 它的成本是多少
		5. 功能评价	4. 它的价值是多少
		6. 确定对象范围	
综合	3. 制定改进方案	7. 创造	5. 有其他方法实现这项功能吗
评价		8. 初步评价	6. 新方案的成本是多少
		9. 具体化调查	7. 新方案能可靠地实现必要的功能吗
		10. 详细评价	
决策		11. 提案	

5.3.5 用价值工程控制造价的要点

1. 价值工程的分析对象

由于价值工程的分析对象是价值高、降低成本潜力大的，故工程设计价值分析的对象应以下述内容为重点：

1）选择数量大、应用面广的构配件，例如外墙、楼板、防水材料、人工地基等，因为它们降低成本的潜力大。

2）选择成本高的工程和构配件，因为它们改进的潜力大，对产品的价值影响大。

3）选择结构复杂的工程和构配件，因为它们有简化的可能性。

4）选择体积与重量大的工程和构配件，因为它们是节约原材料和改进施工（生产）工艺的重点。

5）选择对产品功能提高起关键作用的构配件，以期改进后提高功能有显著效果。

6）选择在使用中维修费用高、耗能量大或使用期的总费用较大的工程和构配件。

7）选择畅销产品，以保持优势，提高竞争力。

8）选择在施工（生产）中容易保证质量的工程和构配件。

9）选择施工（生产）难度大、消耗材料和工时多的工程和构配件。

10）选择可利用新材料、新设备、新工艺、新结构及在科研上已有先进成果的工程和构配件。

总之，应选择或可提高功能，或可降低成本，或有利于价值提高的那些对象。防止忽视价值水平而单独考虑提高功能或单独考虑降低成本，因为这会导致价值降低的倾向。对于每项设计任务，应具体对待，不可一概而论。

2. 作价值分析时应注意的问题

1）作价值分析应广泛收集和积累资料，包括费用资料、质量标准、用户的要求，施工单位的期望以及市场、科技动态等。

2）设计人员在设计时心中要有三笔账：一是造价限额，二是功能要求，三是现实成本。现实成本不能超过造价限额，功能要求要以符合规范和标准的要求为前提。三者以功能要求为主。

3）设计人员必须有创新精神，善于打破现有的条条框框，不断开拓新领域，善于吸收科研成果。

4）提高建筑工业化水平是建设领域价值分析的最重要原则，因此设计人员首先要执行这项原则。建筑工业化的核心是施工机械化，重要手段是构配件生产工厂化，必要前提是建筑标准化，还有建筑体系化和新材料和新工艺的使用等，这些均与设计有关。可以说，设计人员要在建筑工业化的任何一项内容上下些功夫，坚持进行价值分析。价值分析应有提高建筑工业化水平的效果。

5）设计单位的技术经济人员应当配合设计技术人员进行价值分析，以克服某些设计人员知识上的不足。技术经济人员不只进行事后的技术经济分析，更重要的是在设计过程中就进行动态的技术经济分析，以保证出品价值高的设计图。进行价值分析跟踪是设计单位技术经济人员的责任。设计单位应在制度上建立有利于技术经济人员的工作环境。

6）设计人员进行价值分析，应当同有关设计专业、建筑材料和设备制造方面的专家合作，同施工单位及其专家合作，充分发挥"智囊团"的作用。

5.4　实行限额设计

5.4.1　限额设计的含义

限额设计就是按批准的投资估算控制初步设计，按批准的初步设计总概算控制施工图设计。即将上阶段设计审定的投资额和工程量先行分解到各专业，然后再分解到各单位工程和分部工程。各专业在保证使用功能的前提下，按分配的投资限额控制设计，严格控制技术设计和施工图设计的不合理变更，以保证总投资限额不被突破。

设计阶段的投资控制说到底，就是编制出满足设计任务要求，其造价又受控于决策投资的设计文件。限额设计正是根据这一要求提出来的，所以限额设计实际上是建设项目投资控制系统中的一项关键措施。在整个的设计过程中，工程设计技术人员和工程设计经济管理人员密切配合，做到技术和经济的统一。技术人员在设计时考虑经济支出，进行方案比较，优化设计；设计经济管理人员及时进行设计造价计算，为技术人员提供信息，达到投资动态控制的目的。

5.4.2　限额设计的全过程

限额设计的全过程实际是建设投资目标管理的过程，即目标分解与计划、目标实施、目标实施检查、信息反馈的控制循环过程。这个过程可用图5-3表示。

1. 投资分配

可行性研究报告获批以后，设计单位在设计之前应在可行性研究报告的总框架内将投资分配到各单项工程和单位工程，作为进行初步设计的造价控制总目标，也就是最高投资限额。这次分配往往不是只凭可行性研究报告就能办到的，而是要进行方案设计，在此基础上做出决策。

2. 按限额进行初步设计（或加技术设计）

初步设计应严格按分配的造价控制目标进行。设计基本完成以后做出初步设计概算。然后通过对概算提供的技术经济指标进行技术经济分析，判断其造价是否满足投资（造价）限额要求。如不满足，则修改初步设计，直至通过技术经济分析。造价等于或低于分配的限额，才能报批初步设计。初步设计文件内必须包括初步设计概算文件。初步设计概算造价就是技术设计及修正概算的最高限额。

3. 施工图设计造价限额

已批准的初步设计及初步设计概算，无论是建

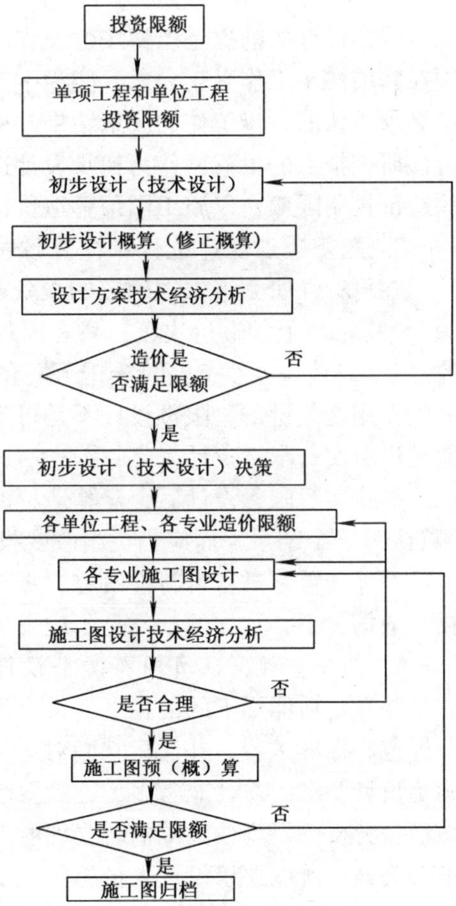

图5-3　限额设计的全过程

设项目总造价还是单项工程造价，均应作为施工图设计造价的最高限额。设计单位还应把该限额作为总目标分解到每个单位工程上，继而分解成为各专业设计（土建、水暖、通风、电气、电梯等）的造价控制目标。应按照造价控制目标确定施工图设计的构造，选用材料和设备。

4. 施工图设计的造价控制

进行施工图设计应把握两个标准，一是质量标准，二是造价标准，并应做到两者协调一致，相互制约，防止只顾质量而放松经济要求的倾向，当然也不能因为经济上的限制而消极地降低质量。因此，必须在造价限额的前提下优化设计。在设计的过程中，要对设计结果进行技术经济分析。要对每种选型、每个构件、每种材料和设备的选择和决定算经济账，看是否有利于造价目标的实现。当经过局部技术经济分析证明是可行后，才能做出设计绘图决定。施工图设计技术经济分析应由专业设计人员完成，施工图预算应由设计单位的经济管理人员完成。施工图预算完成后做出是否修改设计的判断，供设计决策者参考。只有施工图预算造价满足施工图设计造价限额时，施工图才能归档（定案）。

5.4.3 限额设计要点

1. 严格按建设程序办事

限额设计的前提是严格按建设程序办事，即按建设规律的要求依次进行。每项工作都必须在其前一步工作真正完成，能为本工作提供可靠基础的前提下进行。换句话说，后一项工作必须承认前一步工作的决策结果并使它付诸实施。限额设计就是根据这一指导思想，将可行性研究报告的投资额作为初步设计造价的控制限额，将初步设计概算造价作为施工图设计的造价控制限额，以施工图预算造价作为施工决策的依据。

2. 充分认识设计造价在投资控制中的作用

在可行性研究报告中确定的投资额，其主要特点是“意识”上的，还不是“物质”上的。“物质”上的造价决策，只有通过施工图设计的完成才能做出，接下来就是按图施工和控制。“设计一条线，造价千千万”的道理是尽人皆知的，所以设计造价的形成在投资控制中的作用是关键的。限额设计不是可有可无的，过去经常出现的“概算超估算”，主要原因就是没有实行限额设计。

如果实行限额设计后，概算造价的确超过了初步设计的投资额，而又确有理由时，不能“默认”这个结果，而应当提出改变投资限额的建议。只有经原可行性研究报告批准单位同意后，才能重新进行可行性研究，重新编制可行性研究报告，重新确定初步设计投资限额。在一般情况下，这样的反复是不应发生的。

3. 充分重视、认真对待每个设计环节及每项专业设计

在满足功能要求的前提下，每个设计环节和每项专业设计都应按照国家的有关规定、设计规范和标准进行，并注意它们对造价的影响。在造价限额确定的前提下，通过优化设计而满足设计要求的途径非常多，这就要求设计人员善于思考，施展才能。在设计的过程中要多做经济分析，发现偏离限额时立即改变设计。只有在每一个局部上把住关，总的投资限额才不会突破。所以要求设计人员思想上要有造价意识，尽量使技术和经济不脱节。

4. 加强设计审核

设计单位必须做好设计审核工作，不忽视每个环节。既要审技术，又要审造价；既要把

住总造价关，又要把住分部分项工程造价关。要把审核设计作为造价动态控制的一项重要措施，为此，在组织上要落实。住建部规定，设计经济专业人员要占设计人员的5%～8%。

5. 建立设计经济责任制

设计单位要进行全员的经济控制，必须在目标分解的基础上科学地确定造价限额，然后把责任落实到每个责任人的身上。因此必须建立设计经济责任制，明确责权利，把设计经济责任制纳入设计全面质量管理的轨道。建立设计质量保证体系时，必须把造价作为设计质量控制的内容之一。

6. 施工图设计应符合施工要求

施工图设计交底会审后应进行一次性洽商和修改，尽量吸收施工单位人员的意见，以尽量减少施工过程中的设计变更，避免造成造价失控。

5.5 设计概算的编制

5.5.1 设计概算的内容和作用

1. 设计概算的内容

建筑工程设计概算文件是初步设计文件的重要组成部分，它是根据初步设计和扩大初步设计、概算定额（或概算指标、预算定额）、费用定额指标等资料，计算建设工程全部费用的文件。

设计概算分为单位工程概算、单项工程综合概算、建设工程总概算三级。单位工程概算包括内容有：建筑工程概算，设备及安装工程概算，工具、器具及生产家具购置费用概算。其中，建筑工程概算分为一般土建工程概算、给水排水工程概算、采暖工程概算、通风工程概算、电气照明工程概算、工业管道工程概算、特殊构筑物工程概算；设备及安装工程概算分为机械设备及安装工程概算、电气设备及安装工程概算。若干个单位工程概算和其他工程费用文件汇总后，成为单项工程综合概算。若干个单项工程概算可汇总成为建设工程总概算。单项工程综合概算、建设工程总概算仅是一种归纳、汇总性文件，最基本的计算文件是单位工程概算书。

2. 设计概算的作用

1）国家确定和控制基本建设投资、编制基本建设计划的依据。初步设计及总概算按规定程序报请有关部门批准后即为建设工程总投资的最高限额，不得任意突破，如确需突破时须报原审批部门批准。

2）设计方案经济评价与选择的依据。设计人员根据设计概算进行设计方案技术经济分析、多方案评价并优选方案，以提高工程项目设计质量和经济效果。同时，设计概算为下阶段施工图设计确定了投资控制的目标。

3）实行建设工程投资包干的依据。在进行概算包干时，单项工程综合概算及建设工程总概算是投资包干指标商定和确定的基础，尤其经上级主管部门批准的设计概算或修正概算，是主管单位和包干单位签订包干合同、控制包干数额的依据。

4）基本建设核算、“三算”对比、考核建设工程成本和投资效果的依据。设计概算是建设单位进行项目核算、建设工程“三算”对比、考核项目工程成本和投资经济效果的重要依据。

5.5.2 设计概算的编制依据和编制原则

1. 设计概算的编制依据

1）经批准的有关文件、上级有关文件、指标。

2）工程地质勘测资料。

3）经批准的设计文件。

4）水、电和原材料供应情况。

5）交通运输情况及运输价格。

6）地区工资标准、已批准的材料预算价格及机械台班价格。

7）国家或地区颁发的概算定额或概算指标、建安工程间接费定额、其他有关取费标准。

8）国家或地区规定的其他工程费用指标、机电设备价目表。

9）类似工程概算及技术经济指标。

2. 设计概算的编制原则

1）应深入现场进行调查研究。

2）结合实际情况合理确定工程费用。

3）抓住重点环节、严格控制工程概算造价。

4）应全面完整地反映设计内容。

5.5.3 单位工程设计概算的编制

单位工程设计概算，是在初步设计或扩大初步设计阶段进行的。它是利用国家或地区颁发的概预算定额、概算指标，并按照设计图、说明、设备清单和其他要求，概略地计算工程造价，以及确定人工、材料、机械等需要量的一种文件。设计概算的特点是编制工作较为简单，在精度上不如施工图预算。

单位工程设计概算，包括建筑工程概算和设备及其安装工程概算两大类。单位建筑工程设计概算是一个独立工程中分专业计算工程费用的概算文件，它分为土建工程，电气工程、给水排水工程、暖通和空调工程及其他专业工程等，它是单项工程设计概算文件的组成部分。

1. 建筑工程设计概算的编制

单位建筑工程设计概算，一般有下列三种编制方法：一是利用概算定额编制设计概算，二是利用概算指标编制设计概算，三是利用类似工程预算编制设计概算。

根据概算定额进行编制的项目，其初步设计必须具备一定的深度。当用概算定额编制的条件不具备，又要求必须在短时间内编出概算造价时，可以根据概算指标进行编制。当有类似工程预算文件时，可以根据类似工程预算进行编制。

（1）利用概算定额编制设计概算　概算定额法又叫扩大单价法或扩大结构定额法。当初步设计达到一定深度、建筑结构比较明确时，可采用这种方法编制建筑工程概算。该法是采用概算定额编制建筑工程概算的方法。它根据初步设计图资料和概算定额的项目划分计算出工程量，然后套用概算定额单价（基价），计算汇总后，再计取有关费用，以得出单位工程概算造价。

具体步骤如下：

1）列出单位工程中分项工程或扩大分项工程项目名称，并计算其工程量。按照概算定额分部分项顺序，列出各分项工程的名称。工程量计算应按概算定额中规定的工程量计算规则进行，并将所算得的各分项工程量按概算定额编号顺序填入工程概算表内。

2）确定各分部分项工程项目的概算定额单价。工程量计算完毕后，查概算定额的相应项目，逐项套用相应定额单价、人工和材料消耗指标，然后分别将其填入工程概算表和工料分析表。当设计图中的分项工程项目名称和内容与采用的概算定额手册中相应的项目完全一致时，即可直接套用定额进行计算；如遇设计图中的分项工程项目名称和内容与采用的概算定额手册中相应的项目有某些不相符时，则按规定对定额进行换算后再套用定额进行计算。

3）计算各分部分项工程的直接费用和总直接费用。将已算出的各分部分项工程项目的工程量和在概算定额中已查出的相应定额单价及单位人工、材料消耗指标分别相乘，即可得出各分项工程的直接费和人工、材料消耗量；汇总各分项工程的直接费和人工、材料消耗量，即可得到该单位工程的直接费和工料的总消耗量；再汇总其他直接费即可得到该单位工程的总直接费。

如果规定了地区的人工费、材料价差调整指标，计算直接费时，还应按规定的调整系数进行调整计算。

4）计算间接费用、利润和税金。根据总直接费、各项施工取费标准，分别计算间接费和利润、税金等费用。

5）计算单位工程概算造价。

单位工程概算造价 = 直接费 + 间接费 + 计划利润 + 税金

【例5-1】 某学校学生宿舍楼，按照××市概算定额编制的设计概算，见表5-2～表5-4。

表5-2 建筑工程概算表

工程名称：×××学生宿舍楼

顺序号	定额编号	工 程 项 目	单位	数量	概算价/元		其中：人工/元	
					单价	合价	单价	合价
		建筑面积	m^2	1129.95				
	一、基础工程					83184		18759
	1－1	平整场地	m^2	356.4	1.68	599	1.68	599
	1－22	其他结构砖带形基础挖土方	m^3	161.86	61.93	10024	44.89	7266
	1－68	带形基础灰土垫层	m^3	1.21	44.36	54	18.8	23
	1－71	带形基础C10混凝土垫层	m^3	57.32	213.08	12214	32.72	1876
	1－147	室内靠墙管沟1.0m×1.0m	m	71.4	147.5	10532	35.5	2535
	1－182	室内管沟抹防水砂浆	m^2	71.4	4.83	345	1.1	79
	1－183	室内管沟混凝土垫层增加费	m	71.4	12.99	927	－1.69	－121
	1－101	有圈梁砖带形基础	m^3	157.54	307.79	48489	41.27	6502

（续）

顺序号	定额编号	工程项目	单位	数量	概算价/元		其中：人工/元	
					单价	合价	单价	合价
	二、墙体工程					116278		18262
	2－2	365mm 砖外墙	m^2	607.14	91.08	55298	14.24	8646
	2－4	115mm 砖内墙	m^2	24.3	23.92	581	5.12	124
	2－5	240mm 砖内墙	m^2	1052.27	53.04	55812	7.99	8408
	2－7	240mm 砖女儿墙	m^2	75.06	67.10	5037	14.44	1084
	三、混凝土工程					116252		12902
	3－31	C20 构造柱	m^3	360.4	63.12	22748	10.56	3806
	3－43	C20 矩形梁	m^3	7.47	1217.03	9091	136.67	1021
	3－75	C20 现浇平板 100mm 厚	m^2	221.58	64.33	14254	8.73	1934
	3－123	C20 现浇楼梯	m^2	73.44	148.83	10930	41.52	3049
	3－141	现浇雨篷挑宽 2m 以内	m^2	7.2	202.76	1460	46.61	336
	3－201	预应力圆孔板 4.2m 内	m^2	774.18	74.62	57769	3.56	2756
	四、屋面工程					43099		2903
	6－1	豆石屋面加气混凝土块保温	m^2	356.4	53.55	19085	4.07	1451
	6－33	水泥焦渣找坡层	m^2	356.4	12.89	4594	1.74	620
	6－66	SBS 改性沥青油毡防水层（Ⅲ型）	m^2	356.4	53.01	18893	2.05	731
	6－87	镀锌薄钢板水落管	m	37.8	13.94	527	2.66	101
	五、门窗工程					103374		5690
	8－76	铝合金平开门	m^2	90.16	496.46	44761	20.11	1813
	8－89	铝合金推拉窗	m^2	137.73	337.54	46489	22.9	3154
	8－115	松木窗帘盒	m^2	92.32	70.14	6475	2.37	219
	8－118	双轨铝合金窗帘轨	m^2	92.32	30.79	2843	1.5	138
	8－138	预制磨石窗台板（青水泥）	m^2	137.73	19.04	2622	1.32	182
	8－148	门锁安装	个	41	4.49	184	4.49	184
	六、楼地面工程					395108		24371
	9－1	房心回填土（室内外高差 75cm 以内）	m^2	356.4	2.89	1030	2.89	1030
	9－32	现浇预制块料地面灰土、混凝土底层	m^2	325.8	12.22	3981	3	977
	9－33	现浇预制块料楼面 6cm 焦渣底层	m^2	578.16	8	4625	0.83	480
	9－77	磨光花岗石楼地面	m^2	903.96	295.03	266695	10.66	9636
	9－147	卫生间地面灰土、细石混凝土底层	m^2	30.6	12.43	380	3.31	101
	9－153	卫生间面砖地面面层勾缝	m^2	30.6	61.78	1890	7.74	237
	9－157	卫生间楼面细石混凝土底层	m^2	61.2	39.95	2445	4.6	282
	9－167	卫生间面砖楼面面层勾缝	m^2	61.2	61.78	3781	7.74	474
	9－173	卫生间楼面防水层 JG-2 一布四涂	m^2	61.2	44.29	2711	6.05	370

（续）

顺序号	定额编号	工程项目	单位	数量	概算价/元		其中：人工/元	
					单价	合价	单价	合价
	9-180	厕所蹲台	间	18	91.93	1655	35.17	633
	9-309	磨光花岗石踢脚	m	875.4	49.49	43324	5.65	4946
	9-322	楼梯装饰磨光花岗石	m^2	73.44	503.16	36952	26.25	1928
	9-329	镀铬钢管栏杆硬木扶手	m	46.2	300.22	13870	28.24	1305
	9-363	花岗石面台阶	m^2	12.42	870.05	10806	119.93	1490
	9-385	豆石混凝土散水	m	83.4	15.14	1263	5.77	481
	七、天棚工程					19828		8581
	10-1	预制混凝土板底勾缝抹灰	m^2	774.18	1.49	1154	0.99	766
	10-2	现制混凝土板底抹灰	m^2	278.64	5.73	1597	2.94	819
	10-40	卫生间天棚面层喷耐擦洗涂料	m^2	91.8	6.18	567	2.51	230
	10-41	天棚面层喷多彩花纹涂料	m^2	961.02	17.18	16510	7.04	6766
	八、装修工程					68759		21329
	11-1	砖外墙面全部勾缝	m^2	719.73	5.42	3901	3.5	2519
	11-56	砖女儿墙内侧抹水泥砂浆	m^2	75.06	17.17	1289	10.52	790
	11-69	砖内墙抹混合砂浆底灰	m^2	316.87	4.59	1454	2.79	884
	11-82	砖内墙抹石灰砂浆底灰	m^2	2243.42	4.38	9826	2.79	6259
	11-86	砖内墙抹水泥拉毛底灰	m^2	316.87	5.28	1673	2.83	897
	11-97	内墙面喷多彩花纹涂料	m^2	2243.42	16.24	36433	2.88	6461
	11-132	内墙面贴彩色瓷砖	m^2	316.87	44.4	14069	10.99	3482
	11-342	雨篷装修现制宽度2m以内	m^2	7.2	15.79	114	4.96	36
	九、建筑配件					9191		897
	12-26	预制水磨石拖布池	组	6	90.21	541	13.2	79
	12-46	厕所隔断	间	18	403.25	7259	31.07	559
	12-74	房间铭牌	个	45	18.88	850	4.42	199
	12-113	平屋顶出入孔（带小门）	个	1	540.59	541	59.7	60
	十、其他直接费					90645		15480
	13-7	建筑面积综合脚手架费用 其他建筑檐高25m以下	m^2	1129.95	5.01	5661	2.93	3311
	13-30	大型垂直运输机械使用费 混合结构、檐高25m以下	m^2	1129.95	23.14	26147		
	13-76	中小型机械使用费 混合结构、檐高25m以下	m^2	1129.95	13.9	15706		
	13-95	工程水电费 混合结构、檐高25m以下	m^2	1129.95	3.39	3831		
	13-110	二次搬运费 混合结构、三环路以内	m^2	1129.95	14.29	16147	6.52	7367
	13-137	冬雨季施工费 混合结构、檐高25m以下	m^2	1129.95	10.21	11537	3.07	3469
	13-158	生产工具使用费 混合结构、檐高25m以下	m^2	1129.95	6.43	7266		

（续）

顺序号	定额编号	工程项目	单位	数量	概算价/元		其中：人工/元	
					单价	合价	单价	合价
	13－177	检验试验费 混合结构、檐高25m以下	m^2	1129.95	1.24	1401		
	13－196	工程定位复测点交及竣工清理费 混合结构、檐高25m以下	m^2	1129.95	2.53	2859	1.18	1333
	13－215	排污费 混合结构、檐高25m以下	m^2	1129.95	0.08	90		
		直接费合计				1046018		129174
	十一、现场管理费					57321		
	14－3	临时设施费 混合结构、二环路以内	元	1046018	2.35%	24581		
	14－25	现场经费 混合结构、公共建筑	元	1046018	3.13%	32740		

表5-3 直接费汇总表

工程名称：×××学生宿舍楼

序号	工程项目	直接费/元	其中人工费/元
	直接费汇总	1103339	129174
一、	基础工程	83184	18759
二、	墙体工程	116278	18262
三、	混凝土工程	116252	12902
四、	屋面工程	43099	2903
五、	门窗工程	103374	5690
六、	楼地面工程	395108	24371
七、	天棚工程	19828	8581
八、	装修工程	68759	21329
九、	建筑配件	9191	897
十、	其他直接费	90645	15480
十一、	小计	1046018	129174
十二、	现场管理费	57321	

表5-4 建筑工程费用计算表

工程名称：×××学生宿舍楼

序号	项目名称	计算公式		金额/元
		文字说明	数字算式	
(1)	直接费	含其他直接费、现场管理费		1103339
(2)	其中暂估价			
(3)	企业管理费	(1)×相应工程类别费率	1103339×13.73%	151488
(4)	利润	(1)×相应工程类别费率	1103339×7%	77234
(5)	税金	(1)×相应工程类别费率	1103339×4.1%	45237
(6)	工程造价	(1)+(3)+(4)+(5)	1103339+151488+77234+45237	1377298
(7)	建筑行业劳保统筹基金	工程造价×1%	1377298×1%	13773
(8)	工程总价	(6)+(7)	1377298+13773	1391071

（2）利用概算指标编制设计概算　利用概算指标编制设计是用拟建的厂房、住宅的建筑面积或体积乘以技术条件相同或基本相同的概算指标来编制概算的方法。对于一般中小型民用建筑和通用工业厂房，当处于方案设计阶段，设计图尚不完备而无法计算工程量时，往往利用概算指标编制设计概算。

用概算指标编制设计概算有如下两种方法：

1）直接套用概算指标编制设计概算。如果拟编工程项目在设计构造上与概算指标中的某一建筑物相符，则可直接套用概算指标编制。以指标中所规定的土建工程每$1m^2$（或每$100m^2$）的造价或人工、主要材料消耗量，乘以拟编工程项目的概算建筑面积，即可得出该项目的全部概算价值（概算直接费）和人工、主要材料消耗量。计算公式如下：

$1m^2$建筑面积人工费＝指标人工工日数×地区日工资标准

$1m^2$建筑面积主要材料费＝$\sum$（主要材料数量×地区材料预算价格）

$1m^2$建筑面积直接费＝人工费＋主要材料费＋其他材料费＋施工机械费用

$1m^2$概算单价＝直接费＋间接费＋材料差价＋税金

设计工程概算价值＝设计工程建筑面积×每平方米建筑面积概算单价

设计工程所需主要材料、人工数量＝设计工程建筑面积×每平方米建筑面积主要材料、人工耗用量

2）通过换算概算指标编制设计概算。建筑科技的不断发展必然会带来新结构、新技术、新材料的应用，随之带来的是工程项目设计方法的不断更新，因此，设计的内容和建筑结构构造特征不可能完全与概算指标中所规定的相符，这时，就要根据差别的具体情况，对概算指标中的相关数据进行必要的修正和换算。换算方法如下：

单位建筑面积造价换算概算指标＝原概算指标单价－换出结构构件单价＋换入结构构件单价

换出（或换入）结构构件单价＝换出（或换入）结构构件工程量×相应的概算定额单价

（3）利用类似工程预算编制概算　用类似工程预算编制概算是根据当地的具体情况，用与拟建工程相类似的在建或已竣工工程的造价资料来编制拟建工程设计概算的方法。

当拟建工程初步设计与已完工程或在建工程的设计相类似又没有可用的概算指标时宜采用该方法，但必须对建筑结构差异和价差进行调整。建筑结构差异的调整方法与概算指标法的调整方法相同。类似工程造价的价差调整常有两种方法：一是当类似工程造价资料有具体的人工、材料、机械台班的用量时，按类似工程造价资料中的主要材料用量、工日数量、机械台班用量乘以拟建工程所在地的主要材料预算价格、人工单价、机械台班单价，计算出直接费，再乘以当地的综合费率，即可得出所需的造价指标；二是当类似工程造价资料只有人工、材料、机械台班费用和其他直接费、现场经费、间接费时，按下面公式调整造价的价差：

$$D = AK$$

$$K = aK_1 + bK_2 + cK_3 + dK_4 + eK_5 + fK_6$$

式中　D——拟建工程单方概算造价；

A——类似工程单方预算造价；

K——综合调整系数；

$a\%$、$b\%$、$c\%$、$d\%$、$e\%$、$f\%$——类似工程预算的人工费、材料费、机械台班费、其他直

接费、现场经费、间接费占预算造价的比重，$a\% = \dfrac{\text{类似工程人工费（或工资标准）}}{\text{类似工程预算造价}} \times 100\%$，$b\%$、$c\%$、$d\%$、$e\%$、$f\%$类同；

K_1、K_2、K_3、K_4、K_5、K_6——拟建工程地区与类似工程预算造价在人工费、材料费、机械台班费、其他直接费、现场经费和间接费之间的差异系数；K_1 = 拟建工程概算的人工费（或工资标准）/类似工程预算人工费（或地区工资标准），K_2、K_3、K_4、K_5、K_6类同。

【例 5-2】 某拟建办公楼，建筑面积为 3200m^2，试用类似工程预算编制概算。类似工程的建筑面积为 2800 m^2，预算造价 3400000 元，各种费用占预算造价的比重是：人工费 6%；材料费 55%；机械费 6%；其他直接费 3%；现场经费 12%；间接费综合费 18%。

解：根据前面的公式计算出各种修正系数为：人工费 $K_1 = 1.02$；材料费 $K_2 = 1.05$；机械费 $K_3 = 0.99$；其他直接费 $K_4 = 1.04$；现场经费 $K_5 = 0.95$；间接费 $K_6 = 0.98$。

$$\text{综合调整系数} = 6\% \times 1.02 + 55\% \times 1.05 + 6\% \times 0.99 + 3\% \times 1.04 + 12\% \times 0.95 + 18\% \times 0.98 = 1.020$$

$$\text{类似工程预算造价} = 3400000\text{ 元} \times 1.020 = 3468000\text{ 元}$$

$$\text{类似工程单方造价} = 3468000\text{ 元} \div 2800\text{ m}^2 = 1238.57\text{ 元/m}^2$$

则：

拟建办公楼概算造价 = 1238.57 元/m^2 × 3200m^2 = 3963429 元

2. 设备及安装工程概算的编制方法

设备及安装工程概算的编制方法有预算单价法、扩大单价法、概算指标法等。

（1）预算单价法　当初步设计较深，有详细设备清单时，可直接按预算单价（预算定额单价）编制设备安装工程概算。即根据计算的设备安装工程量，乘以安装工程预算单价，经汇总求得。用预算单价法编制概算，计算比较具体，精确性较高。

（2）扩大单价法　当初步设计深度不够，设备清单不完备，只有主体设备或仅有成套设备的重量时，可采用主体设备、成套设备或工艺线的扩大综合安装单价编制概算。

（3）概算指标法　当初步设计的设备清单不完备，或安装预算单价及扩大综合单价不全，无法采用预算单价法和扩大单价法时，可采用概算指标编制概算。概算指标形式较多，概括起来主要可按以下几种指标进行计算：

1）按占设备价值的百分比（安装费率）计算。

2）按每吨设备安装费计算。

3）按座、台、套、组等的安装费指标计算。如工业炉，按每台安装费指标计算；冷水箱，按每组安装费指标计算安装费等。

4）按设备安装工程每平方米建筑面积计算。设备安装工程有时可按不同的专业内容（如通风、动力、管道等）采用每平方米建筑面积的安装费用概算指标计算安装费。

5.5.4　单项工程综合概算的编制

单项工程综合概算是以其所包含的建筑工程概算表和设备安装概算表为基础汇总编制的。当建设项目只有一个单项工程时，单项工程综合概算（实为总概算）还应包括工程建设其他费用（含建设期贷款利息）和预备费的概算。

单项工程综合概算文件一般包括编制说明（不编制总概算时列入）和综合概算表。

（1）编制说明　主要包括编制依据、编制方法、主要设备和材料的数量、其他有关问题等。

（2）综合概算表　根据单项工程所辖范围内的各单位工程概算等基础资料，按照国家相关部门所规定的统一表格进行编制。

5.5.5　建设项目总概算的编制

建设项目总概算是设计文件的重要组成部分，是确定整个建设项目从筹建到竣工交付使用所预计花费的全部费用的文件。它是由各单项工程综合概算、工程建设其他费用（含建设期贷款利息）、预备费和经营性项目的铺底流动资金，按照主管部门规定的统一表格进行编制而成的。

设计概算文件一般应包括：封面及目录、编制说明、总概算表、工程建设其他费用概算表、单项工程综合概算表、单位工程概算表、工程量计算表、分年度投资汇总表、分年度资金流量汇总表、主要材料汇总表、工日数量表等。

复习题

1. 一般的工业与民用建设项目和技术上比较复杂或缺乏设计经验的项目，其设计阶段的划分有什么区别？
2. 简述工程设计与工程造价的关系。
3. 简述价值工程的含义和目的。
4. 限额设计的意义是什么？如何执行限额设计？
5. 设计概算的作用是什么？

第 6 章 建设工程项目招标投标与合同价格的确定

6.1 建设工程项目招标

建设工程招标是指招标人在发包建设项目之前，公开招标或邀请投标人，根据招标人的意图和要求进行投标报价，招标人在评标的基础上择优选定中标人的一种经济活动。

建设工程投标是工程招标的对称概念，指具有合法资格和能力的投标人根据招标条件，经过对招标文件的研究和估价，完成全部投标报价工作并在指定期限内呈递投标书的经济活动。

招投标是一种市场竞争行为，是商品经济发展到一定阶段的产物。在市场经济条件下，它是一种最普遍的择优方式。

6.1.1 建设工程项目实行招投标的范围

我国的《招标投标法》指出，凡在中华人民共和国境内进行下列工程建设项目包括项目的勘察、设计、施工、监理以及与工程建设有关的重要设备、材料等的采购，必须进行招标。此外从 2012 年 2 月开始实施的《招标投标法实施条例》对原《招标投标法》进行了全面的完善、补充和解读，使其更具可操作性。该条例调整了强制招标的范围，将强制招标范围仅限于政府投资或政府资金占控股地位的项目；对于目前尚不具备强制招标条件的工程咨询、项目管理、代建单位选择等暂不列为强制招标之列；该条例还完善了可以不招标的条件和范围，明确规范了招标人的行为，规定了限制通过资格预审人数的方法，强化了对评标专家行为的监管方法，严格规定了确定中标人的程序并加大了对违章招标行为的处罚力度。

必须招标的项目规定如下。

1. 按标的物属性或用途区分

1）关系社会公共利益、公共安全的基础设施项目。

2）关系社会公共利益、公共安全的公用事业项目。

2. 按资金来源分类

（1）国有资金投资项目　分以下几种：

1）使用各级财政预算资金的项目。

2）使用纳入财政管理的各种专项建设基金的项目。

3）国有企事业单位自有资金，并且国有资产投资者实际拥有控制权的项目。

（2）国家融资项目　分以下几种：
1）使用国家发行债券所筹资金的项目。
2）使用国家对外借款或者担保所筹资金的项目。
3）使用国家政策性贷款的项目。
4）国家授权投资主体融资的项目。
5）国家特许的融资项目。
（3）国际组织或外国政府资金的项目　分以下几种：
1）世界银行、亚洲开发银行等国际组织贷款。
2）外国政府及其机构贷款资金。
3）国际组织或者外国政府援助资金。
3. 标的价值达到规定标准的项目
1）施工单项合同估算价200万元以上。
2）设备材料单项合同估算价100万元以上。
3）勘察、设计、监理等服务，单项合同估算价50万元以上。
4）项目总投资额在3000万元以上。
4. 国有资金或者国有资金占控股或主导地位的项目
全部使用国有资金投资，或者国有资金占控股或主导地位的项目必须进行招标。

6.1.2　建设工程的招标方式

在国际上广泛流行公开招标、邀请招标、两阶段招标和议标等招标方式。我国目前的《招标投标法》只允许前两种方式。

1. 公开招标（Unlimited Competitive Open Tendering）

公开招标又称无限竞争性招标，是指招标人通过各种公共传播媒体或在指定的刊物上发布招标公告进行招标。这种方式的优点是：由于投标人众多，招标人可以得到最有竞争力的报价。缺点是：评标工作量太大，耗时太长，在众多的投标人中有可能混入投机者。一些濒于破产、或急需工程以挽救困境的施工企业可能谋求以极低的报价中标，在中标后再偷工减料、以次充好或谋求不正当索赔侵害发包人的利益。克服这种弊病的方法是进行资格预审。世界银行或亚洲开发银行的项目一般都要求公开招标。

2. 邀请招标（Limited Competitive Selected Tendering）

邀请招标又称有限竞争性招标，或选择招标，是指招标人不发招标广告，根据自己对建筑业相关公司的特长和实力的了解，选择一定数目有能力承担该项目施工的公司发出投标邀请函，为了保证选择的充分性，邀请对象以5～8家公司为宜，我国《招标投标法》的提法是3家以上。

邀请招标特别适合专业性强的项目，其优点是：由于参加投标的施工企业较少，省去了资格预审的工作，节省了评标时间，降低了招标成本；又由于被邀请的都是适合该招标项目的知名企业，无论招标结果如何都不致出现大的偏差。邀请招标的缺点是：由于投标者数量较少，竞争不够充分，不利于得到最有竞争力的报价。如果招标方在选择邀请对象前掌握的信息有偏差或不充分，则会失去获取最适合承担该项目的承包商的机会。

6.1.3 建设工程招标的种类

由于我国现阶段工程项目采购仍以传统的采购模式为主，按照该模式的一般性的开发程序，所涉及的招标的种类可能包括工程勘察招标、工程咨询-设计招标、工程施工招标、工程材料设备采购招标、工程监理招标等。如采用总承包方式，则还应包括设计采购施工（EPC）/交钥匙工程的招标，其标的范围可以包括可行性研究报告、勘察设计、材料设备采购、工程施工、人员培训、试车投产等。

6.1.4 建设工程招标的程序

1. 招标的前期准备工作

招标人在招标工作展开之前应办理相关的审批手续，确定招标方式，如项目较大，还应划分标段。

2. 发布招标公告，编制投标邀请书

在采用公开招标时，招标人或其招标代理机构通过一定的媒介向所有的潜在的投标人发出公开的通告。如采用邀请招标，招标人则应向三个以上具备承担招标项目的能力、资信良好的工程承包机构发出参加投标的邀请。

3. 资格预审

招标人要求投标人如实地填写资格预审表格并核实其真实性，目的是对申请参加投标的潜在投标人进行业绩、信誉、技术条件、物质条件、财务状况以及法律诉讼状况等方面进行全面审查，以便在投标前就淘汰一部分不符合资格预审条件的投标人，进而提高招标工作的效率，降低招标人的采购成本。目前资格预审几乎已成为公开招标的必需步骤。

4. 编制和发售招标文件

按照2001年建设部第89号令《房屋建筑和市政基础设施工程施工招标投标管理办法》，工程施工招标应具备下列条件：按照国家有关规定需要履行项目审批手续的，已经履行审批手续；工程资金或资金来源已经落实；有满足施工招标需要的设计文件及其他技术资料；满足了相关法律、法规、规章规定的其他条件。此时招标人或其委托的咨询机构即可编制招标文件。该文件既是投标人编制投标文件的依据，也是招标人日后评标、授标及与中标单位签订工程承包合同的基础。

招标文件应包括下列内容：

1）投标须知，包括：工程概况，招标范围，资格审查条件，工程资金来源或者落实情况，标段的划分，工期要求，质量标准，现场踏勘和答疑安排，投标报价文件的编制、提交、修改或撤回的要求，投标有效期，开标的时间地点，评标的方法和标准等。

2）合同范本及其通用条款和专用条款。

3）投标书的格式及附录。

4）设计图、工程规范。

5）如采用工程量清单招标时还应提供工程量清单。

5. 现场踏勘及召开投标预备会

由于设计图和工程量清单等招标文件并不能完全反映出建筑安装工程的造价，施工现场的水文、地质条件，周围的建筑物、环境、交通等相关条件以及施工用水、用电、人员食宿条件等，都会影响工程的造价，所以招标人除应将已获取的现场水文、地质及环境方面的有关数据交付投标人之外，还应安排所有的投标人在投标预备会之前进行现场踏勘，使投标人充分评估可能对工程费用产生影响的各种因素，以保证投标报价的充分性。

投标人对招标文件、设计图、相关技术资料及现场踏勘的结果提出的疑问和问题，招标人可通过向所有投标人颁发招标文件补遗或召开投标预备会的方式进行解答。上述两种解答均应采用书面形式，而这些补充文件将构成招标人与中标承包商签署的工程承包合同的一部分。

6.2 建设工程施工合同

6.2.1 建设工程施工合同的类型及其选择

为了最大限度地降低工程造价和减小项目风险，发包方在招标前除了需要选择项目的采购模式外还要选择合同的类型。如采用传统的采购模式，也需要选择施工合同的类型。施工合同的主要功能是承发包双方责、权、利的分配和风险的分担。项目业主可通过选择合同类型和设定合同条款而尽量将风险转移给承包商，同时尽量减小自己的风险；相应地，承包商将根据项目业主选择的合同类型和具体的合同范本以及业主设定的合同专用条款来决定报价策略。

在国际上一般将建筑施工合同分类为总价合同、单价合同和成本加酬金合同。《建设工程施工合同示范文本》的分类方法是固定价格合同、可调价格合同和成本加酬金合同。实际上这里的固定价格合同和可调价格合同分别属于固定总价合同（Fixed Lump Sum Contract）和可调总价合同（Escalation Lump Sum Contract）这两种实际上都属于总价合同的范畴，因此等于实际上取消了单价合同。笔者认为保留单价合同是有必要的，原因是：对于一些技术并不复杂的住宅等建筑工程，由于工程量容易确定，工期不长，变更相对较少，一般采用总价合同较为适宜；然而对于道路、桥梁、隧道、堤坝、水利发电站、港口疏浚等土木工程而言，由于工程量事先不好确定，而且工期长、不确定因素较多，则不宜采用总价合同，而应采用单价合同。在造价工程师执业资格考试培训教材《工程造价管理相关知识》中的分类仍是总价合同、单价合同和成本加酬金合同。笔者也认为采用这种分类方法比较科学。

施工合同既可以按付款方式分类，也可以按发包方式分类，如按付款方式分类则可分为总价合同、单价合同和成本加酬金合同。

1. 总价合同（Lump Sum Contract）

总价合同可分为固定总价合同和可调总价合同：

（1）固定总价合同（Fixed Lump Sum Contract） 承包商的报价以详细的设计图及计算为基础，并考虑到一些费用上升因素。如设计图及工程的基本要求没有变动则总价固定。但当施工中有设计变更或工程质量要求有变更，或工期要求提前，则总价也应改变。这种合同适用于工期较短（一般不超过一年），对工程项目要求十分明确的项目。承包商承担主要风险，并准备为大量不可预见因素付出代价，因此报价较高。

（2）可调总价合同（Escalation Lump Sum Contract） 在报价及签订合同时，以招标文件的要求及当时的物价计算总价。但在合同条款中双方约定，如果在施工过程中由于通货膨胀引起的工料成本上升至一定限度时，合同总价应相应调整。在这种合同下业主承担通胀风险，工期较长的项目（如一年以上）采用这种合同。

2. 单价合同（Unit Price Contract; Schedule Contract）

如果准备发包的工程项目的内容和设计指标一时不能十分确定，或是工程量可能出入较大，则宜采用单价合同。单价合同有下列三种形式：

（1）估计工程量单价合同（Bill of Approximate Quantities Contract） 业主在准备此类合同的招标文件时，委托咨询机构按分部分项工程列出工程量清单并填入估算的工程量，承包商在工程量清单中填入各项的单价，据此计算出总价作为投标报价之用。但在每月计算时以实际完成的工程量为准，在工程全部完成时以竣工图最终结算工程的总价格。

（2）纯单价合同（Straight Unit Price Contract） 当设计单位尚未提供全部施工详图，或不确定因素较多，不能较准确地提供工程量时，可采用这种合同。招标文件只向投标人提供分项工程一览表、工程范围及必要的说明，而不提供工程量，承包商只需报出各项目的单价即可，将来按实际完成的工程量结算。有时招标方在分项工程一览表中给出参考单价，由承包方在给定单价基础上加上或减去某一百分比。

（3）单价与包干混合式合同（Unit Price and Lump Sum Items Contract） 以单价合同为基础，但对其中某些不易计算工程量的分项工程，如某一机电系统的安装调试可采用包干的办法。

对业主方而言，单价合同可提前招标，缩短资金占用时间，结算程序比较简单，但风险是在竣工前不可能知道工程的总造价。对承包商而言，单价合同风险较小，但利润较低。

3. 成本加酬金合同（Cost Reimbursement Contract）

成本加酬金合同中确定的工程合同价，其工程成本部分按现行计价依据计算，酬金部分则按工程成本乘以通过竞争确定的费率计算，两者相加即合同价。该类合同一般分为以下几种形式。

（1）成本加固定百分比酬金确定的合同价 这种合同价是发包方对承包方支付的人工、材料和施工机械使用费、其他直接费、施工管理费等按实际直接成本全部据实补偿，同时按照实际直接成本的固定百分比付给承包方一笔酬金，作为承包方的利润。

这种合同价使得建安工程总造价及付给承包方的酬金随工程成本的上升而增加，不利于鼓励承包方降低成本，故很少采用。

（2）成本加固定酬金确定的合同价 这种合同价与上述成本加固定百分比酬金合同价相似，其不同之处仅在于发包方付给承包方的酬金是一笔固定的金额。

采用上述第（1）种合同价方式时，为了避免承包方企图获得更多的酬金而对工程成本不加控制，往往在承包合同中规定一些“补充条款”，以鼓励承包方降低成本。

（3）成本加奖罚确定的合同价 采用这种合同价，首先要确定一个目标成本，这个目标成本是根据粗略估算的工程量和单价表编制出来的。在此基础上，根据目标成本来确定酬金的数额，可以是百分数的形式，也可以是一笔固定酬金。然后根据工程实际成本支出情况另外确定一笔奖金，当实际成本低于目标成本时，承包方除从发包方获得实际成本、酬金补偿外，还可根据成本降低额得到一笔奖金。当实际成本高于目标成本时，承包方仅能从发包方得到成本和酬金。此外，视实际成本高出目标成本情况，若超过合同价的限额，还要处以一笔罚金。除此之外，还可设工期奖罚。

这种合同价形式可以促使承包商降低成本，缩短工期，而且目标成本随着设计的进展而加以调整，承发包双方都不会承担太大风险，故应用较多。

（4）最高限额成本加固定最大酬金确定的合同价 在这种合同价中，首先要确定限额成本、报价成本和最低成本。当实际成本没有超过最低成本时，承包方花费的成本费用及应得酬金等都可得到发包方的支付，并与发包方分享节约额；如果实际工程成本在最低成本和报价成本之间，承包方只能得到成本和酬金；如果实际工程成本在报价成本与最高限额成本之间，则承包方只能得到全部成本；如果实际工程成本超过最高限额成本，则超过部分发包方不予支付。这种合同价形式有利于控制工程造价，并能鼓励承包方最大限度地降低工程成本。

上述合同的分类不是绝对的，大多数建筑工程合同都不是纯粹其本身形式，而是多种类型合同的组合。有的工程虽总体上采用总价合同，但其中的暂定项目又是基于单价合同；如有变更发生，则变更的部分一般是采用成本加酬金合同。因此发包方要具备自己的合同专家，根据项目的具体特点选择合同类型和恰当的合同战略，这将有利于发包方的投资控制。

6.2.2 建设工程施工合同范本

对于各种类型的建设项目，最好在技术方面和管理方面都实行标准化。尤其是大型项目，无论其主要部分是建筑工程、土木工程、化学、电力、机械工程或是上述的任何组合，所需的合同条件日趋复杂。因此采用合同各方和融资各方均熟悉的、标准化的合同范本将显得越发重要。

若能采用标准的合同范本，投标人不用为不熟悉的合同条件而准备更多的不可预见费；招标人可最大限度地降低采购成本，而只是在特殊风险发生时才对承包方给予补偿；各方的合同管理人员也不用为不断改变的合同条件而付出无休止的努力。

我国是接受世界银行和亚洲开发银行贷款最多的国家之一，自20世纪80年代初以来我国利用世行和亚行贷款开发的基础设施项目几乎全部采用FIDIC施工合同条件。不仅如此，1992年和2013年颁布实施的《建设工程施工合同示范文本》也是在参考FIDIC施工合同条件的基础上编纂的。因此，学习FIDIC合同条件对正确理解和使用我国施工合同范本具有举一反三和事半功倍的效果。

6.2.2.1 FIDIC施工合同条件范本

1. 概述

（1）FIDIC简介 FIDIC是国际咨询工程师联合会的法文简称。该联合会始建于1913年，经过近一个世纪的发展，现在已经成为一个拥有80多个会员国的国际组织，总部设在瑞士洛桑。中国工程咨询协会代表我国于1996年10月加入该组织。

自1957年到现在，FIDIC已编纂和修编了五个版本的土木工程施工合同条件，由此可以看出FIDIC一直在致力于对施工合同范本的改进和完善。正因为如此，不仅世界银行和各洲开发银行的贷款项目无一例外地要求借款国在工程发包时采用FIDIC合同条件，美国总承包商协会（FIFG）、中美洲建筑工程联合会（FIIC）、亚洲及西太平洋承包商协会国际联合会（IFAWPCA）均推荐在实行土木工程国际招标时以FIDIC合同条件作为范本。

（2）FIDIC合同条件的特点 具体如下。

1）公正合理、责任分明。合同条件的各项规定体现了编纂者对业主、承包商的义务、职责和权利的分配的倾向性以及基于这种倾向性的工程师的职责和权限。由于FIDIC重视来自各方的意见反馈，所以在其条件中的各项规定越来越体现业主和承包商之间利益的均衡和风险的合理分担，并且在合同条件中体现双赢的理念。合同条件对发承包双方的职责既做出明确的规定和要求，又给予必要的限制，使双方责权利的合理性不断得到完善。

2）程序严谨，易于操作。合同条件对各种问题的处理程序都有严谨的规定，尤其是对事件发生的时间、呈递备案的时间、解决的时间下限的规定极为严格，责任方要为误期或拖拉付出代价。另外还特别强调各种书面文件和证据的重要性，从而使各方均有章可循，使条款中的规定易于操作和实施。

3）通用条件和专用条件相结合。各版本的FIDIC合同条件均分为通用条件（General Conditions）和专用条件（Particular Conditions）。其中通用条件是指对某一类工程具有普遍适用性质的条款；而专用条件的作用是将特定的工程合同具体化，对通用条件进行修改或补充。这样做的好处是，对招标方而言，可节省编制招标文件的工作量；对投标方而言，无须担心不熟悉的合同条件导致的报价风险，只需重点研究专用条件以确定报价策略。

① FIDIC通用合同条件。某一特定版本的FIDIC通用条件都是固定不变的。以土木工程施工合同条件为例，工程建设项目只要是属于房屋建筑或者工程的施工，如工业与民用建筑工程、水电工程、路桥工程、港口工程等，均可使用。通用条件对合同中多方面的问题给予全面的论述，大致可划分为涉及权利义务的条款、费用管理的条款、工程进度控制的条款、质量控制的条款和涉及法律法规性的条款五大部分。这种划分只能是大致的，有些条款同时涉及费用管理、工程进度控制等几方面的问题，因此很难将其准确地划入某一范畴。

② FIDIC专用合同条件。FIDIC的专用条件是针对某一特定的工程项目，考虑到国家和地区的法律法规的不同，项目的特点和业主对合同实施的要求不同，通过对通用条件的修改和补充来实现对特定合同的具体化。在FIDIC专用合同条件中有很多建议性的措辞范例，业主及工程师可酌情采用这些措辞范例或另行编制更能反映发包方意愿的措辞对通用条件进行修改或补充。凡合同条件第二部分“专用合同条件”与第一部分“通用合同条件”的不同之处均以第二部分为准。第二部分的条款号与第一部分相同。这样合同条件的第一部分和第二部分就共同构成一套完整的合同条件。

（3）FIDIC合同条件的应用　具体如下。

1）国际金融机构贷款项目直接采用。在世界各地凡世界银行或各洲开发银行的贷款项目均要求全文采用FIDIC合同条件。因此项目的各参与方必须了解和熟悉FIDIC系列合同条件，才能保证合同的顺利执行，并根据合同条件行使自己的职权和保护己方的权益。

在我国，凡亚洲开发银行的贷款项目均全文采用FIDIC“红皮书”（施工合同条件）。凡世界银行贷款项目，财政部受国务院委托，直接负责对华贷款的归口管理工作。财政部根据中国利用世界银行贷款项目的实际需要，在世行的帮助下对世界银行制定的几种合同文本进行了修改。这些文件于1995年通过世行的终审，并于1997年5月正式出版试行。

2）对比借鉴采用。很多国家的相关部门都自行编制合同条件，这些合同条件与FIDIC范本均有相似之处，主要区别在于处理问题的程序规定和风险分担的原则。FIDIC合同条件在处理业主和承包商的权利义务和风险分担的问题方面比较公正，各项程序的安排相对严谨完善。因此可在熟练掌握FIDIC合同条件的基础上与其他合同条件逐条对比，分析研究，从中发现风险因素，制定切实的防范或利用风险的措施或发现索赔机遇。

3）局部选用。咨询工程师在协助业主编制招标文件或总包商编制分包文件时，可局部选择 FIDIC 合同条件中的某些部分、某些条款、某些思路、某些程序或规定，也可以在项目实施的过程中借助某些思路或程序随机地处理遇到的问题。

4）合同谈判时参考。由于 FIDIC 合同条件是国际公认的权威性的文件，在招标过程中如承包商感到招标文件的某些规定不合理或不完善，可以将 FIDIC 合同条件当作“国际惯例”，在合同谈判时要求对方修改，删除或补充某些条款。

2. 1999 年版 FIDIC 合同范本系列的构成

1999 年版 FIDIC 合同范本包括以下四种，即《施工合同条件》《生产设备和设计-建造合同条件》《设计采购施工/交钥匙工程合同条件》和《简明合同格式》。这套合同范本的组合是认真汲取过去的经验，加入新的理念，为适应各类工程和各种承包管理模式而重新编写的。各合同范本的通用条件均为 20 章，专用条件分别适用不同的承包方式，业主在发包时可根据需要灵活地“拼装”，从而最大限度地满足自己的要求。这种做法为各类工程普遍利用国际经验创造了条件。

（1）施工合同条件（Conditions of Contract for Construction） 该条件简称新红皮书，是 1987 年版红皮书《土木工程施工合同条件》的最新修订版。主要适用于业主或其代表的工程师设计的建筑工程或土木工程项目。其特点是承包商按照业主提供的设计施工，但业主可要求承包商做少量的设计工作，这些设计可以包含土木、机械、电气或构筑物的某些部分。这些部分的范围和设计标准必须在规范中做出明确规定，如果大部分工程都要求承包商设计，很显然红皮书就不适用了。

（2）生产设备和设计-建造合同条件（Conditions of Contract for Plant and Design-Build） 该条件简称新黄皮书（P&DB），是 1987 年版黄皮书《电气与机械工程合同条件》的最新修订版，主要适用于电气或机械设备的供货及建筑或工程的设计与施工。其特点是具有设计-建造资质的承包商按照业主的要求设计并建造该项目，可能包括土木、机械、电气或构筑物的任何组合。采用这种模式时由于设计是承包商的职责，承包商则有可能以牺牲质量来降低成本，因此业主应考虑雇佣专业技术顾问来保证其要求在招标文件中得以体现。

（3）设计采购施工（EPC）/交钥匙工程合同条件（Conditions of Contract for EPC/Turnkey Projects） 该条件简称新橘皮书，是 1995 年版橘皮书《设计-建造和交钥匙工程合同条件》的最新修订版，主要适用于以交钥匙方式提供的生产线或发电厂等工厂或类似设施、基础设施项目或其他类型的开发项目。采用这种采购方式的项目的最终价格和要求的工期有更大程度的确定性，由承包商承担项目的设计和施工并提供配备完善的全部设施，业主介入较少。欲达到上述目的，只有采用总价合同并要求承包商承担更大的风险。此外，业主还希望项目以纯两方的方式展开，即不雇佣“工程师”指导施工和负责合同管理。在这种模式下，业主愿意承受较 P&DB 模式多的付款，作为对承包商承担固定价格和固定工期风险的回报。

（4）简明合同格式（Short Form of Contract） 该合同格式在 FIDIC 合同范本系列中首次出现，适用于合同额较小的建筑或工程项目。根据工程的类型和具体情况，该合同格式也可用于较大金额的合同，特别适用于简单的或重复性的或工期较短的工程。一般情况下由承包商按照业主方提供的设计进行施工，但也适用于部分或全部由承包商设计的土木、机械、电气或构筑物的合同。

上述四种合同范本由 FIDIC 推荐广泛用于国际招标。在某些司法权限方面，特别是用于国内合同的情况下，可能需要某些修改。需要提及的是《业主-咨询工程师标准服务协议书》未在 1999 年再版之列，需要者可继续采用 1990 年的版本。

由于我国大部分建设工程的采购仍以传统的采购模式为主，下面仅对红皮书《施工合同条件》做一简要的介绍。

3. 新红皮书《施工合同条件》(Conditions of Contract for Construction)

1999 年版 FIDIC 新红皮书《施工合同条件》是 1987 年版红皮书《土木工程施工合同条件》的最新修订版，适用于单价与子项包干混合式建筑工程或土木工程合同。其第一部分通用条件（General Conditions）包括 20 章，163 款，论述了 20 个方面的问题，其中包括一般规定，业主，工程师，承包商，指定分包商，职员和劳工，工程设备、材料和工艺，开工、误期和暂停，竣工检验，业主的接收，缺陷责任，计量和估价，变更和调整，合同价格和支付，业主提出终止，承包商提出暂停和终止，风险和责任，保险，不可抗力，索赔、争端和仲裁。

在通用条件后面是“专用条件编写指南”（Guidance for the Preparation of Particular Conditions)，仍旧以上述 20 个方面为顺序，FIDIC 就最有可能进行修改的措辞以范例的形式给出推荐的表述方式。

随后是 7 个保函格式范本，包括：母公司保函范例格式、投标保函范例格式、履约担保函-即付保函范例格式、担保保证范例格式、预付款保函范例格式、保留金保函范例格式和业主支付保函范例格式。其中除履约保函和履约担保范例格式外，其余 5 种范例格式都是 1988 年版 FIDIC 红皮书未曾包括的内容。

最后是投标函、合同协议书和争端裁决协议书格式。

由于 FIDIC 合同条件的理念和运作法则的绝大部分内容均涵盖在通用条件中，本节将从 14 个方面对新红皮书通用条件中的主要问题进行简要的介绍和分析。

(1) 一般规定　新红皮书对一些专用的词语和措辞给出了明确的定义。除旧版红皮书所包括的“工程量表”“规范”“暂定金额”“保留金”等词语外，新红皮书还增加了很多新的定义。现将部分新增的词语和措辞列举如下：

1）基准日期（Base Date)。基准日期指呈递投标书截止日期前 28 天的当天。该日期在旧版红皮书中就是一个非常重要的日期，如费用及法规的变更对承包商费用的影响、外汇汇率的确定等问题均以该日期的数据为准，因此新红皮书给出该定义自在情理之中。使招投标双方重视和明确该日期是十分重要的。

2）争端裁决委员会（DAB)。旧版红皮书只论述了如何启动仲裁程序，但未提及如何任命仲裁委员会。新红皮书以较大篇幅论述了争端裁决委员会的任命方法和程序，并给出了该词汇的定义。

3）竣工后试验（Test after Completion)。旧版红皮书只涉及“竣工试验”，以通过“竣工试验”作为取得移交证书的前提条件。但如工程的性质需要“竣工后试验”，则应在专用条件中另行规定。

4）不可抗力（Force Majeure)。不可抗力是 1977 年版红皮书所采用的措辞，但 1988 年版本将其改为“特殊风险”（Special Risks)，而新红皮书又将其改回“不可抗力”。

(2) 合同文件的组成和优先次序　FIDIC 新红皮书《施工合同条件》中，除合同条件外，还包括其他一些对业主、承包商都有约束力的合同文件。构成合同的这些文件应该是互相说明、互相补充的，但由于业主方工作人员或招标代理机构人员的疏忽，这些文件的个别局部产生矛盾或含义不清是不可避免的，此时应由工程师进行解释。新红皮书推荐的先后次序是：

1）合同协议书。

2）中标函。

3）投标书。

4）专用条件。

5）通用条件。

6）规范。

7）设计图。

8）资料表和构成合同的其他文件。

（3）合同各方　有关合同各方介绍如下。

1）业主。业主将项目委托给咨询工程师和承包商后，余下的义务不仅仅是给付咨询和工程费用，他还承担其他一系列相关的义务，并享有相应的权利。

① 业主应在投标书附录中规定的时间（或几个时间）内给予承包商进入现场、占用现场各部分的权利。此项进入和占用权可不为承包商独享。但业主在收到履约保函前，可保留此进入和占用权。

② 许可、执照或批准。业主应当根据承包商的请求，提供以下合理协助：取得与合同有关但不易得到的工程所在国的法律文本；协助承包商申办工程所在国法律要求的与施工有关的许可、执照或批准。

③ 业主人员。业主应负责保证在现场的业主人员和其他承包商之间就各项工作尽力合作。

④ 业主的资金安排。业主应当在收到承包商的任何要求28天内，提出其已做并将维持的资金安排的合理证明，说明业主能够按照规定支付合同价格。

此款是旧版本所没有的，旧版本只在“雇主的违约”一节中规定一旦业主未能按工程师的证书支付工程款，或发生破产或清理整顿等情况，承包商可终止其受雇关系；但未提及在承包商要求时，向其出示资金证明。此款的设立体现了FIDIC维持业主和承包商之间权益均衡的愿望，即业主在对承包商的资格预审中可以审查承包商的财务状况，承包商也应有权知晓业主的财务状况。

⑤ 业主的索赔。如果根据合同条款或合同有关的另外事项，业主认为有权得到任何付款或对缺陷通知期限的延长，业主或者工程师应当向承包商发出通知，说明细节。业主应在了解引起索赔的事项或者情况后尽快发出通知。关于任何延长缺陷通知期限的通知，应在期限到期前发出。

2）工程师。工程师由业主任命，与业主签订咨询服务委托协议书，根据施工合同的规定，对工程的质量、进度和费用进行控制和监督，并协调业主与承包商之间的关系，以保证工程项目的建设能满足合同的要求。

① 工程师的任务和权力。工程师应当履行合同中指派给他的任务。工程师的人员应包括具有适当资格的工程师和能够承担这些任务的其他专业人员。工程师可以行使合同中规定

的、或者必然隐含的应当属于工程师的权力。如果要求工程师在行使规定权力前须得到业主批准，这些要求应当在专用条件中写明。但是，为了合同目的，工程师行使这些应当由业主批准但尚未批准的权力，应当视为业主已经予以批准。除得到承包商同意外，业主承诺不对工程师的权力作进一步的限制。工程师无权修改合同。

② 由工程师委派。工程师可以向其助手指派任务和委托权力（或撤销委派与委托）。这些助手包括驻地工程师，被任命为检验和试验各项工程设备、材料的独立检查员。这些指派和委托应使用书面形式，在双方收到抄件后才生效。

助手应是具有适当资质的人员，能够履行这些任务，行使这些权力。但助手只能在授权范围内向承包商发出指示。助手在授权范围内做出的任何批准、校核、证明、同意、检查、检验、指示、通知、建议、要求、试验或类似行动，应具有工程师做出的行动同样的效力。如承包商对助手的确定或者指示提出质疑，承包商可将此事项提交工程师，工程师应当及时对该确定或指示进行确认、取消或者改变。

③ 工程师的指示。工程师可在任何时间按照合同规定向承包商发出指示及实施工程和修补缺陷可能需要的附加图或修正图。承包商应当接受这些指示。如果指示构成一项变更，则按照变更规定办理。这些指示一般情况下应采用书面形式。如果给出的是口头指示，在收到承包商的书面确认后两个工作日内工程师未通过发出书面拒绝或进行答复，则应当确认工程师的口头指令为书面指令。

④ 工程师的替换。如果业主准备替换工程师，至少应在 42 天发出通知以征得承包商的同意。如承包商对某人提出合理的反对意见，并附有详细依据，业主就不应替换该工程师。

此款是新条款，旧版本只是在工程师的定义中提到“工程师应在专用条件中仍保持这一称谓”，并以此来限制业主不经承包商同意而换用工程师。

⑤ 确定。每当工程师应按红皮书第 3.5 款同意或确定任何事项时，工程师应与双方协商并努力促使达成协议。如不能达成协议，工程师应对所有相关情况通盘考虑后按合同做出公正决定。

3）承包商。承包商是指其标书已被业主接受并收到中标函的当事人，他除根据业主提供的招标文件进行工程的施工外，还可能根据合同的要求负责一部分永久工程的设计。

① 承包商的一般义务：

a. 承包商应当按照合同约定及工程师的指示，设计（在合同规定的范围内）、实施和完成工程，并修补工程中的任何缺陷。

b. 承包商应提供合同规定的生产设备和承包商文件，以及此项设计、施工、竣工和修补缺陷所需的所有临时性或永久性的承包商人员、货物、消耗品及其他物品和服务。

c. 承包商应对所有现场作业、所有施工方法和全部工程的完备性、稳定性和安全性承担责任。除非合同另有规定，承包商对所有的承包商文件、临时工程及按照合同要求的每项生产设备和材料的设计承担责任，不应对非承包商设计的永久工程的设计或规范负责。

d. 当工程师提出要求时，承包商应提交其建议采用的工程施工安排和方法的细节。

② 履约担保。承包商应根据投标书附录中的规定自费取得履约担保，并在收到中标函后 28 天内将该担保呈递业主，同时向工程师递交一份副本。履约担保应根据业主批准的工程所在国境内的担保机构提供，并采用专用条件所附格式或业主要求的其他格式。如果关于履约担保的条款中规定了该担保的期满日期，而承包商在该期满日期前 28 天时尚未获得履

约证书，他应将履约担保的有效期延长至工程竣工和修补完缺陷为止。在下列情况下业主可针对履约担保进行索赔：

a. 专用条款内约定的缺陷通知期满后仍未能解除承包商的保修义务，承包商应延长履约保函有效期而未延长，此时业主可索赔履约担保的全部金额。

b. 当业主索赔或仲裁发生时，承包商未能在42天内按照自己承诺的或工程师确定的款额支付给业主。

c. 承包商未能在收到业主要求纠正违约的通知后42天内进行纠正。

d. 由于承包商的严重违约的行为业主终止合同。

业主应在收到履约证书副本后21天内将履约担保退还承包商。

③ 承包商代表。承包商应任命承包商代表，并授予其代表承包商根据合同采取行动所需的全部权力。承包商代表的任命应当取得工程师的同意。未经工程师同意，承包商不得撤销承包商代表的任命，或者任命替代人员。承包商代表可向任何胜任的人员委托任何职权、任务和权利，并可随时撤销委托。

④ 分包商。承包商不得将整个工程分包出去。如专用条款中未做另外的规定，承包商应对分包商的行为或违约负责。

⑤ 合作。承包商应按照合同的规定或工程师的指示，为业主的人员、业主可能雇佣的其他承包商或合法建立的公共管理机构的人员提供适当的工作条件。

如此类指示导致承包商增加不可预见的费用，该指示应构成一项变更。在为上述人员提供服务时，承包商有责任提供承包商的设备、临时工程和进出现场的安排。

⑥ 放线。承包商应按照合同规定的或工程师通知的原始基准点、基准线和基准标高对工程放线，并应对工程所有部分的正确定位负责。

业主应对规定或通知的上述基准数据负责，但承包商应在使用这些数据前核实其准确性。在旧版红皮书中并未规定承包商的这项义务，只强调业主对基准数据的准确性负责，而承包商对基于上述数据的放线的准确性负责。

如果业主提供的基准数据的错误导致承包商延误工期或增加费用，而任何有经验的承包商均不可能合理发现此类错误，承包商则有权获得工期和费用的补偿。

⑦ 安全程序。承包商应当承担的安全责任包括：遵守所有适用的安全规则；负责有权在现场的所有人员的安全；尽量清除现场和工程不需要的障碍物，以避免对人员造成危险；在工程竣工和移交前，提供围栏、照明、保卫和看守；为公众和邻近土地的拥有人、占用人提供所需的临时工程，如道路、人行路、防护物和围栏等。

⑧ 质量保证。为证实符合合同要求，承包商应建立质量保证体系，并在任何设计和施工阶段开始之前向工程师递交过程控制的细节。承包商尽管在施工中遵守了质量保证体系但并不解除其依据合同而具有的任何职责、义务和责任。

⑨ 施工现场数据。承包商应在基准日期前从业主处获取现场的地下、水文和环境方面的资料，承包商应负责解释这些资料。

在切实可行的条件下，承包商应被认为已经取得了可能影响标价的所有的风险、偶发事件和其他情况的必要资料。承包商还应被认为在提交标书前，已进行了现场踏勘并对现场的环境及可得到的资料感到满意。这些资料包括：现场的状况和性质、地下条件，水文气象条件；为施工竣工和修补缺陷工程所需的工作和货物的范围和性质；工程所在国的法律、程序和劳务惯例；承包商所需的进出现场、住宿、设施、人员、电力、交通运输、水和其他各种服务的条件。

⑩ 中标金额的充分性。承包商应被认为已经确信中标合同金额的正确性和充分性。中标合同金额应当包括根据合同承包商承担的全部义务，以及为正确地实施和完成工程并修补任何缺陷所需的全部有关事项。

⑪ 不可预见的物质条件。这里的物质条件指承包商在现场施工时遇到的自然物质条件和人为的其他有形的障碍物和污染物，包括地下和水文条件，但不包括气候条件。

如承包商认为他遭遇到此类条件，并认为这些条件达到了延误工期和增加费用的程度，且及时通知了工程师，则工程师在检验和研究后可根据情况商定或确定承包商可享有的工期的延长和费用的增加。但工程师同时还可审查工程类似部分的其他物质条件是否比承包商提交投标书时能合理预见的更为有利。如存在这种情况，工程师可根据相关条款商定或确定因这些条件引起的费用的扣减额。但由不可预见的物质条件导致的费用增加额和扣减额的共同作用不应导致合同价格的净减少。在考虑给予承包商费用补偿的同时还要考虑抵扣掉承包商可能由于更有利的条件而受益的部分是新版红皮书新增的内容。

⑫ 进度报告。承包商应编制月进度报告一式六份提交工程师。每份报告应包括：设计(如果有)、承包商文件、采购、制造、货物送抵现场、施工、安装和试验等每一阶段的进展图表和详细说明；反映制造情况和现场进展等状况的照片；主要设备、材料及其制造商名称、制造地点，开始制造、承包商检查、试验、发货和运抵现场的实际或预计日期，以及实际进度与计划进度的对比。

4）指定的分包商。

① 指定分包商的概念。指定分包商是由业主（或工程师）指定、选定，完成某项特定工作内容并与承包商签订分包合同的特殊分包商。业主有权将部分工程项目的施工任务或涉及提供材料、设备、服务等的工作发包给指定分包商实施。合同内规定有承担施工任务的指定分包商，大多属以下情况：业主在招标阶段划分分包合同时，考虑到某部分施工的工作内容有较强的专业技术要求，一般承包单位不具备相应的能力，但如果以一个单独的合同对待又限于现场的施工条件或合同管理的复杂性，工程师会遇到协调管理方面的困难，因此将这部分工作发包给指定分包商实施。

② 反对指定。如果承包商认为有理由相信该指定分包商没有足够的能力、资源或财力，分包合同没有明确规定该指定分包商应保障承包商不承担指定分包商及其代理人和雇员疏忽或误用货物的责任，或者分包合同未规定指定的分包商应向承包商承诺免除承包商对此项分包工作的义务以及使承包商免除由于分包商不能完成这些义务给承包商带来的后果，则承包商没有雇佣上述指定分包商的义务。

③ 在工程师根据分包合同向指定的分包商出具支付证书时，承包商应按该证书向指定分包商给付工程款，此种款项应从暂定金额中向承包商支付，并同时向承包商支付投标书附录中设定的承包商的管理费和利润。

（4）工程设备、材料和工艺　具体如下。

1）实施方法。承包商应按照合同规定的方法、公认的惯例，精细认真地进行工程设备的制造、材料的生产加工和其他的施工作业。除合同另有规定外，应使用正确的设施和无害的材料。

2）样品。承包商应在使用施工材料前自费向工程师提供材料样品及工程师指示的作为变更的样品。

3）检查。

① 检查的要求。在工地现场一般施工工序的常规检查无须事先约定，由现场值班的工程师代表或助理执行。对于某些专项检查，工程师应24小时前将检验计划通知承包商。若工程师或其授权代表未能按期前往，又未事先通知承包商，承包商可自行检查和验收，工程师应承认此项检查和验收的结果。如果工程师经检查认为质量不合格，承包商应及时补救直至下次验收合格。

隐蔽工程、基础工程和工程的任何部位在工程师检查验收前均不得覆盖。

工程师有权指示承包商从现场运走不合格的材料或工程设备并进行更换。

② 检查的费用。在一般情况下，检查和检验的费用应由承包商支付。这些检查和检验的费用包括合同中明确规定的检查和检验费用；合同中有详细说明允许承包商可以在投标书中报价的检查和检验费用；由于第一次检验不合格而需要重复检验并导致业主开支的费用；工程师要求对工程的任何部位进行剥露或开孔以检查工程质量，且该部位经检验不合格时的相关费用；承包商在规定时间内不执行工程师的指示或违约情况下，业主雇佣其他人员来完成此项任务时的费用；以及工程师要求，但在合同中没有规定或合同中虽有规定，但检验地点在现场以外或在材料设备的制造场所以外，且检验不合格时的全部费用。

在下列情况下，检查和检验的费用应由业主支付：工程师要求检验的项目在合同中没有规定，该项目的检查检验费用；工程师要求检验的项目虽然合同中有所说明，但检验地点在现场以外或在材料、设备的制造生产场所以外，检验结果合格的费用；以及工程师要求对工程的任何部位进行剥露或开孔以检查工程质量，如果该部位经检验合格，剥露、开孔以及复原的费用。如果承包商由于执行这些指示使自己遭受延误，承包商有权得到工期的延长。

（5）工程的开工、延误和暂停　具体如下。

1）开工。投标书附录规定了颁发开工通知的时间，即在中标函颁发后的一段时间内，工程师应向承包商发出开工通知。承包商收到此开工通知之日即为开工日期。工程师应在不少于7天前向承包商发出开工日期的通知。如专用条件中没有另加说明，开工日期应在承包商收到中标函后42天内。

2）进度计划和工程进度。承包商应当在收到通知后的28天内向工程师提交一份详细的进度计划。当实际进度偏离计划进度时，承包商还应提交修订的进度计划。

承包商应及时将未来可能发生的对工程造成不利影响、提高合同价格或造成工程延误的事件或情况向工程师发出通知。工程师可要求承包商提交此类未来事件或情况的预期影响的估计或根据变更程序的规定提出建议。

如果任何时候工程的实际进度过于迟缓，以至于不能按时竣工或进度已经或即将落后于最初的进度计划，在承包商根据工程师的要求提交修订的进度计划并采取这些修订的方法后，应自行承担增加工时、人员或货物的费用。如这些修订的方法导致业主的费用增加，承包商应向业主支付此费用。

3）竣工时间。根据红皮书第8.2款要求，且在指投标书附录中写明的工程或工程的区段自开工日期起至竣工的全部时间，承包商在此期间应完成合同要求的全部工作并通过竣工检验。

4）竣工时间的延长。如果由于下列原因，致使工程或工程的区段的竣工受到或将受到延误，承包商有权得到延长的工期：

① 变更或合同中某项工程量的显著变化。

② 根据本合同条件的某一条款，承包商有权得到延长的工期。其中包括：工程师延误发放施工图；业主延误移交施工现场；承包商依据工程师提供的错误数据导致的放线错误；施工中遇到文物古迹对施工进度的干扰；以及非承包商原因的检验导致的施工延误等。

③ 有经验的承包商不能合理预见的异常不利的气候条件。

④ 由于流行病或政府的行为造成所需人员或货物的不可预见的短缺。

⑤ 由业主、业主人员或业主雇佣的其他承包商造成的任何延误或妨碍。

此外还有工程所在国当局造成的延误，但前提是：承包商已努力遵守了该国有关当局制定的程序，这些当局延误或中断了承包商的工作，且这些延误或中断是不可预见的。

5）暂时停工。承包商应根据工程师的指示，在规定时间内对某一部分或全部工程暂时停工并负责保护这部分工程。此时工程师应考虑给予承包商工期延长和增加由于停工导致的额外损失。但如暂时停工是由于承包商的违约造成的，或是由于施工现场的气候原因，或是为了合理施工或工程的安全，或合同另有规定，则不给予工期和费用补偿。

如果工程设备的制造或工程设备和材料的交付被暂停达 28 天以上，以及承包商已按工程师的指示将上述设备和材料标明为业主的财产，承包商有权得到上述尚未运抵现场的设备和材料的付款。

如按工程师的指示工程暂停已经延续了 84 天，而工程师仍未通知复工，则承包商可向工程师发函，要求在 28 天内准予复工。如果复工要求未能获准，则承包商可采取下列措施：

① 当暂时停工仅影响工程的局部时，通知工程师将这部分暂停工程作为删除的工程。

② 如暂时停工已影响到整个工程，承包商可发出终止合同的通知。

（6）竣工检验　具体如下。

1）承包商的义务。承包商完成工程并准备好竣工报告所需报送的资料后，应提前 21 天将某一确定的日期通知工程师，说明此日后已准备好进行竣工检验。工程师应指示在该日期后 14 天内的某日进行。

在考虑竣工检验的结果时，工程师应考虑到因业主对工程的使用而对工程性能产生的影响。一旦通过了竣工试验，承包商应向工程师提供一份经证实的试验结果报告。

2）延误的检验。如果业主不当地延误竣工检验，应按照红皮书第 7.4 款“检验”和第 10.3 款“对竣工试验的干扰”中的规定处理。

如果承包商不当地延误竣工检验，工程师可通知承包商并要求在接到通知后 21 天内进行竣工检验。

如果承包商未在规定的 21 天内进行竣工检验，业主方人员可自行进行检验。该检验应被视为承包商在场时进行的，检验结果应认为准确且检验的费用应由承包商承担。

3）未能通过竣工检验。如果工程或某区段未能通过竣工检验，承包商应对缺陷进行修复和改正，在相同条件下重复进行此类未通过的试验和对任何相关工作的竣工检验。当整个工程或某区段未能通过按重新检验条款规定所进行的重复竣工检验时，工程师应有权选择以下任何一种处理方法：

① 指示再进行一次重复的竣工检验。

② 如果由于该工程缺陷致使业主基本上无法享用该工程或区段所带来的全部利益，拒收整个工程或区段（视情况而定），在此情况下，业主有权获得承包商的赔偿。

③ 颁发一份接收证书（如果业主同意的话）折价接收该部分工程，合同价格应按照可以适当弥补由于此类失误而给业主造成的减少的价值数额予以扣减。

（7）业主的接收　具体如下。

1）工程和工程区段的接收。当工程或工程的区段已通过竣工检验并按合同要求基本竣工，承包商应在其认为即将竣工并将做好工程移交准备前14天，以书面形式向工程师申请颁发接收证书。基本竣工是指工程或工程的区段已通过竣工检验，能够按照预定目的交给业主占用或使用，而非完成了合同规定的包括扫尾、清理施工现场及不影响工程使用的某些次要部位缺陷修复工作后的最终竣工。剩余工作允许承包商在缺陷通知期内继续完成。

工程师接到承包商申请后的28天内，如果认为已满足竣工条件，即可颁发工程或工程区段的接收证书；若不满意则应书面通知承包商，指出还需完成哪些工作后才能达到基本竣工条件。工程接收证书中包括确认工程达到竣工要求的具体日期。工程接收证书颁发后，不仅表明承包商对该部分工程的施工义务已经完成，而且表明对工程照管的责任也转移给业主。

如果工程师在28天的期限内既未颁发接收证书又未拒绝承包商的申请，而工程或工程区段实质上符合合同的规定，接收证书应视为已在该期限内颁发。

2）部分工程的接收。业主在工程师颁发某一部分永久工程的接收证书前不得使用该部分工程。但如业主在颁发接收证书前确实使用了部分工程，则使用的部分应视为从开始使用的日期起已被接收；从此日起对该部分的照管责任从承包商转移至业主；如承包商提出要求，工程师应颁发该部分的接收证书。

除合同规定或承包商同意使用的以外，如果由于业主接收和使用部分工程导致承包商的费用增加，承包商有权得到相应的费用和合理的利润。

如果已经颁发部分工程的接收证书，此后工程剩余部分的竣工误期损害赔偿费应予减少。

3）对竣工检验的妨碍。如果由于业主的原因妨碍承包商进行竣工检验达14天以上，业主应被视为已在原定竣工检验的日期接收了工程或工程区段。此时工程师应相应地颁发接收证书，承包商应在缺陷通知期限期满前尽快进行竣工检验。如果此项竣工检验的延误导致承包商遭受延误和费用的增加，承包商有权得到工期的延长和费用、利润的补偿。

（8）缺陷责任　具体如下。

1）缺陷通知期。缺陷通知期即国内施工合同文本所指的工程保修期，是指自工程接收证书中写明的竣工日开始至工程师颁发履约证书为止的日历天数。尽管工程移交前进行了竣工检验，但只是证明承包商的施工工艺达到了合同规定的标准。设置缺陷通知期的目的是为了考验工程在动态运行条件下是否达到了合同中技术规范的要求。因此从开工之日起至颁发履约证书日止，承包商要对工程的施工质量负责。整个工程的缺陷通知期及分阶段移交工程的缺陷通知期应在专用条件内具体约定。土建部分通常为一年，机电部分更长。

2）缺陷通知期内承包商的义务。承包商应尽快完成颁发接收证书时尚未完成的工作；自费修补此期间出现的有缺陷的承包商所负责的设计，设备、材料或不符合合同要求的工程；将有缺陷的设备移出现场进行修复。如某项缺陷或损毁达到使工程或某项主要设备不能按原定目的使用的程度，业主有权要求延长缺陷通知期，但该延长不得超过一年。

3）未能修补缺陷。如承包商在合理时间内未能修补缺陷，业主可自己或雇佣他人修补缺陷，费用从保留金中扣除或由承包商支付。如缺陷或损毁使业主实质上丧失了工程的整个利益，则可终止合同，或收回整个工程或该部分工程的全部支出总额及融资费用，以及拆除工程、清理现场和将设备、材料退还给承包商所支付的费用。

4）履约证书。履约证书是承包商已按合同规定完成全部施工义务的证明。因此该证书颁发后工程师就无权再指示承包商进行任何施工工作，承包商即可办理最终结算手续。缺陷通知期内如工程圆满地通过运行考验，工程师应在期满后的28天内向承包商颁发履约证书，并将副本送交业主。业主应在收到履约证书后21天内，将履约担保退还承包商。

（9）计量和估价　具体如下。

1）计量。工程量清单中的工程量是发包方根据图纸和规范估算的，工程款的给付要根据实际计量的结果。工程师计量时应通知承包商派人参加，如承包商未能派人参加计量，则应承认工程师的计量结果是正确的。如合同无特殊规定，工程量均按净值计量。计量应按照工程量清单或其他适用的资料表的规定进行。

2）估价。工程师应按上述计量方法和适宜的费率或价格对各项工作进行估价。如合同中无某项内容，应采取类似工程的费率或价格。但在以下情况宜对有关工程采用新的费率或价格：

① 该项工程测量出的数量变化超过工程量清单或其他资料表中所列数量的10%以上。

② 该项工程量的变化与上述规定费率的乘积超过中标合同额的0.01%。

③ 该项工程量的变化直接改变该项工作的单位成本超过1%。

④ 合同中没有规定该项工作为“固定费率”项目。

此外，变更的工作、合同中没有规定费率或价格的工作、在与合同中任何工作不同的条件下实施且未规定适宜的费率或价格的工作，也需要重新确定费率或价格。

由于工程量清单中工程量的估算误差以及变更造成的工程量的增减，在工程结算时每个分部分项工程以及整个合同价格大多与签订合同时的价格不一致。一般情况下工程量增加对承包商有利，反之对承包商不利。针对此种情况一般有两种调整方法：一种是对整个合同额做整体考虑，如旧版红皮书的规定是当竣工合同价超出或少于签订合同时价格的15%时，可对支付款额进行调整；另一种是对各个子项分别考虑，本款上述四种情况就是新版红皮书推荐的调整子项费率的前提条件。

（10）变更和调整　具体如下。

1）变更权。在颁发接收证书前的任何时间，工程师都可通过发布指令或要求承包商提交建议书的方式提出变更。每项变更可包括：

① 合同中任何工作的数量的改变（不一定构成变更）。

② 任何工作的质量或其他特性的改变。

③ 工程任何部分的标高、位置或尺寸的改变。

④ 任何工作的删减，但要交他人实施的工作除外。

⑤ 永久工程所需的任何附加工作、设备、材料或服务。

⑥ 实施工程的顺序或时间安排的改变。

2）价值工程。在新红皮书中，承包商可向工程师申请变更。如果他认为某项变更可能加快竣工，降低业主实施、维护或运行的费用，提高竣工工程的效率或价值，为业主带来其他利益，他可随时向工程师提交书面建议。

如工程师批准的建议书中包括部分永久工程设计的改变，一般由承包商设计这一部分。

如果此项改变导致该部分工程合同价值的减少，工程师应与承包商商定或决定一笔费用并将其加入合同价格。这笔费用应为以下两项金额差额的一半：

① 合同价的降低。由于此改变造成合同价值的减少。该项改变不包括依据后续法规变化做出的调整和因物价浮动调价所做的调整。

② 变更对使用功能的影响。由于改变后工程的质量、预期寿命或运行效率的降低，造成对业主价值的减少。

如果上述降低功能的价值②大于合同价的降低①，则没有此项奖励费用。

上述做法的含义是：如果承包商的合理化建议确实能给业主带来效益，则该效益由业主和承包商分享；如果变更的建议只能为施工带来方便，并未提升工程的性能价格比，则从费用补偿机制上不鼓励这种变更。旧版红皮书不含此项关于价值工程的内容，随着工程采购方法的发展，FIDIC 合同范本亦随之配套并使其日趋完善。

3）暂定金额。暂定金额是在招标文件中规定的作为业主备用金的一笔固定金额。每个投标人必须在报价书中加入此笔金额，在中标签约后的合同金额中也包含暂定金额。

① 暂定金额的使用。暂定金额由工程师决定如何使用。主要用于支付不可预见的事件、变更的费用、指定分包的费用和计日工的费用。

② 暂定金额的支付。暂定金额的支付分为两种情况，第一种是按原合同工程量清单中所列的费率或价格支付，如计日工的费用；第二种是由承包商向工程师出示与暂定金额开支有关的所有单据，按实际支出款额再加上投标书附录中事先约定的承包商的管理费和利润支付。

4）费用的调整。

① 因法律改变的调整。由于基准日期后工程所在国法律、法规的改变使承包商的费用或工期受到影响，承包商有权得到费用或工期的补偿。

② 因成本改变的调整。由工程所在国的通货膨胀造成的人工费、材料费上涨导致承包商费用增加时，如在投标书附录中已填好调整数据表，可按 FIDIC 推荐的调值公式进行调整：

$$P_n = a + b\,L_n/L_0 + c\,E_n/E_0 + d\,M_n/M_0 + \cdots$$

式中　P_n——“n”期间所完成的工作的估计合同价值的调整系数，期间单位为 1 个月；

a——不调整的固定系数，通常由业主在发包前设定，实际上是业主要求承包商自行消化的部分；

b、c、$d\cdots$——针对各成本要素的调整系数，由承包商在投标时设定，但应保证 $a+b+c+d+\cdots=1$；

L_n、E_n、$M_n\cdots$——第 n 期最后一天之前 49 天的成本指数或参考价格；

L_0、E_0、$M_0\cdots$——基准日期当天的成本指数或参考价格。

（11）合同价格和付款　具体如下。

1）合同价格。合同价格指根据红皮书第 12.3 款“估价”的规定确定或商定、且根据合同进行调整后的款额，而不是指业主在中标函中对承包商的投标报价进行确认的“接受的合同款额”（Accepted Contract Amount）。

2）预付款。预付款是业主以无息贷款的方式提供给承包商的一笔启动资金。某项目是否有预付款，以及预付款的全额多少、支付（分期支付的次数及时间）和扣还方式等均要在专用条款内约定。承包商需首先将银行出具的履约保函和预付款保函交给业主并通知工程师，工程师在21天内签发预付款支付证书，业主按合同约定的数额和外币比例支付预付款。预付款保函金额始终保持与预付款等额，即随着承包商对预付款的偿还逐渐递减保函金额。预付款在分期支付工程进度款的支付中按百分比扣减的方式偿还。自承包商获得工程进度款累计总额（不包括预付款的支付和保留金的扣减）达到合同总价（减去暂列金额）10%那个月起扣，从月付款证书中承包商应获得的合同款额（不包括预付款及保留金的扣减）中扣除25%作为预付款的偿还，直至还清全部预付款。

3）工程进度款的支付程序。工程进度款的支付分四个步骤完成。

① 工程量计量。工程量清单中所列的工程量仅是对工程的估算量，不能作为承包商完成合同规定工程量的结算依据。每次月进度款支付前均要通过测量来核实实际完成的工程量，以计量的净值作为支付依据。

② 承包商提供报表。每月的月末，承包商应按工程师规定的格式提交一式六份本月支付报表，提出承包商自认为有权得到的下列款额：

a. 截止月末已完成的永久工程的价值（包括变更，但不包括下列b～g项）。

b. 由于法律改变和成本改变应增减的款项。

c. 应扣除的保留金。

d. 因预付款的支付和偿还应增减的款项。

e. 由于材料和设备应增减的款项。

f. 由于索赔和仲裁应增减的款项。

g. 所有以前的支付证书中明示的扣款额。

③ 工程师签发期中付款证书。工程师接到报表后，对承包商完成的工程形象、项目、质量、数量以及各项价款的计算进行核查。若有疑问可要求承包商共同复核工程量。工程师在收到承包商的支付报表的28天内，按核查结果以及总价承包分解表中核实的实际完成情况签发支付证书。工程师可以不签发证书或扣减承包商报表中部分金额的情况包括：

a. 当合同内约定有工程师签发的最小金额，且本月应签发的金额小于签证的最小金额时，工程师不出具月进度款的支付证书。本月应付款接转下月，待超过最小签发金额后一并支付。

b. 承包商提供的货物或施工的工程不符合合同要求，可扣发修正或重置相应的费用，直至修正或重置工作完成后再支付。

c. 承包商未能按合同规定进行工作或履行义务，且工程师已经通知了承包商，则可扣留该工作或义务的价值，直至工作或义务履行为止。

工程进度款支付证书属于临时支付证书。工程师有权对以前签发过的证书中发现的错、漏或重复进行修正，承包商也有权提出更改或修正，经双方复核同意后将增加或扣减的金额纳入本次证书中。

④ 业主的支付。工程师认可承包商的报表并签发工程进度款的支付证书后，业主应在接到证书后及时给承包商付款。业主的付款时间不应超过工程师收到承包商的月进度付款申

请单后的56天。

4）竣工结算。颁发工程接收证书后的84天内，承包商应按工程师规定的格式报送竣工报表，列出按合同完成的所有工作的价值及他认为应付的任何其他款项。工程师接到竣工报表后应在28天内对其核实和确认并颁发支付证书，业主依据工程师的证书予以支付。

5）保留金。保留金是按合同约定从承包商应得的工程进度款中相应扣减的一笔金额，其保留在业主手中，作为约束承包商严格履行合同义务的措施之一。当承包商有一般违约行为并使业主受到损失时，可从该项金额内直接扣除损害赔偿费。例如承包商未能在工程师规定的时间内修复缺陷工程，业主雇用其他人完成后，这笔费用可从保留金内扣除。

① 保留金的约定和扣除。承包商在投标书附录中按招标文件提供的信息和要求确认了每次扣留保留金的百分比和保留金限额。每次月进度款支付时扣留的百分比一般为10%，累计扣留的最高限额为合同价的5%。从首次支付工程进度款开始，用该月承包商完成合格工程应得款加上因后续法规政策变化的调整和时常价格浮动变化的调价款为基数，乘以合同约定保留金的百分比，作为本次支付时应扣留的保留金。逐月累计扣到合同约定的保留金最高限额为止。

② 保留金的返还。扣留承包商的保留金分两次返还：

第一次，颁发工程接收证书后返还。颁发了整个工程的接收证书时，将保留金的一半支付给承包商。如果颁发的接收证书只是限于一个区段或工程的一部分，则：

$$\text{返还金额}=\text{保留金总额}\times\frac{\text{移交工程的区段或部分的合同价值的估算值}}{\text{最终合同价值的估算值}}\times 40\%$$

第二次，缺陷通知期满并颁发履约证书后将剩余保留金返还。整个合同的缺陷通知期满时返还剩余的保留金。如果颁发的履约证书只限于一个区段，则在这个区段的缺陷通知期满后，并不全部返还该部分剩余的保留金，而是：

$$\text{返还金额}=\text{保留金总额}\times\frac{\text{移交工程的区段或部分的合同价值的估算值}}{\text{最终合同价值的估算值}}\times 40\%$$

合同内以履约保函和保留金两种手段作为约束承包商履行合同义务的措施。当承包商严重违约而使合同不能继续顺利履行时，业主可以凭履约保函向银行获取损害赔偿；而因承包商的一般违约行为令业主蒙受损失时，通常利用保留金补偿损失。履约保函和保留金的约束期均是承包商负有施工义务的责任期限（包括施工期和缺陷通知期）。

6）最终结算。最终结算是指颁发履约证书后，对承包商完成全部工作价值的详细结算，以及根据合同条件对应付给承包商的其他费用进行核实，确定合同的最终价格。

颁发履约证书后的56天内，承包商应向工程师提交最终报表草案一式六份以及工程师要求提交的有关资料。最终报表草案要详细说明根据合同完成的全部工程价值和承包商依据合同认为还应支付给他的任何进一步的款项，如剩余的保留金及缺陷通知期内发生的索赔费用等。

工程师审核后与承包商协商，对最终报表草案进行适当的补充或修改后形成最终报表。承包商将最终报表送交工程师的同时，还需向业主提交一份结清单，进一步证实最终报表中的支付总额，作为同意与业主终止合同关系的书面文件。工程师在接到最终报表和结清单附件后的28天内签发最终支付证书。只有当业主按照最终支付证书的金额予以支付并退还履约保函后，结清单才生效，承包商的索赔权也同时终止。

(12) 由业主终止合同 业主终止对承包商的雇佣是以承包商严重违约为前提的。承包商违约是指承包商由于破产等原因不能继续履行合同，或是无视工程师的指示有意不执行合同或无能力执行合同。如承包商有下列行为时业主即有权终止合同：

1）未能遵守有关履约担保的规定或无视工程师要求其纠正违约的通知。

2）放弃工程或明确表现不继续履行合同义务的意想。

3）对于未能按时开工、保证进度、按时竣工及修补缺陷工程不能给出合理的解释。

4）未经同意将整个工程分包出去或将合同转让他人。

5）破产、无偿还能力、停业清理、财产被接管等。

6）以行贿手段达到有利于自己的目的等。

在上述情况下业主可提前14天向承包商发出通知，终止合同并要求其离开现场。但在上述5）、6）款的情况下业主可立即终止合同。终止合同时承包商应将为该合同提供材料、货物和服务而签署的有关协议的权益转让给业主。而业主有权使用原承包商的货物、文件和其他设计文件。承包商应尽快自费清运承包商的设备和临时工程，如此时承包商还有欠业主的债务，业主可出售这些物品，以收回欠款并将收益的余款付给承包商。

(13) 由承包商终止合同 承包商终止合同是以业主严重违约为前提的。业主的违约主要是支付能力问题。如出现下列任何情况，承包商可在通知业主14天后终止合同（如下述最后两种情况发生，可立即通知业主终止合同）：

1）由于业主或工程师在付款方面的违约，承包商在发出暂停或放慢工作的通知后42天内仍未收到合理的证明。

2）工程师在收到报表和证明56天内未能发出相关的支付证书。

3）在规定的付款时间到期后42天内承包商仍未收到期中付款证书证明的付款额。

4）业主实质上未能根据合同规定履行其义务。

5）业主未能遵守合同协议书或权益转让的规定。

6）由业主的原因造成的暂停影响了整个工程。

7）业主破产或停业清理等情况的发生。

(14) 风险与保险 具体如下。

1）承包商对工程的照管。承包商对工程照管的义务规定如下：

① 从工程开工起到颁发整个工程的移交证书之日止，承包商应对工程以及材料和待安装设备的照管负完全责任。颁发移交证书后，照管的责任随之移交给业主。对工程的某一部分或区段，照管的责任同样从颁发移交证书之日起转移给业主。

② 承包商在缺陷通知期内对任何未完成的工程及材料和工程设备的照管负责。

2）业主的风险。

① 业主的风险包括：

a. 战争、入侵等外敌行动。

b. 工程所在国内的叛乱、恐怖主义、革命、军事政变或内战。

c. 承包商及其分包商雇员以外的人员在工程所在国内的暴乱、骚动或混乱。

d. 工程所在国内的战争军火、爆炸物、电离辐射或放射性引起的污染。

e. 由超音速飞机或飞行器所产生的冲击波。

f. 除合同规定以外的，业主使用或占用的永久工程的任何部分。

g. 由业主人员或业主对其负责的任何人员所做的工程任何部分的设计。

h. 任何有经验的承包商不能合理预见和防范的任何自然力的作用。

② 由业主的风险造成的损失或损害在工程师要求承包商修复时，应按合同价格向承包商支付。

③ 如因修复此类损失或损害使承包商遭受延误或增加费用，承包商有权就此进行工期索赔和费用索赔。

3）不可抗力。在1988年版的FIDIC红皮书中，不可抗力被称作特殊风险。

① 不可抗力的定义。不可抗力指异常的事件或情况，比如某方无法控制的事件，即该方在签约前不能对该事件进行合理准备，在事件发生后不能合理避免或克服，以及该事件不能归因于他方。只要满足上述条件，不可抗力可包括上述业主的风险中的a、b、c、d款所定义的风险以及诸如地震、飓风、台风或火山活动等自然灾害，但不局限于这些风险。

② 不可抗力的通知。如果某一方因不可抗力使其履行合同的能力受到阻碍，该方应在意识到该不可抗力事件后14天内向他方发出不可抗力事件的通知，并在此期间暂停履行其义务。任何一方都应尽量使不可抗力对履行合同的延误减至最小，当不可抗力的影响结束时尽快通知对方。

③ 不可抗力的后果。如果承包商在工程所在国遭遇不可抗力并向对方发出通知，并且因此而遭受延误和增加费用，他有权要求工期的延长和费用的补偿。

④ 由于不可抗力导致的终止合同。如不可抗力持续发生超过84天或断续发生累加超过140天，任何一方可向他方发出终止合同的通知，且终止于通知发出后7天生效。此时工程师应确定已完成工作的价值并发出包括以下各项的付款证书：

a. 已完成的且合同中有价格规定的工作的应付金额。

b. 为工程订购的、已交付给承包商的工程设备和材料的费用。

c. 为完成工程承包商合理发生的其他费用或债务。

d. 将承包商人员、临时工程和设备遣返至任何目的地的费用，但该费用不能超过返回本国驻地的数额。

4）保险。保险是转移工程风险的重要手段，通过购买保险将工程风险部分地转移给保险公司。工程保险主要包括工程全险、承包商设备险和第三方保险。

① 工程和承包商设备的保险。承包商应作为投保方，以与业主联合的名义对工程（连同材料、设备和承包商的文件）进行投保。保险金额应不低于全部复原的费用。保险应从提交保单的日期起至颁发工程接收证书之日止的全部时间内保持有效。

该项保险的范围还应涵盖：

a. 未列入“业主的风险”任何原因所造成的损失或损害。

b. 业主提前占用的部分的损失或损害。

c. 业主的风险中c、g、h项所列风险造成的损失或损害。

承包商还应对自己的设备投保，保险金额应不低于全部重置价值并包括运抵现场的费用。保险应在承包商的设备逗留现场的全部时间内有效。

② 人身伤害和财产损害险。承包商应以业主和承包商联合的名义对由于工程施工引起的第三方的人员伤亡和财产损失投保。保险金额至少应为投标书附录中所规定的数额。

③ 承包商人员的保险。承包商应为其在工地工作的人员在雇佣期间进行人身保险，同

时也应要求分包商进行此类保险。除非由于业主方的行为或疏忽引起索赔，业主对承包商人员的伤亡均不负责任。

（15）索赔、争端和仲裁 具体如下。

1）承包商的索赔。红皮书中规定了承包商认为自己有权获得延长的工期和追加的付款时应遵循的步骤，及未能这样做的后果。

① 索赔通知。如果承包商认为根据合同他有权就某一事件进行工期或费用索赔，他必须在引起索赔的事件第一次发生后的28天内向工程师发出索赔通知。

② 保持同期记录。工程师在收到上述索赔通知后应及时检查有关的同期记录，并通知承包商保存这些记录及作好进一步的同期记录。承包商应在工程师需要时向其提供这些同期记录的副本。

③ 索赔报告。在承包商察觉到引起索赔事件后42天内，承包商应向工程师递交一份充分详细的索赔报告，包括索赔的依据、索赔的工期和追加的付款。

如导致的索赔事件有连续影响，上述报告只是一份期中报告，承包商应按月陆续递交进一步的期中索赔报告，提出索赔的累计额和进一步的索赔依据。

在引起索赔的事件结束28天之内，承包商应向工程师提交一份最终的详细报告，提出累计的索赔总额和所有可作为索赔依据的资料。

④ 索赔的批准和兑现。工程师在收到索赔报告后42天内，表示批准或不批准并附具体意见。工程师应商定或确定承包商有权得到的工期的延长和增加的付款。

2）争端的解决。

① 对争端的理解。对争端应作广义的理解，当事人对合同条款和合同的履行的不同理解和看法都是争端。凡是当事人对合同是否成立、成立的时间、合同内容的解释、合同的履行、违约的责任以及合同的变更、中止、转让、解除、终止等发生的争端均应包括在内。广义的争端也包括对工程师的任何意见、指示、决定、证书或估价方面的任何争端。

② 争端裁决委员会的任命。旧版红皮书只论述了如何启动仲裁程序，但未提及如何任命仲裁委员会。新红皮书建议合同双方应在投标书附录所规定的日期前联合任命一个争端裁决委员会（简称DAB）。

DAB应按投标书附录中的规定由1人或者3人组成。若成员为3人，则由合同双方各提名一位成员供对方认可，双方共同确定第三位成员作为主席。如果合同中有争端裁决委员会成员的意向性名单，则必须从该名单中进行选择。合同双方应当共同商定对争端裁决委员会成员的支付条件，并由双方各支付酬金的一半。

③ 争端裁决委员会的裁决。如果双方对工程师有关工程的任何证书、确定、指示或估价不满，可以将争端提交争端裁决委员会。争端裁决委员会在收到书面报告后84天内对争端做出裁决，并说明理由。如果合同一方对争端裁决委员会的裁决不满，则应在收到裁决后的28天内向合同对方发出表示不满的通知。如果争端裁决委员会未在84天内对争端做出裁决，则双方中的任何一方均有权在84天期满后的28天内向对方发出其不满的通知。如果双方接受争端裁决委员会的裁决，或者没有按照规定发出表示不满的通知，则该裁决将成为最终的决定。

争端裁决委员会的裁决做出后，在未通过友好解决或者仲裁改变该裁决之前，双方应当执行该裁决。

④ 争端的友好解决。在合同发生争端时，如果双方能通过协商达成一致，要比通过仲裁、诉讼程序解决争端好得多。这样既能节省时间和费用，也能使双方的合作关系得以保持。事实上，在国际工程承包合同中产生的争端大都可以通过友好协商得到解决。因此，如果工程师对争端的决定不被接受，双方应尽量自行友好解决，而不应立即就这一争端申请仲裁。在合同一方发出对争端裁决委员会裁决不满的通知后，必须经过56天才能申请仲裁。这56天的时间是留给争端的友好解决的。

当然，如果没有特别的协议，友好解决并非必须采取的步骤。为了避免解决争端的协商无限期拖延，只要过了一定期限，不论是否作了友好解决的努力，双方均可提出仲裁申请。

⑤ 争端通过仲裁解决。仲裁的意义不仅在于寻找一条解决争端的途径和方法，更重要的是仲裁条款的出现使当事人双方失去了通过诉讼程序解决合同争端的权利。因为当事人在仲裁与诉讼中只能选择一种解决方法。因此该规定实际决定了合同当事人只能把提交仲裁作为解决争端的最后办法。

在仲裁制度上，国际上的通行做法都是规定仲裁机构的裁决是最终的，当事人无权就仲裁机构的裁决向法院起诉。因为国际上的仲裁机构都是民间组织，申请仲裁是当事人基于对仲裁机构的信任及双方的自愿。仲裁机构接受仲裁申请必须经双方当事人的同意（在合同中有仲裁条款或仲裁协议），同时，这种同意也排除了法院对合同争端的管辖权。

仲裁裁决具有法律效力。但仲裁机构无权强制执行，如一方当事人不履行裁决，另一方当事人可向法院申请强制执行。

如果争执双方没有另外的协议，仲裁可以在当事人将此争端提交仲裁的意向通知（也就是表示不满的通知）发出后56天后开始。

在工程竣工前后均可诉诸仲裁。但在工程进行过程中，业主、工程师、承包商各自的义务不得以仲裁正在进行为理由而加以改变。

6.2.2.2　我国施工合同条件范本

建设部和国家工商行政管理局在1991年范本（GF—1991—0201）的基础上，于1999年12月颁布了修改后的新版《建设工程施工合同（示范文本）》（GF—1999—0201）。按照建设部［1999］313号文件的说明，该范本适用于各类建设工程，包括各类公用建筑、民用住宅、工业厂房、交通设施及线路、管道的施工和设备安装。

依据《中华人民共和国合同法》《中华人民共和国建筑法》《中华人民共和国招标投标法》以及相关法律法规，住房和城乡建设部、国家工商行政管理总局对《建设工程施工合同（示范文本）》（GF—1999—0201）进行了修订，制定了《建设工程施工合同（示范文本）》（GF—2013—0201）（以下简称《示范文本》）。

1.《示范文本》的内容构成

该《示范文本》由合同协议书、通用合同条款和专用合同条款三部分组成。

（1）合同协议书　《示范文本》合同协议书共计13条，主要包括：工程概况、合同工期、质量标准、签约合同价和合同价格形式、项目经理、合同文件构成、承诺以及合同生效条件等重要内容，集中约定了合同当事人基本的合同权利和义务。

（2）通用合同条款　通用合同条款是合同当事人根据《中华人民共和国建筑法》《中华人民共和国合同法》等法律法规的规定，就工程建设的实施及相关事项，对合同当事人的权利义务做出的原则性约定。通用合同条款共计20条，这与FIDIC红皮书（施工合同条件）的安排是一致的。具体条款分别为：一般约定、发包人、承包人、监理人、工程质量、安全文明施工与环境保护、工期和进度、材料与设备、试验与检验、变更、价格调整、合同价格、计量与支付、验收和工程试车、竣工结算、缺陷责任与保修、违约、不可抗力、保险、索赔和争议解决。其中的内容与 FIDIC 红皮书没有实质上的不同，比如，将 FIDIC 红皮书中的业主、承包商和工程师改成了发包人、承包人与监理人，这只是称谓的改变；将红皮书中的指定分包改为工程质量；为了兼顾总价合同和单价合同的区别，将红皮书中的“变更和调整”改为“变更”以便同时适用于总价合同；将红皮书中的“计量与估价”改为“计量与支付”为的是同时适用于固定总价、固定单价和可调单价的计价方式；为了兼顾民用项目和工业项目的特点而将红皮书中的“竣工检验”扩展为“验收与工程试车”；将红皮书中“业主终止合同”和“承包商终止合同”两个独立章节合并为“违约（包括业主的终止及承包商的终止）”，以便总体上与红皮书的条款数目相一致，共20条。

（3）专用合同条款　专用合同条款是对通用合同条款原则性约定的细化、完善、补充、修改或另行约定的条款。合同当事人可以根据不同建设工程的特点及具体情况，通过双方的谈判、协商对相应的专用合同条款进行修改补充。在使用专用合同条款时，应注意以下事项：

1）专用合同条款的编号应与相应的通用合同条款的编号一致。

2）合同当事人可以通过对专用合同条款的修改，满足具体建设工程的特殊要求，避免直接修改通用合同条款。

3）在专用合同条款中有横道线的地方，合同当事人可针对相应的通用合同条款进行细化、完善、补充、修改或另行约定。

2. 示范文本的性质和适用范围

《示范文本》为非强制性使用文本。《示范文本》适用于房屋建筑工程、土木工程、线路管道和设备安装工程、装修工程等建设工程的施工承发包活动。合同当事人可结合建设工程具体情况，根据《示范文本》订立合同，并按照法律法规规定和合同约定承担相应的法律责任及合同权利和义务。

6.3　建设工程施工发包承包价格的影响因素

任何特定建设工程项目的发包承包价格都不是绝对的、一成不变的。工程价格影响因素是指对工程价格的高低、变化、功能及管理产生影响的因素。在建设工程的计价、调整、结算和管理工作中必须认真对待这些因素，以使工程价格正常发挥其功能。工程价格的影响因素很多，主要有以下几种。

6.3.1　工程价格构成要素的影响

工程价格构成要素包括工程成本、间接费、利润和税金，其中以工程成本的影响最大。

1. 工程成本的影响

工程成本由材料费、人工费、机械台班费和措施费构成。其中，材料费对工程价格影响最大，约占工程价格的60%～70%。影响材料价格的主要因素是材料单价。在市场经济条件下材料价格受市场供求关系左右，处于浮动状态。因此，在采购质高价廉的适用材料的同时，加强现场的材料管理，强化仓储、保管、领取、使用等环节，对降低工程成本是至关重要的。

人工费对工程成本的影响仅次于材料费，虽然其所占比例远低于材料费但对工程价格的影响却很关键。人工费的数额取决于人工单价和用工量。人工单价取决于劳动生产率和国家的分配政策。国家分配的总趋势是逐渐提高人工费率以改善工人的生活水平，其结果必然是生产率提高，用工量减少（部分原因是机械化程度提高）而人工单价提高。控制人工费应首先立足于企业现有的技术工艺水平，对用工量进行实事求是的计算，不要照搬国家或地方的施工定额，而是建立并应用本企业自己的用工定额。目前人工单价既有市场参考值又有造价管理部门发布的信息，企业可综合考虑，自主确定。

机械费在工程成本中的比重与人工费呈反比关系，其比重随施工的难易程度而变化。工程高度大或深度大都会导致机械费的增加。租赁机械的单价由租赁市场决定，自有机械的单价取决于折旧费与使用费。控制机械费首先要从成本的角度选择机械的来源，其次是提高机械使用效率。随着施工技术的高速发展，使用机械的比重会越来越高，因此控制机械费对降低工程成本意义重大。

措施费相当于实施清单计价之前的其他直接费和临时设施费中的费用项目。具体是指那些虽发生在工程中，但不宜分摊到每个分项工程上的费用，只能通过加强责任制予以控制。

2. 间接费和利润的影响

间接费包括企业管理费和规费，其中企业管理费包括了以前单列的现场管理费。规费费率是规定的，而企业管理费费率是根据本企业管理费的水平再结合市场竞争的实际情况酌情而定，总之是竞争费率。

利润水平在计划经济时代是计划利润，在市场经济时代是经营利润，是合同价格减去工程成本、间接费用和必缴税金的余额。在工程成本一定的情况下，要想多盈利，价格就要高。因此发包与承包双方在承包商利润水平方面的利益是矛盾的，最终由投标竞争的激烈程度而定。至于税金，是国家规定必须上缴的部分，由承包商计入标价。因此间接费和利润的水平均影响工程价格。

6.3.2　市场条件的影响

市场条件的影响包括供求状况和竞争状况两个方面。

1. 供求状况的影响

供求状况实际上是指市场条件。在建筑市场的繁荣时期，尽管仍是买方市场，但发包的工程数量较多，承包商的竞争程度下降，工程的价格水平必然比通常年份偏高；反之在建筑市场相对低迷时期，因发包的工程数量较少，承包商的工程需求量并未变化，因此竞争加剧，工程价格必然下降。

2. 竞争状况的影响

竞争状况是指同一个工程项目有多少承包商参与竞标。很多研究部门的研究结果显示，同一个项目参与竞标的承包商越多，中标承包商赢利的机会就越小。这就是很多国际上知名建筑公司只参与邀请招标，不参与无限竞争性招标的原因。在无限竞争性招标中承包商数量太多，低价标随之增多，且不用说中标不易，即便中标也几乎没有赢利的可能性。

6.3.3 管理因素的影响

管理因素包括计价依据、计价方式、发包方式、合同类型、合同条件等。

1. 计价依据和计价方式的影响

对于发包方和承包方来说计价依据并不总是完全相同的，但最基本的依据还是图纸和市场价格水平。计价方式有设计概算定额计价、施工图预算定额计价、竞争定价（有标底与无标底定价）、工程量清单计价等。不同的计价方式会产生不同的计价结果。

2. 不同的项目采购方式和合同类型的影响

本书的第3章中介绍了各种常用的项目采购方式对施工发包承包价格的影响。此外，不同的合同类型不仅会影响到承包发包的定价，还会影响到施工过程中价格的变更方法和结算方式。如采用总价合同，因承包方风险较大，价格肯定偏高；如采用单价合同，因价格相对透明，价格调整机制较健全，成交的合同价格则较低。

3. 发包方和承包方的成本管理活动的影响

发包方以买方的立场进行价格管理活动：首先是以低价中标的原则发包，其次是尽量使施工过程中由于工程变更或业主的风险导致承包商索赔造成的工程价格增量最小化。

承包方以卖方的立场进行价格管理活动：首先是以适宜的策略对特定项目进行报价；中标后在合同洽商中争取在专用条件中纳入有利于未来调整和结算的内容；在施工过程中力争通过索赔取得更多的收益；在结算时争取通过价格调整和对增添的工程量的补充计价取得收益。

因此，发包方和承包方的共同管理活动会导致最终的工程价格与合同价格产生很大的差异。

4. 结算方式的影响

工程的结算方式很多，不同的结算方式及结算时的调整会导致竣工结算价格的差异。

6.3.4 其他的影响因素

除以上三方面的因素以外，其他影响工程价格的因素还有很多。例如，建设行政主管部门各种规定，国家的法律、法规，价格政策，金融、税收政策；固定资产投资规模、方向、结构及方式；国家的宏观经济状况；国际建筑市场的状况及外商投资状况等。

总之，工程价格的影响因素很多，无论是最初的合同价格还是最终的决算价格都是大量影响因素综合作用的结果。只有在处理好每一个因素的情况下才有可能使工程价格向有利于自己（发包方或承包方）的方向变化。

6.4 建设工程施工招标价格的确定

在学习了招标程序、施工合同范本和工程发包承包价格的影响因素等预备知识之后，即可以研究如何确定施工招标的价格了。

6.4.1 标底的概念和作用

1. 标底的概念

标底是指招标人根据招标项目的具体情况编制的完成招标项目所需的全部费用，是根据国家规定的计价依据和计价办法计算出来的工程造价，是招标人对建设工程的期望价格。标底由成本、利润、税金等组成，一般应控制在批准的总概算及投资包干限额内。

我国《招标投标法》没有明确规定招标工程是否必须设置标底价格，招标人可根据工程的实际情况自行决定是否需要编制标底。一般情况下，即使采用无标底招标方式进行工程招标，招标人仍须对招标工程的造价费用做出估计，据此对各个投标价格的合理性做出正确的判断。

2. 标底的作用

标底可使招标方预先明确自己在拟建工程上应承担的财务义务；是上级主管部门核实建设规模的依据；是衡量投标方标价的准绳和评标的重要尺度。由于当前建筑工程的定价机制是国家宏观调控、企业自主定价、市场形成价格，其后果必然是淡化标底的作用。但我国大量的建筑工程招标仍属于政府的采购行为，为了防止国有资产的流失，必须阻止围标、串标等不法行为。因此对于政府采购的建设项目仍有必要设置标底。

6.4.2 标底的编制依据

编制标底时应根据发包项目的设计概算、施工图预算、相关的计价模式，综合考虑市场价格情况、现场及周边环境以及工期和质量要求等因素。标底的编制依据主要有：

1）招标文件中的商务条款。

2）工程施工图、规范、技术标准，《建设工程工程量清单计价规范》及相关规范和工程量清单。

3）施工现场的地质、水文、地上情况的有关资料。

4）施工方案或施工组织设计。

5）国务院和省、自治区、直辖市人民政府建设行政主管部门制定的工程造价计价办法以及其他有关规定。

6）市场价格信息。

6.4.3 建设工程标底的编制方法

标底的编制方法应由发包方在国家建设工程造价主管部门允许的计价方法的范围之内进行选择。我国建设工程施工招标标底主要采用工料单价法和综合单价法编制。

为了规范建筑工程施工发包与承包的计价行为，维护建筑工程发包与承包双方的合法权益，促进建筑市场的健康发展，住建部于2014年2月1日起实行第16号令，即《建筑工程施工发包与承包计价管理办法》。该办法规定：全部使用国有资金投资或者以国有资金投资为主的建筑工程，应当采用工程量清单计价；非国有资金投资的建筑工程，鼓励采用工程量清单计价。因此，非国有资金投资项目仍可选用定额计价的方法，即工料单价法。

6.4.3.1 施工图预算的编制

1. 施工图预算的内容

施工图预算是根据批准的施工图设计、预算定额和单位计价表、施工组织设计文件以及各种费用定额等有关资料进行计算和编制的单位工程预算造价的文件。

施工图预算是拟建工程设计概算的具体化文件，也是单项工程综合预算的基础文件。施工图预算的编制对象为单位工程，因此也称单位工程预算。

施工图预算通常分为建筑工程预算和设备安装工程预算两大类。根据单位工程和设备的性质、用途的不同，建筑工程预算可分为一般土建工程预算、卫生工程预算、工业管道工程预算、特殊构筑物工程预算和电气照明工程预算；设备安装工程预算又可分为机械设备安装工程预算、电气设备安装工程预算。

2. 施工图预算的作用

1）施工图预算是设计阶段控制工程造价的重要环节，是控制施工图设计不突破设计概算的重要措施。

2）施工图预算是编制或调整固定资产投资计划的依据。

3）对于实行施工招标的工程，施工图预算是编制标底的依据，也是承包企业投标报价的基础。

4）对于不宜实行招标的工程，采用施工图预算加调整价结算的工程，施工图预算可作为确定合同价款的基础或作为审查施工企业提出的施工图预算的依据。

3. 施工图预算的编制依据

（1）施工图及说明书和标准图集　经审定的施工图、说明书和标准图集，完整地反映了工程的具体内容、各部分的具体做法、结构尺寸、技术特征以及施工方法，是编制施工图预算的重要依据。

（2）现行预算定额及单位估价表　国家和地区颁发的现行建筑、安装工程预算定额及单位估价表和相应的工程量计算规则，是编制施工图预算，确定分项工程子目、计算工程量、选用单位估价表、计算直接工程费的主要依据。

（3）施工组织设计或施工方案　因为施工组织设计或施工方案中包括了与编制施工图预算必不可少的有关资料，如建设地点的土质、地质情况，土石方开挖的施工方法及余土外运方式与运距，施工机械使用情况，结构件预制加工方法及运距，重要的梁板柱的施工方案，重要或特殊机械设备的安装方案等。

（4）材料、人工、机械台班预算价格及调价规定　材料、人工、机械台班预算价格是预算定额的三要素，是构成直接工程费的主要因素。尤其是材料费在工程成本中占的比重大，而且在市场经济条件下，材料、人工、机械台班的价格是随市场而变化的。为使预算造价尽可能接近实际，各地区主管部门对此都有明确的调价规定。因此，合理确定材料、人工、机械台班预算价格及其调价规定是编制施工图预算的重要依据。

（5）建筑安装工程费用定额　各省、市、自治区和各专业部门规定的费用定额及计算程序。

（6）工程承包合同或协议书　预算编制时须认真执行合同或协议书规定的有关条款，如预算包干费等。

（7）预算工作手册及有关工具书　预算员工作手册和工具书包括了计算各种结构件面积和体积的公式，钢材、木材等各种材料规格、型号及用量数据，各种单位换算比例，特殊断面、结构件的工程量的速算方法，金属材料重量表等，它是编制施工图预算必不可少的依据。

4. 施工图预算的编制方法

施工图预算的编制方法包括工料单价法、实物法和综合单价法，具体介绍如下。

（1）工料单价法　工料单价法编制施工图预算，就是将地区统一单位估价表中的各项工程综合单价，乘以相应的各分项工程的工程量并相加，得到单位工程的人工费、材料费和机械使用费用之和；再加上企业管理费、利润、规费和税金，即可得到单位工程的施工图预算。

工料单价法编制施工图预算，其中单位工程施工图预算直接费的计算公式为

$$\text{单位工程施工图预算直接费} = \sum(\text{工程量} \times \text{预算定额单价})$$

工料单价法编制施工图预算的步骤如图 6-1 所示。

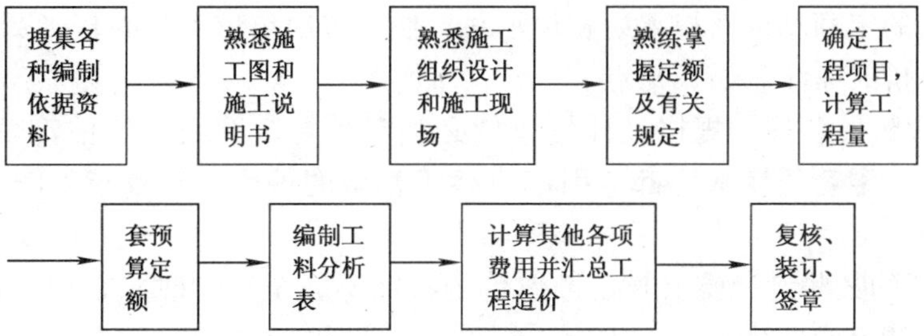

图 6-1　工料单价法编制施工图预算的步骤

具体步骤如下：

1）搜集各种依据资料。编制依据资料包括施工图、施工组织设计或施工方案、现行建筑安装工程预算定额、取费标准、统一的工程量计算规则、预算工作手册和工程所在地区的材料、人工、机械台班预算价格与调价规定等。

2）熟悉施工图和施工说明书。施工图和施工说明不仅是建筑施工的依据，而且也是编制工程预算的重要基础资料。施工图和施工说明书上所表示或说明的工程构造、材料做法、材料品种及其规格质量、设计尺寸等设计要求，为编制工程预算，结合预算定额确定分项工程项目，选择套用定额子目等提供了重要数据。

对施工图和施工说明书的学习和审核，应该将结构图、建筑图、大样详图以及所采用的标准图、材料做法等资料结合起来，要求达到对该项建筑物的全部构造、构件连接、装饰要求以及特殊装饰等，都有一个清晰的认识，把设计意图形成立体概念，为编制工程预算创造条件。

3）熟悉施工组织设计和施工现场。施工组织设计是施工单位根据工程特点、施工现场、材料和构件供应时间及用量等有关条件编制的，它直接关系到工程的预算价格，故必须弄清楚。如基础开挖方式有人工挖土方和机械挖土方之分；钢筋混凝土有现浇和预制两种；同样是混凝土工程，又分为现场搅拌和预拌混凝土（商品混凝土）等。采用的方式不同，所套定额单价就不同，则计算的工程造价会出现很大的差异。

4）掌握预算定额及有关规定。为了提高工程预算的编制水平，正确地运用预算定额及有关规定，必须认真学习现行预算定额的全部内容和项目划分，掌握定额各项目的工程内容、施工方法、材料规格、质量要求、计量单位、工程量计算规则、项目之间的相互关系以及调整换算的条件、规定等，以便熟练查找和正确应用。

5）确定工程项目，计算工程量。工程量的计算在整个预算过程中是最重要、最繁重的一个环节，它不仅影响预算的及时性，更重要的是影响预算的准确性。因此，必须在工程量

计算上狠下功夫，确保预算质量。计算工程量一般可按下列具体步骤进行：

① 根据施工图示的工程内容和定额项目，列出计算工程量分部分项工程。

② 根据一定的计算顺序和计算规则，列出计算式。

③ 根据施工图示尺寸及有关数据，代入计算式进行数学计算。

④ 按照定额中的分部分项工程的计量单位对相应的计算结果的计量单位进行调整，使之一致。

6）套用预算定额。工程量计算完毕并核对无误后，用所得到的分部分项工程量套用单位估价表中相应的定额基价，相乘后相加汇总，便可求出单位工程的直接费。

套用定额单价时需注意如下几点：

① 分项工程量的名称、规格、计量单位必须与预算定额或单位估价表所列内容一致，否则重套、错套、漏套预算基价都会引起直接工程费的偏差，导致施工图预算造价偏高或偏低。

② 当施工图的某些设计要求与定额单价的特征不完全符合时，必须根据定额使用说明对定额基价进行调整或换算。

③ 当施工图的某些设计要求与定额单价特征相差甚远，既不能直接套用也不能换算、调整时，必须编制补充单位估价表或补充定额。

7）编制工料分析表。工料分析是在计算人、材、机费用时，根据分部分项工程项目的工程量和相应定额中所列用工、用料的数量，计算出各分项工程所需的人工及主要材料用量，然后分类汇总，得出该单位工程所需人工和主要材料数量。它是工程预、决算中人工、材料和机械费用调差及计算其他各种费用的基数，又是企业进行经济核算、加强企业管理的重要依据之一。

8）计算其他各项费用并汇总工程造价。按照建筑安装单位工程造价构成的规定费用项目、费率及计费基数，分别计算出企业管理费、利润、规费和税金，并汇总单位工程造价。

单位工程造价 = 人、材、机费用(包括措施费) + 企业管理费 + 利润 + 规费 + 税金

9）复核、装订、签章。单位工程预算编制后，有关人员对单位工程预算进行复核，以便及时发现差错，提高预算质量。复核时应对工程量计算公式和结果、套用定额基价、各项费用的取费费率及计算基础和计算结果、材料和人工预算价格及其价格调整等方面是否正确进行全面复核。复核无误后，即可装订，并在封面写明工程名称、工程编号、编制单位名称及负责人和编制日期等。

工料单价法是计划经济时期我国编制施工图预算的主要方法，具有计算简单、工作量较小和编制速度较快、便于工程造价管理部门集中统一管理的优点。但由于是采用事先编制好的统一的单位估价表，其价格水平只能反映定额编制年份的价格水平。在市场经济价格波动较大的情况下，单价法的计算结果会偏离实际价格水平，虽然可采用调价，但调价系数和指数从测定到颁布又滞后且计算也较繁琐。

（2）实物法　实物法是首先根据施工图分别计算出分部分项工程量；然后套用相应预算人工、材料、机械台班的定额用量，并汇总求和；接着分别乘以工程所在地当时的人工、材料、机械台班的实际单价，求出单位工程的人工费、材料费和施工机械使用费，进而求得直接费；再按规定计取其他各项费用，最后汇总就可得出单位工程施工图预算造价。实物法

中单位工程预算直接费的计算公式为：

单位工程预算直接费 = ∑（工程量 × 预算定额人工用量）× 当时当地人工工资单价 + ∑（工程量 × 预算定额材料用量）× 当时当地材料预算价格 + ∑（工程量 × 施工机械预算定额台班用量）× 当时当地机械台班单价

对于企业管理费、利润和税金等费用的计算，则根据当时当地建筑市场供求情况予以确定。定额实物法编制施工图预算的步骤与定额单价法基本相似，但在具体计算人工费、材料费和机械使用费及汇总三种费用之和方面有一定区别。实物法编制施工图预算的步骤如图6-2所示。

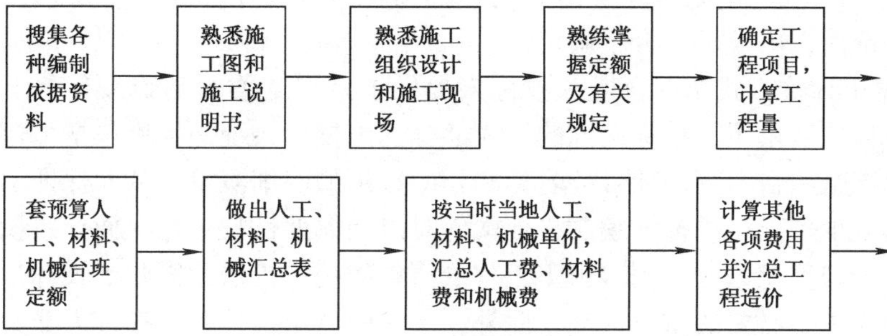

图6-2 实物法编制施工图预算的步骤

由图6-1和图6-2可以看出，实物法与工料单价法首尾部分的编制步骤是相同的，仅在中间部分有所不同。工料单价法是先按每一分项工程套用定额单价计算定额直接费，再进行工料分析，然后汇总定额直接费，计算其他各项费用并汇总工程造价；实物法是先套用定额计算各分项工程人工、材料、机械台班定额用量，再按单位工程汇总人工、材料、机械消耗数量，然后用当时当地的人工、材料和机械台班的实际单价分别乘以相应的人工、材料和机械台班的消耗量，得出单位工程的人工费、材料费和机械使用费，最后再计算其他各项费用，汇总工程造价。

在市场经济条件下，人工、材料和机械台班单价是随市场而变化的，而且它们是影响工程造价最活跃、最主要的因素。用实物法编制施工图预算，是采用工程所在地当时的人工、材料、机械台班价格，较好地反映实际价格水平，工程造价的准确性高。虽然计算过程较单价法繁琐，但采用计算机来计算也比较快捷。因此，实物法是工料单价法的改进模式，采用的是“定额量、市场价、竞争费”，是与市场经济体制相适应的预算编制方法。

（3）综合单价法　综合单价法又称为工程量清单法，即分部分项工程量的单价为全费用单价，综合了人工费、材料费、施工机具使用费、企业管理费、利润、规费、税金等的一切费用。工程量乘以综合单价就直接得到分部分项工程的造价，将各个分部分项工程的费用汇总，再加上措施项目清单的费用和其他项目清单的费用就直接得到整个工程的总造价。

1）工程量清单计价的概念。工程量清单计价是指招标人根据拟招标工程的施工图、招标要求、施工现场情况等，依据统一的清单列项、统一的项目编码、统一的项目特征描述、统一的计量单位、统一的工程量计算规则，提供发包项目的作业清单项目及相应的工程量，由投标人根据自身的技术装备水平、管理水平、市场价格信息等自主报价的一种计价模式。

前面既然已经提到实物法编制施工图预算已比“定额单价法”前进了一步，已能较真实地反映出当时、当地的实际价格水平。为什么还要推行工程量清单计价呢？主要有下面一些原因：

① 全国各地自行编制定额，定额的综合内容各不相同，预算内容按施工工艺综合，而清单项目按工序内容综合。两者对比，显然后者更能真实反映承包方按工序施工时产生的合理费用，更能为建设单位的工程成本控制提供准确、可靠的依据，也有利于工程业主获得更合理的报价。

② 在工程量计算规则方面，预算定额除按图示尺寸计算外还按规范考虑了一些措施因素；而清单计价方式是按施工图的工程实体净值考虑，措施因素放入综合单价。

③ 在定额含量上，预算定额考虑了材料的运输损耗、堆放损耗和操作损耗，而清单计价将损耗量放在单价内，由投标人自主确定。

④ 以工程量清单计价方式招标，既为投标人提供了公平竞争的基础又有利于招标人的评标工作。由于工程量清单作为招标文件的组成部分，由招标人统一提供包括拟建工程的分部分项工程项目、措施项目、其他项目的名称和相应数量的明细清单，从而保证了投标人竞争基础的一致性，减少了由于投标人编制投标文件时出现偶然性技术错误而导致投标失败的可能性，充分体现了公平竞争的原则。由于工程量清单的统一提供，简化了投标报价的计算过程，减少了造价人员不必要的重复劳动。此外，统一的清单报价可使招标人非常方便地对不同投标人的相同项目的报价做出横向比较，有利于评标。

⑤ 采用工程量清单招标有利于“质”与“量”的结合，体现企业的自主性。质量、工期和造价之间存在着内在的联系。投标企业报价时必须综合考虑工程量清单所含工作的全部费用，不仅要考虑工程本身的情况，还要将质量、工艺、进度及管理成本等因素在清单项目报价中得到体现，在竞争中体现企业的综合实力。

⑥ 工程量清单计价有利于风险的合理分担。由于建筑施工本身是风险较大的行业，不确定因素和导致变更的因素较多。在采用工程量清单计价方式时，投标人只对自己报出的成本、单价负责，而对清单中工程量的计算错误或其后的变更不负责任。相应的这部分风险由招标人承担，这种格局符合风险合理分担与责权利对等的原则。

⑦ 有利于标底的管理与控制。在以前的招标投标的操作过程中，标底的正确与否、保密工作的好坏一直是投标人关注的焦点。而在工程量清单招标方式中，由于工程量是公开的，是招标文件内容的一部分，标底只起有限的参考作用，而与评标过程无关，甚至在特定条件下可以不设标底，这就从根本上消除了标底准确性和标底泄露造成的负面影响。

⑧ 有利于防止投标人哄抬标价及国有资产的流失。最新的工程量清单规范提出了招标控制价的概念，即要求国有资金投资的项目的招标人应编制招标控制价。招标控制价原则上不能超出批准的概算，并在招标时公布，不得上浮或下调，投标人的投标报价高于招标控制价的应予拒绝。招标人应将招标控制价及相关资料报送工程所在地的工程造价管理机构备查。

应该注意的是，政府投资的项目必须编制招标控制价，非政府项目可在设置标底和招标控制价之间任择其一。两者相比显然是编制标底更为科学和公平（标底不被泄露为前提），因为过低投标和过高投标均在初评时即遭淘汰。招标控制价的情况则不然，最高限价给了所有投标人一个明确的暗示，即该限价是招标人对各价格因素均取上限的结果，并包含了招标人认可的投标人的利润、管理费及不可预见费。投标人据此很容易倒推出合理的投标价格区间，于是原本具有较高技术含量的投标报价工作被简单化了。这对投标报价能力较低的承包商有利，而对于长期潜心研究投标报价技巧的承包商不公平（见6.5.2节）。在防止国有资产流失及保证投标人公平竞争这两个选项上，政府职能部门优先关注的显然是前者。

⑨有利于建设单位的投资控制。过去采用施工图预算的方法时，业主对因设计变更、工程量的增减所引起的工程造价变化不敏感，往往要等到竣工结算时才知晓上述变更对项目投资的确切影响。但在工程量清单计价方式下则可一目了然，在设计变更的同时即可知晓其对造价的影响，从而采用价值工程或方案比较的方法来采取最佳决策。

2）工程量清单计价的适用范围。《建设工程工程量清单计价规范》（GB 50500—2013）规定，全部使用国有资金投资，或国有资金投资为主的建设工程施工发承包必须采用工程量清单计价；非国家投资和非国有资金为主的建设工程施工发承包宜采用工程量清单计价，也可采用工料单价法的计价模式。

与该规范相配套的是9个专业工程的工程量。计算规范，这些专业工程分别是房屋建筑与装饰工程、仿古建筑工程、通用安装工程、市政工程、园林绿化工程、矿山工程、构筑物工程、城市轨道交通工程、爆破工程。这些专业工程的工程量计算规范是编制工程量清单的主要依据，与该规范具有同等效力。

3）工程量清单的构成。工程量清单由分部分项工程量清单，措施项目清单，其他项目清单，规费项目清单和税金项目清单构成。以房屋建筑与装饰工程为例：

① 分部分项清单。分部分项工程量清单应按该规范中相应工程量计算规范附录中规定的项目编码、项目名称、项目特征描述、计量单位和工程量计算规则进行编制。

a. 项目编码。项目编码采用五级十二位阿拉伯数字表示。一至九位为统一编码，其中一、二位为专业工程代码；三、四位为附录分类顺序码；五、六位为分部工程顺序码，七、八、九位为分项工程项目名称顺序码，十至十二位为清单项目名称顺序码。具体说明如下：

在一、二位专业工程代码中，01表示房屋建筑与装饰工程，02表示仿古建筑工程，03表示通用安装工程，04表示市政工程，05表示园林绿化工程，06表示矿山工程，07表示构筑物工程，08表示城市轨道交通工程，09表示爆破工程。

比如现浇混凝土矩形梁的编码为010503002，该编码由01-05-03-002-×××构成，其中：

01：第一级，专业工程代码，表示房屋建筑与装饰工程。

05：第二级，附录分类顺序码，表示混凝土和钢筋混凝土工程。

03：第三级，分部工程顺序码，表示现浇混凝土梁。

002第四级，分项工程顺序码，表示矩形梁。

×××第五级，由清单编制人视情况而定，并应按001的顺序编制。

比如一个标段（或合同段）的工程量清单中含有三个单位工程，每个单位工程中都含有上述现浇混凝土矩形梁，而清单中又须反映出不同单位工程中该矩形梁的工程量，则这三个单位工程中的现浇混凝土矩形梁的项目编码应分别为010503002001、010503002002和010503002003。

b. 项目名称与特征描述。分部分项工程的项目名称与项目特征描述是确定其综合单价的不可缺少的重要依据。项目特征描述应依照相应附录的规定，结合拟建工程的实际，确保该描述能满足确定综合单价的需要。如有些项目特征仅用文字难以准确、全面地描述清楚时，可辅以标准图集或施工图号。招标人在编制分部分项清单时如遇到附录中未包括的项目或新技术、新工艺、新材料、新设备的情况时，编制人应按上述原则补充项目，并报省级工程造价管理部门备案。

c. 工程量的计量单位及计算精度。以“t”为单位的，应保留三位小数，第四位四舍五入；以“m^3”“m^2”“m”“kg”为单位的，应保留两位小数，第三位四舍五入；以“个”“项”等为单位的，应取整数。

分部分项工程量清单由招标人或招标代理机构列项编制；金额即报价由投标人填写(见表6-1)。

表6-1 分部分项工程清单与计价表

工程名称： 标段： 第 页 共 页

序号	项目编码	项目名称	项目特征描述	计量单位	工程量	金额/元		
						综合单价	合价	其中 暂估价
本页小计								
合 计								

② 措施项目清单。措施项目指为完成工程项目施工，发生于该工程施工前和施工过程中技术、生活、安全等方面的非工程实体项目。

措施项目清单由招标人或招标代理机构根据拟建工程的具体情况，参考《房屋建筑与装饰工程工程量计算规范》中的附录S所列内容列项编制。如出现该表未列出的项目，编制人可做补充。措施项目清单的金额应按拟建工程的施工方案或施工组织设计，根据费用是统一使用的还是专项使用的，分为以“项”计价的措施项目（见表6-2）和以“综合单价”计价的措施项目（见表6-3）两种。如果是以综合单价计价的，则其列项方法与分部分项工程一致，即必须具备项目编码，项目名称、项目特征、计量单位和工程量计算规则。投标人可根据施工组织设计采取的措施增加项目，最终报价由投标人填写。

表6-2 措施项目清单与计价表一（适用于以“项”计价的措施项目）

工程名称： 标段： 第 页 共 页

序号	项目编码	项 目 名 称	计算基础	费率（%）	金额/元
1		安全文明施工费（含环境保护，文明施工，安全施工，临时设施）			
2		夜间施工费			
3		二次搬运费			
4		冬雨季施工费			
5		大型机械设备进出场及安拆费			
6		施工排水费			

（续）

序号	项目编码	项 目 名 称	计算基础	费率（%）	金额/元
7		施工降水费			
8		地上、地下设施、建筑物的临时保护设施费			
9		已完工程及设备保护费			
10		各专业工程的措施项目			
合计					

表6-3 措施项目清单与计价表二（适用于以综合单价形式计价的措施项目）

工程名称：　　　　　　　　　　　　　标段：　　　　　　　　　　　　　第 页 共 页

序号	项目编码	项目名称	项目特征描述	计量单位	工程量	金额/元	
						综合单价	合价
本页小计							
合 计							

③ 其他项目清单。其他项目应包括除分部分项工程量清单项目及措施项目以外，为完成工程项目施工可能发生的费用项目。其他项目清单应根据拟建工程的具体情况参照下列内容列项：暂列金额、暂估价、计日工、总承包服务费等。编制其他项目清单时，招标人可根据拟建工程的具体情况增减项目。

其他项目清单中招标人部分应由招标人按估算金额填写；其他项目清单计价表中的序号、项目名称必须按其他项目清单中的相应内容填写。投标人部分的总承包服务费应由投标人填写（见表6-4）。

a. 暂列金额。暂列金额指招标人为可能发生的工程变更而预留的金额（见表6-5），相当于国际工程中的暂定金额（Provisional Sum）。

b. 暂估价。暂估价指招标人在招标初期暂时不易确定的某些材料、工程设备和专业分包的合理价格。但这些科目又不能空白，因此以暂估的形式给出，要求投标人据实填入报价，也就是这部分报价不存在竞争。其中的材料和工程设备暂估价应根据工程造价信息或参照市场价格估算（见表6-6）；专业工程暂估价应分不同专业，按有关计价规定估算（见表6-7）。

c. 计日工。计日工项目费指完成招标人提出的，工程量暂估的零星工作，或不便分类的工作所需的费用。计日工表应根据拟建工程的具体情况，详细列出人工、材料、机械的名称、计量单位和相应数量，并随工程量清单发至投标人（见表6-8）。计日工项目的综合单价应参照《建设工程工程量清单计价规范》规定的单价组成填写。

计日工表中的人工、材料、机械的名称计量单位和相应的数量应按计日工表中相应的内容填写，工程竣工后计日工费应按实际完成的工程量所需费用结算。计日工表中的金额部分由投标人填写，其他应由招标人填写。

d. 总承包服务费。总承包服务费指投标人配合协调招标人工程分包和材料采购所发生的费用。投标人应根据招标人提出的要求按所发生的费用确定（见表6-9）。

④ 规费、税金项目清单与计价表（见表6-10）。

表6-4 其他项目清单与计价汇总表

工程名称： 标段 第 页 共 页

序号	项目名称	计量单位	金额/元	备注
1	暂列金额	项		
2	暂估价			
2.1	材料（工程设备）暂估价			
2.2	专业工程暂估价			
3	计日工			
4	总包服务费			
5				
合计				

注：材料（工程设备）暂估单价进入清单项目综合单价，此处不汇总。

表6-5 暂列金额明细表

工程名称： 标段 第 页 共 页

序号	项目名称	计量单位	暂定金额/元	备注
1				
2				
3				
4				
5				
合计				

注：此表由招标人填写，如不能详列，也可只列暂定金额总额，投标人应将上述暂列金额计入投标总价中。

表6-6 材料（工程设备）暂估单价表

工程名称： 标段 第 页 共 页

序号	材料（工程设备）名称、规格、型号	计量单位	单价/元	备注

注：1. 此表由招标人填写，并在备注栏说明暂估价的材料拟用在哪些清单项目上，投标人应将上述材料的暂估单价计入工程量清单综合单价中。

2. 材料包括原材料、燃料、构配件以及按规定应计入建筑安装工程造价的设备。

表6-7 专业工程暂估价表

工程名称： 标段 第 页 共 页

序号	工程名称	工程内容	金额/元	备注

注：此表由招标人填写，投标人应将上述专业工程暂估单价计入投标总价中。

表6-8 计日工表

工程名称： 标段 第 页 共 页

编号	项目名称	单位	暂定数量	综合单价/元	合价/元
一	人工				
	人工小计				
二	材料				
	材料小计				
三	施工机械				
施工机械小计					
总计					

表6-9 总包服务费计价表

工程名称： 标段 第 页 共 页

序号	项目名称	项目价值/元	服务内容	费率（%）	金额/元
1	发包人发包专业工程				
2	发包人提供材料				
	合计				

表6-10 规费、税金项目清单与计价表

工程名称： 标段 第 页 共 页

序号	项目名称	计算基础	费率（%）	金额/元
1	规费			
1.1	工程排污费			
1.2	社会保障费			
(1)	养老保险费			

（续）

序号	项 目 名 称	计 算 基 础	费率（%）	金额/元
(2)	失业保险费			
(3)	医疗保险费			
(4)	工伤保险费			
(5)	生育保险费			
1.3	住房公积金			
2	税金	分部分项工程费+措施项目费+其他项目费+规费		

⑤ 单位工程竣工结算汇总表（见表6-11）。该表由投标人填写。表中金额应分别按照表6-1“分部分项工程量清单与计价表”，表6-2、表6-3“措施项目清单与计价表”和表6-4“其他项目清单与计价表”的合计金额以及按有关规定计算的规费、税金（见表6-10）填写。其中，3.4项“索赔与现场签证”应按实际发生填写。

表6-11 单位工程竣工结算汇总表

工程名称： 第 页 共 页

序 号	汇 总 内 容	金额/元
1	分部分项工程	
1.1		
1.2		
1.3		
2	措施项目	
2.1	其中：安全文明施工费	
3	其他项目	
3.1	其中：专业工程结算价	
3.2	其中：总包服务费	
3.4	其中：索赔与现场签证	
4	规费	
5	税金	
竣工结算总价合计：1+2+3+4+5		

⑥ 单项工程竣工结算汇总表（见表6-12）。该表应由投标人填写。表中单位工程名称应按表6-11“单位工程竣工结算汇总表”的工程名称填写，表中金额应按表6-11的合计金额填写。

表6-12 单项工程竣工结算汇总表

工程名称：　　　　　　　　　　　　　　　　　　　　　　　　第 页 共 页

序号	单位工程名称	金额/元	其中/元	
			安全文明施工费	规费
合计				

⑦ 工程项目竣工结算汇总表（见表6-13）。该表由投标人填写。表中单项工程名称应按表6-12“单项工程竣工结算汇总表”的工程名称填写，表中金额应按表6-12的合计金额填写。

表6-13 工程项目竣工结算汇总表

工程名称：　　　　　　　　　　　　　　　　　　　　　　　　第 页 共 页

序号	单项工程名称	金额/元	其中/元	
			安全文明施工费	规　费
合计				

⑧“分部分项工程量清单综合单价分析表”和“措施项目费分析表”（格式略）。由招标人根据需要，在招标文件中提出要求后，由投标人填写。

⑨ 主要材料价格表（格式略）。招标人提供的主要材料价格表应包括详细的材料编码、材料名称、规格型号和计量单位。该表中的单价应由投标人填写，所填写的单价必须与工程量清单综合单价中的相应材料单价一致。

5. 施工图预算编制示例（综合单价法，即工程量清单法）

【例6-1】 某拟建大型公共建筑工程，采用框架剪力墙结构，地上10层，地下3层，总建筑面积140879.10m^2，其中地下室建筑面积51280.00m^2。本工程采用工程量清单招标，由于是编制招标控制价，一些费用和费率均按较高水平计取。本工程地下室施工采用的基础形式以筏板基础为主，局部采用柱下独立基础，基坑坑底标高－16.600m，室外地坪标高－0.300m，如图6-3所示。工程概况说明如下：

(1) 根据本工程地质条件、周边环境和场地使用条件等情况综合考虑，边坡支护情况如下（图6-3及图6-4）：

1) 支护深度为16.300m，上部2.5m采用砖挡墙支护，下部采用桩锚支护，并设置1～3道预应力锚索。

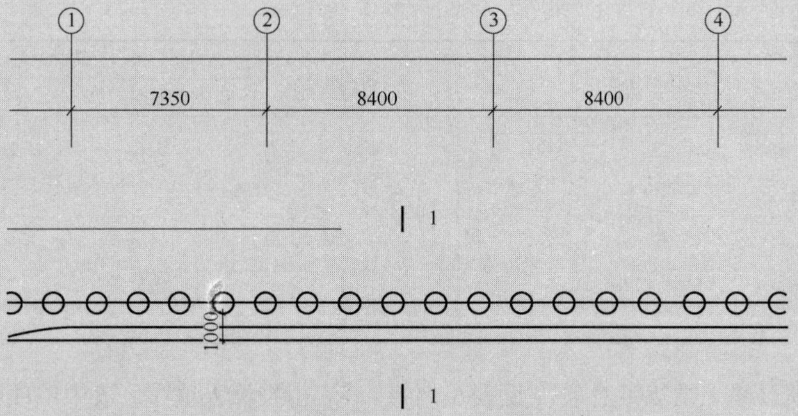

图6-3 护坡桩平面布置图

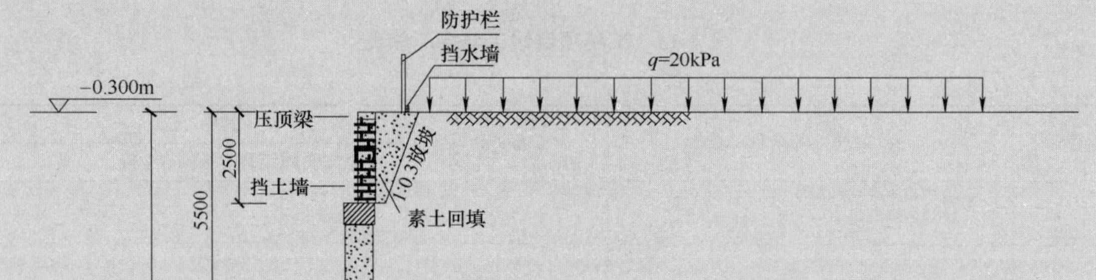

图6-4 桩锚支护1—1剖面图

2）桩锚支护体系：采用护坡桩支护，护坡桩施工方案采用泥浆护壁成孔混凝土灌注桩。护坡桩共400根，桩长18.00m，桩径800mm，桩间距1.60m，桩身混凝土强度等级C30，桩身混凝土保护层厚50mm。桩间设2排预应力锚杆，锚杆成孔孔径150mm，自由段、锚固段长度为：第一排锚杆，一桩一锚，自由段长度6m，锚固段长度12m，总长18m；第二排锚杆，一桩一锚，自由段长度5m，锚固段长度10m，总长15m。锚杆注浆材料为PO 42.5水泥，水灰比为0.45～0.55。

（2）如图6-5和图6-6所示：基础底板采用抗渗等级为P8的C35商品混凝土，基础顶标高－15.800m，回填至室外设计地坪。筏板基础为规则的长方体，长180.00m，宽120.00m，厚度700mm。筏板四周均有一圈地下室外墙，筏板边缘伸出墙边500mm。基础垫层采用抗渗等级为P8的C15的商品混凝土，在基础周边外伸100mm，厚度为100mm。

（3）如图6-7、图6-8以及表6-14所示，独立基础采用抗渗等级为P8的C35商品混凝土。编号为DJ1（4600mm×4600mm）的独立基础，数量为10个，基底标高－11.400m，回填至－4.500m的位置；编号为DJ2（2000mm×2000mm）的独立基础，数量为20个，基底标高－6.700m，回填至－4.500m的位置。编号为DJ1的独立柱长1600mm，宽800mm；编号为DJ2的独立柱长800mm，宽400mm。独立基础的垫层采用抗渗等级为P8的C15的商品混凝土。

（4）项目编码及其他分部分项工程的金额详见表6-18（分部分项工程清单与计价表）。

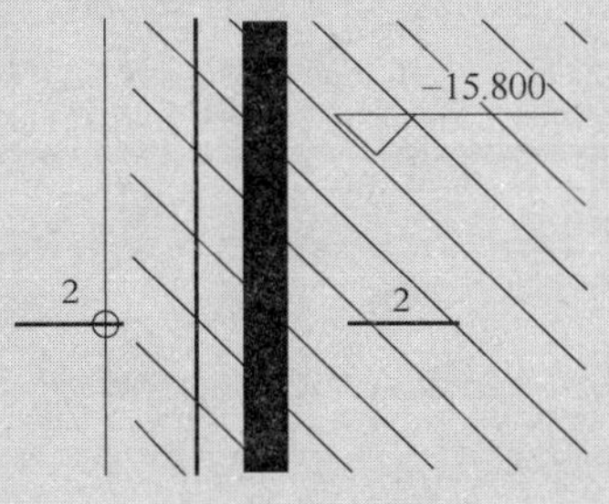

图6-5　筏板基础及外墙平面图

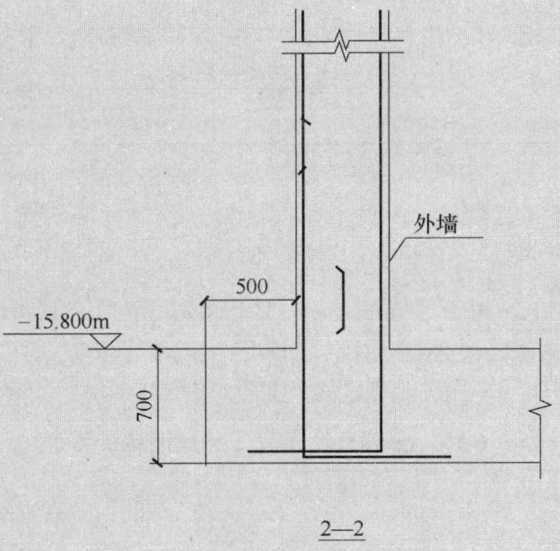

图6-6　筏板基础及外墙2—2剖面图

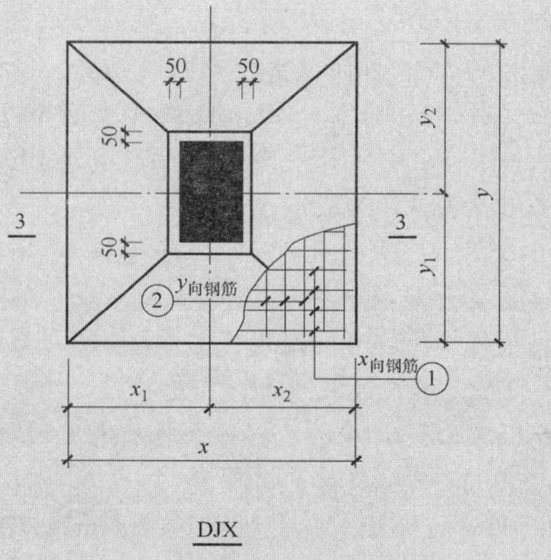

图 6-7 独立基础 DJX 平面图

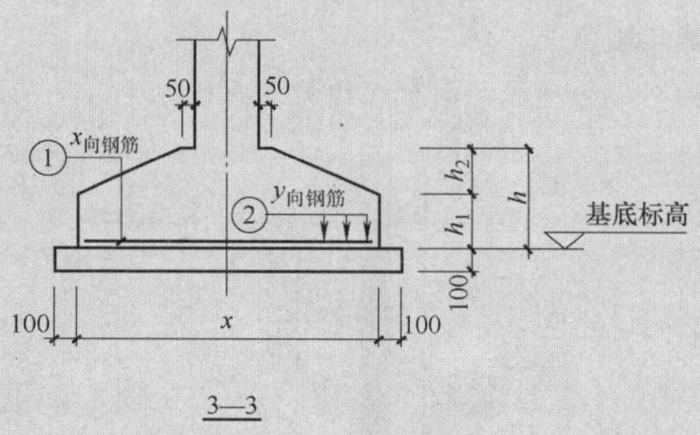

图 6-8 独立基础 3—3 剖面图

表 6-14 独立基础平面几何尺寸表

基础编号	截面几何尺寸							
	x/mm	y/mm	x_1/mm	x_2/mm	y_1/mm	y_2/mm	h_1	h_2
DJ1	4600	4600	2300	2300	2300	2300	400	400
DJ2	2000	2000	1000	1000	1000	1000	350	—

问题：

1. 根据图示内容，依据《房屋建筑与装饰工程工程量计算规范》（GB 50854—2013）和《建设工程工程量清单计价规范》（GB 50500—2013）的规定，列式计算表 6-15 中关于挖基坑土方、挖一般土方、混凝土灌注桩、预应力锚杆、基础回填土、满堂基础垫层、独立基础垫层、满堂基础以及独立基础的工程量，计算过程填入表 6-15 中。

表 6-15 分部分项工程工程量清单计算表

序号	项目名称	单位	计算过程	计算结果
1	挖基坑土方	m^3		
2	挖一般土方	m^3		

（续）

序号	项目名称	单位	计算过程	计算结果
3	混凝土灌注桩	m^3		
4	预应力锚杆	m		
5	基础回填土	m^3		
6	满堂基础垫层	m^3		
7	独立基础垫层	m^3		
8	满堂基础	m^3		
9	独立基础	m^3		

2. 泥浆护壁成孔灌注桩在《房屋建筑与装饰工程工程量计算规范》（GB 50854—2013）的清单项目编码为010302001001，其综合单价中的相关项目定额预算单价详见表6-16，企业管理费以人、材、机费用总和为基数按9%计算，利润以人、材、机和管理费总和为基数按7%计算。根据上述给定数据计算综合单价，计算结果填入表6-17综合单价分析表中（表6-17中，仅“数量”一栏的计算结果保留3位小数，其他均保留两位小数）。

表6-16 项目定额预算单价表

定额编号			3-18		3-24（换）		3-16	
项目			泥浆护壁成孔旋挖 桩径800mm以内		泥浆护壁灌注桩 混凝土灌注（换为C30预拌混凝土）		凿桩头有筋	
项目内容	单位	单价/元	数量	金额/元	数量	金额/元	数量	金额/元
人工	工日	74.30	0.412	30.61	0.737	54.76	0.240	17.83
C30预拌混凝土	m^3	410.00			1.167	478.47		
其他材料	元			72.26		37.15		12.87
机械费	元			186.01		16.80		19.40
预算单价	元			288.88		587.18		50.10

表6-17 综合单价分析表

<table>
<tr><td colspan="2">子目编码</td><td colspan="2"></td><td colspan="2">子目名称</td><td colspan="3"></td><td>计量单位</td><td></td><td>工程量</td><td colspan="2"></td></tr>
<tr><td colspan="14">清单综合单价组成明细</td></tr>
<tr><td rowspan="2">定额编号</td><td rowspan="2">定额子目名称</td><td rowspan="2">定额单位</td><td rowspan="2">数量</td><td colspan="5">单价</td><td colspan="5">合价</td></tr>
<tr><td>人工费</td><td>材料费</td><td>机械费</td><td>企业管理费</td><td>利润</td><td>人工费</td><td>材料费</td><td>机械费</td><td>企业管理费</td><td>利润</td></tr>
<tr><td></td><td></td><td></td><td></td><td></td><td></td><td></td><td></td><td></td><td></td><td></td><td></td><td></td><td></td></tr>
<tr><td></td><td></td><td></td><td></td><td></td><td></td><td></td><td></td><td></td><td></td><td></td><td></td><td></td><td></td></tr>
<tr><td></td><td></td><td></td><td></td><td></td><td></td><td></td><td></td><td></td><td></td><td></td><td></td><td></td><td></td></tr>
<tr><td colspan="2">人工单价</td><td colspan="7">小计</td><td></td><td></td><td></td><td></td><td></td></tr>
<tr><td colspan="2">元/工日</td><td colspan="7">未计价材料费</td><td colspan="5"></td></tr>
<tr><td colspan="9">清单子目综合单价</td><td colspan="5"></td></tr>
<tr><td rowspan="5">材料费明细</td><td colspan="5">主要材料名称、规格、型号</td><td>单位</td><td colspan="2">数量</td><td>单价/元</td><td>合价/元</td><td>暂估单价/元</td><td colspan="2">暂估合价/元</td></tr>
<tr><td colspan="5">C30预拌混凝土</td><td>m^3</td><td colspan="2"></td><td></td><td></td><td></td><td colspan="2"></td></tr>
<tr><td colspan="5">其他材料费</td><td></td><td colspan="2"></td><td></td><td></td><td></td><td colspan="2"></td></tr>
<tr><td colspan="5"></td><td></td><td colspan="2"></td><td></td><td></td><td></td><td colspan="2"></td></tr>
<tr><td colspan="8">材料费小计</td><td>—</td><td></td><td>—</td><td colspan="2"></td></tr>
</table>

3. 根据问题1（表6-15分部分项工程量清单计算表）和问题2（表6-17综合单价分析表）的计算结果，依据《建设工程工程量清单计价规范》的要求，编制该地下室建筑工程的分部分项工程清单与计价表（表6-18）。

表6-18综合单价一栏中，混凝土灌注桩的综合单价应取自问题2的计算结果，其他分部分项工程的综合单价则直接给出。

表6-18 分部分项工程清单与计价表

序号	子目编码	子目名称	子目特征描述	计量单位	工程量	金额/元		
						综合单价	合价	其中 暂估价
1	010101004002	挖基坑土方	1. 土壤类别：综合 2. 弃土运距：由投标人自行考虑	m^3		33.75		
2	010101002001	挖一般土方	1. 土壤类别：综合 2. 弃土运距：由投标人自行考虑	m^3		26.97		
3	010302001001	混凝土灌注桩	混凝土灌注桩 1. 土壤级别：Ⅱ类 2. 桩径：800mm 3. 设计桩长：18m 4. 混凝土强度等级：C30预拌水下混凝土 5. 工作内容：成孔、灌注、养护、泥浆清理及运输、凿桩头、桩土及其破碎物的清理、外运等全部工作内容 6. 保证成桩质量所必须发生的措施相关内容 7. 具体要求详见设计图	m^3				
4	010202007001	预应力锚杆支护	预应力锚杆支护 1. 孔径：150mm 2. 锚杆材料：7 ϕ_s5 钢绞线 3. 注浆等级：42.5级P·O水泥浆	m		238.22		
5	010103001005	回填方—基础回填	1. 密实度要求：≥0.94 2. 填方材料品种：2∶8灰土 3. 填方来源、运距：由投标人自行考虑	m^3		81.37		
6	010501001001	垫层	1. 混凝土种类：商品混凝土 2. 混凝土强度等级：C15	m^3		424.79		
7	010501004001	满堂基础	1. 混凝土种类：商品混凝土 2. 混凝土强度等级：C35 3. 抗渗等级：P8	m^3		531.17		
8	010501003001	独立基础	1. 混凝土种类：商品混凝土 2. 混凝土强度等级：C35 3. 抗渗等级：P8	m^3		551.65		
		其他分部分项工程	略				74595672.73	
合计								

4. 依据《房屋建筑与装饰工程工程量计算规范》的规定，计算并编制该地下室建筑工程的措施项目清单与计价表（一）总价措施项目清单与计价表（表6-19）和措施项目清单与计价表（二）单价措施项目清单与计价表（表6-20）。

（1）措施项目清单与计价表（一）总价措施项目清单与计价表（表6-19）按工程所在地的计价依据规定，总价措施项目以分部分项工程费（详见表6-18）为计算基础，费率分别为：安全文明施工费5.36%，夜间施工费0.20%，二次搬运费0.30%，冬雨季施工费0.40%以及地上、地下设施、建筑物的临时保护设施费0.10%，计算并汇总。

表6-19　措施项目清单与计价表（一）总价措施项目清单与计价表

序号	项目编码	子目名称	计算基础	费率（%）	金额/元	备注
1	011707001001	安全文明施工费				
2	011707002001	夜间施工费				
3	011707003001	非夜间施工照明费				
4	011707004001	二次搬运费				
5	011707005001	冬雨季施工费				
6	011707006001	地上、地下设施、建筑物的临时保护设施费				
7	011707007001	已完工程及设备保护费				
合计						

（2）措施项目清单与计价表（二）单价措施项目清单与计价表（表6-20）。表6-20中的工程量，其中模板工程量包括：基础垫层、满堂基础、独立基础、矩形柱、构造柱、基础梁、矩形梁、矩形梁超高、圈梁、过梁、直形墙、直行墙超高、弧形墙、弧形墙超高、有梁板以及楼梯；还包括综合脚手架、垂直运输、超高施工增加以及泵送费的工程量。模板工程量分别是：1721.59m^2、3477.71m^2、14.48m^2、15465.04m^2、3545.78m^2、22.16m^2、23603.97m^2、17374.12m^2、1138.21m^2、287.64m^2、47804.95m^2、16251.69m^2、527.87m^2、157.68m^2、44676.58m^2和1085.26m^2；综合脚手架、垂直运输、超高施工增加的工程量均采用地下室建筑面积51280.00 m^2，泵送费的工程量为57339.74m^3。依据表6-20中所列单价进行计算，并汇总。

表6-20　措施项目清单与计价表（二）单价措施项目清单与计价表

序号	子目编码	子目名称	子目特征描述	计量单位	工程量	金额/元		
						综合单价	合价	其中 暂估价
1	011701001001	综合脚手架	1. 建筑物建筑类型及结构形式：框架剪力墙结构 2. 地下室建筑面积：51280m^2	m^2		22.61		
2	011702001001	基础	1. 部位：基础垫层 2. 模板制作、安装、拆除、整理、堆放及场内外运输	m^2		19.55		

（续）

序号	子目编码	子目名称	子目特征描述	计量单位	工程量	金额/元		
						综合单价	合价	其中 暂估价
3	011702001002	基础	1. 部位：满堂基础 2. 模板制作、安装、拆除、整理、堆放及场内外运输	m^2		42.62		
4	011702001003	基础	1. 部位：独立基础 2. 模板制作、安装、拆除、整理、堆放及场内外运输	m^2		50.62		
5	011702002001	矩形柱	1. 部位：矩形柱 2. 模板制作、安装、拆除、整理、堆放及场内外运输	m^2		68.59		
6	011702003001	构造柱	1. 部位：构造柱 2. 模板制作、安装、拆除、整理、堆放及场内外运输	m^2		58.44		
7	011702005001	基础梁	1. 部位：基础梁 2. 模板制作、安装、拆除、整理、堆放及场内外运输	m^2		72.11		
8	011702006001	矩形梁	1. 部位：矩形梁 2. 模板制作、安装、拆除、整理、堆放及场内外运输	m^2		93.30		
9	011702006002	矩形梁	1. 部位：矩形梁 2. 梁模板超高3.60m	m^2		10.55		
10	011702008001	圈梁	1. 部位：圈梁 2. 模板制作、安装、拆除、整理、堆放及场内外运输	m^2		79.99		
11	011702009001	过梁	1. 部位：过梁 2. 模板制作、安装、拆除、整理、堆放及场内外运输	m^2		83.14		
12	011702011001	直形墙	1. 部位：直形墙 2. 模板制作、安装、拆除、整理、堆放及场内外运输	m^2		46.37		
13	011702011002	直形墙	1. 部位：直形墙超高 2. 模板制作、安装、拆除、整理、堆放及场内外运输	m^2		7.96		
14	011702012001	弧形墙	1. 部位：弧形墙 2. 模板制作、安装、拆除、整理、堆放及场内外运输	m^2		71.03		
15	011702012002	弧形墙	1. 部位：弧形墙超高 2. 模板制作、安装、拆除、整理、堆放及场内外运输	m^2		7.96		

（续）

序号	子目编码	子目名称	子目特征描述	计量单位	工程量	金额/元		
						综合单价	合价	其中 暂估价
16	011702014001	有梁板	1. 部位：有梁板 2. 模板制作、安装、拆除、整理、堆放及场内外运输	m^2		91.44		
17	011702024001	楼梯	1. 部位：直行楼梯 2. 模板制作、安装、拆除、整理、堆放及场内外运输	m^2		147.52		
18	011703001001	垂直运输	1. 建筑物建筑类型及结构形式：框架剪力墙结构 2. 地下室建筑面积：51280m^2	m^2		60.19		
19	011704001001	超高施工增加	1. 建筑物建筑类型及结构形式：框架剪力墙结构 2. 地下室建筑面积：51280m^2	m^2		21.06		
20	B：001	泵送费	1. 建筑物建筑类型及结构形式：框架剪力墙结构 2. 地下室建筑面积：51280m^2	m^3		11.10		
合计								

5. 利用以下相关数据，编制该地下室建筑工程的其他项目清单与计价汇总表（表 6-21）和单位工程招标控制价汇总表（表 6-22）

（1）编制其他项目清单与计价汇总表（表 6-21）。已知相关数据为：暂列金额为 10079196.18 元；发包人采购材料的暂估价为 300000.00 元（总承包服务费按 1% 计取）；专业分包暂估价 700000.00 元（总承包服务费按 5% 计取）；计日工中暂估 80 个工日，单价为 200 元。

表 6-21　其他项目清单与计价汇总表

序号	子目名称	计量单位	金额/元	备注
1	暂列金额	项		
2	暂估价			
2.1	材料暂估价			
2.2	专业工程暂估价			
3	计日工			
4	总承包服务费			
合计				

（2）编制单位工程招标控制价汇总表（表 6-22）。已知相关数据为：分部分项工程费，详见表 6-18；措施项目费，详见表 6-19 和表 6-20；其他项目费用，详见表 6-21；规费，以分部分项工程费、措施项目费以及其他项目费之和为基数计取，综合费率为 5.28%；该工程所在地为城市，地方教育费附加税率为 2%（计算结果均保留两位小数）。

表6-22 单位工程招标控制价汇总表

序号	汇总内容	金额/元	其中：暂估价/元
1	分部分项工程费		
2	措施项目费		
2.1	措施项目（一）		
2.1.1	其中：安全文明施工费		
2.2	措施项目（二）		
3	其他项目		
3.1	其中：暂列金额		
3.2	其中：专业工程暂估价		
3.3	其中：计日工		
3.4	其中：总承包服务费		
4	规费		
5	税金		
	合计 = 1 + 2 + 3 + 4 + 5		

【解】 问题1：分部分项工程工程量清单计算结果见表6-23。

表6-23 分部分项工程工程量清单计算表

序号	项目名称	单位	计算过程	计算结果
1	挖基坑土方	m^3	如图6-7、图6-8及表6-14所示。 清单工程量计算方法： 独立基础挖基坑土方：因为底长≤3倍底宽且底面积≤150m^2为基坑，因此按照挖基坑土方计算。按设计图示尺寸以体积计算，挖基坑土方 = 独立基础垫层底面积×挖土深度 $(4.60+0.10\times2)\times(4.60+0.10\times2)\times(14.10+0.10-0.30)\times10+(2.00+0.10\times2)\times(2.00+0.10\times2)\times(6.70+0.10-0.30)\times20=4.80\times4.80\times13.90\times10+2.20\times2.20\times6.50\times20=3202.56+629.20=3831.76$ 定额工程量计算方法： 由于本工程采用了护坡桩进行支护，因此无需再放坡了，按照基础垫层尺寸加上工作面宽度计算底面积，再乘以挖土深度即可。	3831.76
2	挖一般土方	m^3	如图6-5及图6-6所示。 清单工程量计算方法： 满堂基础挖土方由于超出了挖沟槽和挖基坑的范围，因此按照一般土方计算。按设计图示尺寸以体积计算，挖一般土方 = 满堂基础垫层底面积×挖土深度 $(180+0.10\times2)\times(120+0.10\times2)\times(16.60-0.3)=180.20\times120.20\times16.30=353058.65$ 定额工程量计算方法： 由于本工程采用了护坡桩进行支护，因此无需再放坡，按照基础垫层尺寸加上工作面宽度计算底面积，再乘以挖土深度即可。	353058.65
3	混凝土护坡桩	m^3	如图6-3及图6-4所示。 按照图示尺寸以体积计算：桩长应包括桩尖，混凝土护坡桩的体积 = 桩截面积×桩长 $3.14\times0.4^2\times18.00\times400=3617.28$	3617.28

（续）

序号	项目名称	单位	计算过程	计算结果
4	预应力锚杆支护	m	如图6-3及图6-4所示。 按照设计图示尺寸以钻孔深度计算： [（6+12）+（5+10）]×400=33.00×400=13200.00	13200.00
5	基础回填土	m^3	（1）满堂基础土方回填。如图6-5及图6-6所示，仅对地下室外墙以外部分进行土方回填： （180+120）×2×[（16.60−0.30）×0.60−（0.70+0.10）×0.50−0.10×0.10]=300×2×（16.30×0.60−0.80×0.50−0.10×0.10）=300×2×（9.78−0.40−0.01）=300×2×9.37=5622.00 （2）独立基础（DJ1及DJ2）土方回填。如图6-7、图6-8及表6-14所示： 独立基础土方回填=挖基坑土方（独立基础垫层底至−4.500m）−独立基础垫层体积−独立基础体积−独立基础埋深以下独立柱的体积 [（4.60+0.10×2）×（4.60+0.10×2）×（14.10+0.10−4.50）×10+（2.00+0.10×2）×（2.00+0.10×2）×（6.70+0.10−4.50）×20]−32.72−151.30−1.60×0.80×（14.10−0.40−0.40−4.50）×10−0.80×0.40×（6.70−0.35−4.50）×20=[4.80×4.80×9.70×10+2.20×2.20×2.30×20]−32.72−151.30−1.60×0.80×8.80×10−0.80×0.40×1.85×20=[2234.88+222.64]−32.72−151.30−112.64−11.84=2457.52−32.72−151.30−112.64−11.84=2149.02 （1）+（2）=5622.00+2149.02=7771.00	7771.00
6	满堂基础垫层	m^3	如图6-5及图6-6所示。 按设计图示尺寸以体积计算：满堂基础垫层体积=满堂基础垫层底面积×垫层厚度 （180+0.10×2）×（120+0.10×2）×0.10=180.20×120.20×0.10=2166.00	2166.00
7	独立基础垫层	m^3	如图6-7、图6-8及表6-14所示。 按设计图示尺寸以体积计算：独立基础（DJ1及DJ2）垫层体积=独立基础垫层底面积×垫层厚度 （4.60+0.10×2）×（4.60+0.10×2）×0.10×10+（2.0+0.10×2）×（2.0+0.10×2）×0.10×20=4.80×4.80×0.10×10+2.20×2.20×0.10×20=23.04+9.68=32.72	32.72
8	满堂基础	m^3	如图6-5及图6-6所示。 按设计图示尺寸以体积计算：满堂基础体积=满堂基础底面积×基础厚度 180×120×0.70=15120.00	15120.00
9	独立基础	m^3	如图6-7、图6-8及表6-14所示。 按设计图示尺寸以体积计算，独立基础（DJ1及DJ2）体积=独立基础底面积×基础厚度 $\{4.60\times4.60\times0.40+1/3\times0.40\times(4.60\times4.60+1.60\times0.80+\sqrt{(4.60\times4.60)\times(1.60\times0.80)}\}\times10+(2.00\times2.00\times0.35)\times20=123.30+28.00=151.30$	151.30

问题2：编制泥浆护壁成孔灌注桩综合单价分析表，见表6-24。

（1）数量。

1）3-18　　每m^3泥浆护壁成孔旋挖清单工程量所含定额工程量：

$$\frac{3617.28}{3617.28}m^3=1.00m^3$$

2）3-24（换） 每$1m^3$泥浆护壁灌注桩混凝土灌注清单工程量所含定额工程量：

$$\frac{3617.28}{3617.28}m^3 = 1.00m^3$$

3）3-16 每根凿桩头有筋清单工程量所含定额工程量：

$$\frac{400}{3617.28}根 = 0.111 根$$

（2）企业管理费。

1）3-18 (30.61 + 72.26 + 186.01) ×9% 元 = 288.88 ×9% 元 = 26.00 元

2）3-24（换）(54.76 + 478.47 + 37.15 + 16.80) ×9% 元 = 587.18 ×9% 元 = 52.85 元

3）3-16 (17.83 + 12.87 + 19.40) ×9% 元 = 50.10 ×9% 元 = 4.51 元

（3）利润。

1）3-18 (288.88 + 26.00) ×7% 元 = 314.88 ×7% 元 = 22.04 元

2）3-24（换）(587.18 + 52.85) ×7% 元 = 640.03 ×7% 元 = 44.80 元

3）3-16 (50.10 + 4.51) ×7% 元 = 54.61 ×7% 元 = 3.82 元

（4）3-16 合价。

1）人工费合价： 17.83 ×0.111 元 = 1.98 元

2）材料费合价： 12.87 ×0.111 元 = 1.43 元

3）机械费合价： 19.40 ×0.111 元 = 2.15 元

4）企业管理费合价： 4.51 ×0.111 元 = 0.50 元

5）利润合价： 3.82 ×0.111 元 = 0.42 元

（5）综合单价。

1）人工费合价：(30.61 + 54.76 + 1.98) 元 = 87.35 元

2）材料费合价：(72.26 + 478.47 + 37.15 + 1.43) 元 = 589.31 元

3）机械费合价：(186.01 + 16.80 + 2.15) 元 = 204.96 元

4）企业管理费合价：(26.00 + 52.85 + 0.50) 元 = 79.35 元

5）利润合价：(22.04 + 44.80 + 0.42) 元 = 67.26 元

综合单价 = 1) + 2) + 3) + 4) + 5) = (87.35 + 589.31 + 204.96 + 79.35 + 67.26) 元 = 1028.23 元

（6）其他材料费。

(589.31 − 478.47) 元 = 110.84 元

表 6-24 泥浆护壁成孔灌注桩综合单价分析表

子目编码		10302001001		子目名称		泥浆护壁成孔灌注桩		计量单位		m^3		工程量	3617.28
清单综合单价组成明细													
定额编号	定额子目名称	定额单位	数量	单价					合价				
				人工费	材料费	机械费	企业管理费	利润	人工费	材料费	机械费	企业管理费	利润
3-18	泥浆护壁成孔旋挖 桩径800mm以内	m^3	1.000	30.61	72.26	186.01	26.00	22.04	30.61	72.26	186.01	26.00	22.04

（续）

定额编号	定额子目名称	定额单位	数量	单价					合价				
				人工费	材料费	机械费	企业管理费	利润	人工费	材料费	机械费	企业管理费	利润
3-24（换）	泥浆护壁灌注桩　混凝土灌注（换为C30预拌混凝土）	m^3	1.000	54.76	515.62	16.80	52.85	44.80	54.76	515.62	16.80	52.85	44.80
3-16	凿桩头有筋	根	0.111	17.83	12.87	19.40	4.51	3.82	1.98	1.43	2.15	0.50	0.42
人工单价		小计							87.35	589.31	204.96	79.35	67.26
74.3元/工日		未计价材料费							0.00				
清单子目综合单价									1028.23				

材料费明细	主要材料名称、规格、型号	单位	数量	单价/元	合价/元	暂估单价/元	暂估合价/元
	C25预拌混凝土	m^3	1.167	410.00	478.47		
	其他材料费				110.84		
	材料费小计			—	589.31	—	

问题3：列出分部分项工程清单与计价表（表6-25）。

表6-25　分部分项工程清单与计价表

序号	子目编码	子目名称	子目特征描述	计量单位	工程量	金额/元		
						综合单价	合价	其中 暂估价
1	10101004002	挖基坑土方	1. 土壤类别：综合 2. 弃土运距：由投标人自行考虑	m^3	3831.76	33.75	129321.90	
2	010101002001	挖一般土方	1. 土壤类别：综合 2. 弃土运距：由投标人自行考虑	m^3	353058.65	26.97	9521991.79	
3	010302001001	混凝土灌注桩	混凝土灌注桩 1. 土壤级别：Ⅱ类 2. 桩径：800mm 3. 设计桩长：18m 4. 混凝土强度等级：C30预拌水下混凝土 5. 工作内容：成孔、灌注、养护、泥浆清理及运输、凿桩头、桩土及其破碎物的清理、外运等全部工作内容 6. 保证成桩质量所必须发生的措施相关内容 7. 具体要求详见设计图	m^3	3617.28	1028.23	3719395.81	

（续）

序号	子目编码	子目名称	子目特征描述	计量单位	工程量	金额/元		
						综合单价	合价	其中 暂估价
4	010202007001	预应力锚杆支护	预应力锚杆支护 1. 孔径：150mm 2. 锚杆材料：7 ϕ_s5 钢绞线 3. 注浆等级：42.5 级 P·O 水泥浆	m	13200.00	238.22	3144504.00	
5	010103001005	回填方—基础回填	1. 密实度要求：≥0.94 2. 填方材料品种：2：8 灰土 3. 填方来源、运距：由投标人自行考虑	m^3	7771.00	81.37	632326.27	
6	010501001001	垫层	1. 混凝土种类：商混凝土 2. 混凝土强度等级：C15	m^3	2198.72	424.79	933994.27	
7	010501004001	满堂基础	1. 混凝土种类：商混凝土 2. 混凝土强度等级：C35 3. 抗渗等级：P8	m^3	15120.00	531.17	8031290.40	
8	010501003001	独立基础	1. 混凝土种类：商混凝土 2. 混凝土强度等级：C35 3. 抗渗等级：P8	m^3	151.30	551.65	83464.65	
		其他分部分项工程	略				74595672.73	
合计							100791961.82	

问题4：列出总价措施项目清单与计价表（表6-26），单价措施项目清单与计价表（表6-27）。

表6-26 措施项目清单与计价表（一）总价措施项目清单与计价表

序号	项目编码	子目名称	计算基础	费率（%）	金额/元	备注
1	011707001001	安全文明施工费	分部分项合计（详见表6-25）	5.36	5402449.15	
2	011707002001	夜间施工费	分部分项合计（详见表6-25）	0.20	201583.92	
3	011707003001	非夜间施工照明费				
4	011707004001	二次搬运费	分部分项合计（详见表6-25）	0.30	302375.89	
5	011707005001	冬雨季施工费	分部分项合计（详见表6-25）	0.40	403167.85	
6	011707006001	地上、地下设施、建筑物的临时保护设施费	分部分项合计（详见表6-25）	0.10	100791.96	
7	011707007001	已完工程及设备保护费				
合计					6410368.77	

表6-27　措施项目清单与计价表（二）单价措施项目清单与计价表

序号	子目编码	子目名称	子目特征描述	计量单位	工程量	金额/元		
						综合单价	合价	其中 暂估价
1	011701001001	综合脚手架	1. 建筑物建筑类型及结构形式：框架剪力墙结构 2. 地下室建筑面积：51280m^2	m^2	51280.00	22.61	1159440.80	
2	011702001001	基础	1. 部位：基础垫层 2. 模板制作、安装、拆除、整理、堆放及场内外运输	m^2	1721.59	19.55	33657.08	
3	011702001002	基础	1. 部位：满堂基础 2. 模板制作、安装、拆除、整理、堆放及场内外运输	m^2	3477.71	42.62	148220.00	
4	011702001003	基础	1. 部位：独立基础 2. 模板制作、安装、拆除、整理、堆放及场内外运输	m^2	14.48	50.62	732.98	
5	011702002001	矩形柱	1. 部位：矩形柱 2. 模板制作、安装、拆除、整理、堆放及场内外运输	m^2	15465.04	68.59	1060747.09	
6	011702003001	构造柱	1. 部位：构造柱 2. 模板制作、安装、拆除、整理、堆放及场内外运输	m^2	3545.78	58.44	207215.38	
7	011702005001	基础梁	1. 部位：基础梁 2. 模板制作、安装、拆除、整理、堆放及场内外运输	m^2	22.16	72.11	1597.96	
8	011702006001	矩形梁	1. 部位：矩形梁 2. 模板制作、安装、拆除、整理、堆放及场内外运输	m^2	23603.97	93.30	2202250.40	
9	011702006002	矩形梁	1. 部位：矩形梁 2. 梁模板超高3.60m	m^2	17374.12	10.55	183296.97	
10	011702008001	圈梁	1. 部位：圈梁 2. 模板制作、安装、拆除、整理、堆放及场内外运输	m^2	1138.21	79.99	91045.42	
11	011702009001	过梁	1. 部位：过梁 2. 模板制作、安装、拆除、整理、堆放及场内外运输	m^2	287.64	83.14	23914.39	
12	011702011001	直形墙	1. 部位：直形墙 2. 模板制作、安装、拆除、整理、堆放及场内外运输	m^2	47804.95	46.37	2216715.53	
13	011702011002	直形墙	1. 部位：直形墙超高 2. 模板制作、安装、拆除、整理、堆放及场内外运输	m^2	16251.69	7.96	129363.45	

（续）

序号	子目编码	子目名称	子目特征描述	计量单位	工程量	金额/元		
						综合单价	合价	其中
								暂估价
14	011702012001	弧形墙	1. 部位：弧形墙 2. 模板制作、安装、拆除、整理、堆放及场内外运输	m^2	527.87	71.03	37494.61	
15	011702012002	弧形墙	1. 部位：弧形墙超高 2. 模板制作、安装、拆除、整理、堆放及场内外运输	m^2	157.68	7.96	1255.13	
16	011702014001	有梁板	1. 部位：有梁板 2. 模板制作、安装、拆除、整理、堆放及场内外运输	m^2	44676.58	91.44	4085226.48	
17	011702024001	楼梯	1. 部位：直行楼梯 2. 模板制作、安装、拆除、整理、堆放及场内外运输	m^2	1085.26	147.52	160097.56	
18	011703001001	垂直运输	1. 建筑物建筑类型及结构形式：框架剪力墙结构 2. 地下室建筑面积：51280m^2	m^2	51280.00	60.19	3086543.20	
19	011704001001	超高施工增加	1. 建筑物建筑类型及结构形式：框架剪力墙结构 2. 地下室建筑面积：51280m^2	m^2	51280.00	21.06	1079956.80	
20	B：001	泵送费	1. 建筑物建筑类型及结构形式：框架剪力墙结构 2. 地下室建筑面积：51280m^2	m^3	57339.74	11.10	636471.11	
合计							16545242.34	

问题5：列出其他项目清单与计价汇总表（表6-28），单位工程招标控制价汇总表（表6-29）。

表6-28 其他项目清单与计价汇总表

序号	子目名称	金额/元	备注
1	暂列金额	10079196.18	
2	暂估价	700000.00	
2.1	材料暂估价	300000.00	不计入总价
2.2	专业工程暂估价	700000.00	
3	计日工 80×200=16000	16000.00	
4	总承包服务费 300000元×1%=3000元 700000元×5%=35000元	38000.00	
合计		10833196.18	

表6-29 单位工程招标控制价汇总表

序号	汇总内容	金额/元	其中：暂估价/元
1	分部分项工程费（详见表6-25）	100791961.82	
2	措施项目费	22955611.11	
2.1	措施项目（一）（详见表6-26）	6410368.77	
2.1.1	其中：安全文明施工费	5402449.75	
2.2	措施项目（二）（详见表6-27）	16545242.34	
3	其他项目（详见表6-28）	10833196.18	300000.00
3.1	其中：暂列金额	10079196.18	
3.2	其中：专业工程暂估价	700000.00	
3.3	其中：计日工	16000.00	
3.4	其中：总承包服务费	38000.00	
4	规费（1+2+3）×5.28%=134580769.11×5.28%	7105864.61	
5	税金（1+2+3+4）×3.48%=141686633.72×3.48%	4930694.85	
合计=1+2+3+4+5		146617328.57	300000.00

注：税率为$\left[\frac{1}{1-3\%-(3\%\times7\%)-(3\%\times3\%)-(3\%\times2\%)}-1\right]\times100\%=3.48\%$。

6.4.3.2 施工图预算的审查

1. 审查施工图预算的意义

施工图预算编完之后，需要认真进行审查。加强施工图预算的审查，对于提高预算的准确性，正确贯彻党和国家的有关方针政策，降低工程造价具有重要的现实意义。

1）有利于加强固定资产投资管理及控制工程造价，克服和防止预算超概算。

2）有利于施工承包合同价的合理确定和控制。因为，施工图预算对于招标工程是编制标底的依据，对于不宜招标工程是合同价款结算的基础。

3）为积累和分析技术经济指标提供准确数据。可通过有关指标的分析比较，发现设计中不合理因素，不断提高设计水平。

2. 审查施工图预算的内容

施工图预算的审查重点应放在工程量计算、预算单价套用、设备材料预算价格的确定是否正确，各项费用的计取方法和基数是否符合现行规定等方面。

（1）审查工程量 具体包括以下内容。

1）土方工程：平整场地、挖沟槽、挖基坑等的土方工程量的计算是否符合现行工程量计算规定和施工图标注尺寸，土壤类别是否与勘察资料一致，沟槽与基坑放坡、挡土板是否符合设计要求，有无重算和漏算；回填土工程量应注意沟槽、基坑回填土的体积是否扣除了基础所占体积，地面和室内填土的厚度是否符合设计要求；余土外运除了注意运土距离外，还要注意运土数量是否扣除了就地回填的土方。

2）打桩工程：各种不同的桩必须分别计算，施工方法必须符合设计要求；桩长度必须符合设计要求，桩长度如果超过一般桩长度需要接桩时，注意审查接头数是否正确；

3）砖石工程：墙基和墙身的划分是否符合规定；按规定不同厚度的内、外墙是否分别计算；应扣除的门窗洞口及埋入墙体各种钢筋混凝土梁、柱等是否已扣除；不同砂浆强度等级的墙和定额规定按“m^3”或按“m^2”计算的墙，有无混淆、错算或漏算。

4）混凝土及钢筋混凝土工程：现浇与预制构件是否分别计算，有无混淆；现浇柱与梁，主梁与次梁及各种构件计算是否符合规定，有无重算或漏算；有筋与无筋构件是否按设计规定分别计算，有无混淆；钢筋混凝土的含钢量与预算定额的含钢量发生差异时，是否按规定予以增减调整。

5）木结构工程：门窗是否区别不同种类，按门、窗洞口面积计算；木装修的工程量是否按规定分别以“m”（延长米）或“m^2”计算。

6）楼地面工程：楼梯抹面是否按踏步和休息平台部分的水平投影面积计算；细石混凝土地面找平后的设计厚度与定额厚度不同时，是否按其厚度进行换算。

7）屋面工程：卷材屋面工程是否与屋面找平层工程量相等；屋面保温层的工程量是否按屋面层的建筑面积乘保温层平均厚度计算；不做保温层的挑檐部分是否按规定不做计算。

8）构筑物工程：当烟囱和水塔定额是以“座”编制时，地下部分已包括在定额内，按规定不能再另行计算。审查是否符合要求，有无重算。

9）装饰工程：内墙抹灰的工程量是否按墙面的净高和净宽计算，有无重算或漏算。

10）金属构件制作工程：金属构件制作工程量多数以“t”为单位。在计算时，型钢按图示尺寸求出长度，再乘每米的质量；钢板要求算出面积，再乘以每平方米的质量。

11）水暖工程：室内外排水管道、暖气管道的划分是否符合规定；各种管道的长度、口径是否按设计规定计算；室内给水管道不应扣除阀门、接头零件所占的长度，但应扣除卫生设备（浴盆、卫生盆、冲洗水箱、淋浴器等）本身所附带的管道长度，审查是否符合要求，有无重算；室内排水工程采用承插铸铁管，不应扣除异形管及检查口所占长度，审查是否符合要求，有无漏算；室外排水管道是否已扣除了检查井与连接井所占的长度；暖气片的数量是否与设计一致。

12）电气照明工程：灯具的种类、型号、数量是否与设计图一致；线路的敷设方法、线材品种等，是否达到设计标准，工程量计算是否正确。

13）设备及其安装工程：设备的种类、规格、数量是否与设计相符，工程量计算是否正确；需要安装的设备和不需要安装的设备是否分清，有无把不需安装的设备作为安装的设备计算安装工程费用。

（2）审查设备、材料的预算价格　设备、材料预算价格占施工图预算造价的比重最大，变化也最大，应重点审查。

1）审查设备、材料的预算价格是否符合工程所在地的真实价格及价格水平。若采用市场价，要核实其真实性和可靠性；若是采用有关部门公布的信息价，要注意信息价的时间、地点是否符合要求，是否要按规定调整。

2）设备、材料的原价确定方法是否正确。非标准设备的原价的计价依据、方法是否正确、合理。

3）设备的运杂费率及其运杂费的计算是否正确，材料预算价格的各项费用的计算是否符合规定。

（3）审查预算单价　预算单价套用是否正确，是审查预算工作的主要内容之一。审查时应注意以下几个方面：

1）预算中所列各分项工程预算单价是否与现行预算定额的预算单价相符，其名称、规格、计量单位和所包括的工程内容是否与单位估价表一致。

2）审查换算的单价。首先要审查换算的分项工程是否定额中允许换算的，其次要审查换算是否正确。

3）审查补充定额和单位估价表的编制是否符合编制原则，单位估价表计算是否正确。

（4）审查有关费用项目及其计取　有关费用项目计取的审查，要注意以下几个方面：

1）措施费的计算是否符合有关的规定标准；企业管理费和利润的计取基础是否符合现行规定，有无不能作为计费基础的费用列入计费的基础。

2）预算外调增的材料差价是否计取了企业管理费和利润；人工费、材料费或施工机具使用费增减后，有关费用是否相应做了调整。

3）有无巧立名目，乱计费、乱摊费用现象。

3. 审查施工图预算的方法

施工图预算的审查方法较多，根据其适用的情况分别介绍如下。

（1）全面审查法　全面审查又叫逐项审查法，就是按预算定额顺序或施工的先后顺序，逐一地全部进行审查的方法。其具体计算方法和审查过程与编制施工图预算基本相同。此方法的优点是全面、细致，经审查的工程预算差错比较少，质量比较高；缺点是工作量大。对于一些工程量比较小、工艺比较简单的工程，编制工程预算的技术力量又比较薄弱，可采用全面审查法。

（2）用标准预算审查法　对于利用标准图或通用图施工的工程，先集中力量，编制标准预算，以此为标准审查预算。按标准图设计或通用图施工的工程一般上部结构和做法相同，可集中力量细审一份预算或编制一份预算，作为这种标准图的标准预算，或用这种标准图的工程量为标准，对照审查，而对局部不同部分做单独审查即可。这种方法的优点是效率高；缺点是只适用按标准图设计的工程，适用范围小。

（3）对比审查法　用已建成工程的预算或虽未建成但已审查修正的工程预算对比审查拟建的类似工程预算。对比审查法一般有以下几种情况，应根据工程的不同条件区别对待。

1）两个工程采用相同的施工图，但基础部分和现场条件不同。其新建工程基础以上部分可采用对比审查法；不同部分可分别采用相应的审查方法进行审查。

2）两个工程设计相同，但建筑面积不同。根据两个工程建筑面积之比与两个工程分部分项工程量之比例基本一致的特点，可审查新建工程各分部分项工程的工程量。或者用两个工程每平方米建筑面积造价以及每平方米建筑面积的各分部分项工程量，进行对比审查。如果基本相同时，说明新建工程预算是正确的；反之，说明新建工程预算有问题，应找出差错原因并予更正。

3）两个工程的面积相同，但设计图不完全相同。这种情况下可把相同的部分，如厂房中的柱子、房架、屋面、砖墙等进行工程量的对比审查，不能对比的分部分项工程按设计图计算。

（4）筛选审查法　筛选法是统筹法的一种，也是一种对比方法。建筑工程虽然有建筑面积和高度的不同，但是它们的各个分部分项工程的工程量、造价、用工量在每个单位面积上的数值变化不大，把这些数据加以汇集、优选，归纳为工程量、价值、用工三个单方基本值表，并注明其适用的建筑标准。这些基本值犹如筛子孔，用来筛选各分部分项工程，筛下去的就不审查了，没有筛下去的就意味着此分部分项的单位建筑面积数值不在基本值范围之内，应对该分部分项工程详细审查。当所审查的预算的建筑面积标准与基本值所适用的标准不同时就要对其进行调整。

筛选法的优点是简单易懂、便于掌握、审查速度和发现问题快，但解决差错分析其原因需继续审查。因此该法适用于住宅工程或不具备全面审查条件的工程。

（5）利用手册审查法　做法是把工程中常用的构件、配件，事先整理成预算手册，按手册对照审查。如工程常用的预制构配件、洗脸池、坐便器、检查井、化粪池、碗柜等，几乎每个工程都有，把这些按标准图集计算出工程量，套上单价，编制成预算手册使用，可大大简化预结算的编审工作。

（6）重点抽查法　这是抓住工程预算中的重点进行审查的方法。具体方法是重点审查工程量大或造价较高、结构复杂的工程以及补充单位估价表、计取的各项费用（计费基础、取费标准等）。该法的优点是重点突出，审查时间短、效果好。

（7）分解对比审查法　一个单位工程，按人、材、机费用与企业管理费和利润进行分解，然后再把直接费按工种和分部工程进行分解，分别与审定的标准预算进行对比分析的方法，称为分解对比审查法。

分解对比审查法一般有三个步骤：

第一步，全面审查某种建筑的定型标准施工图或复用施工图的工程预算，经审定后作为审查其他类似工程预算的对比基础。而且，将审定预算按直接费与应取费用分解成两部分，再把直接费分解为各工种工程和分部工程预算，分别计算出它们的每平方米预算价格。

第二步，把拟审的工程预算与同类型预算单方造价进行对比，若出入在1%～3%以内（根据本地区要求），再按分部分项工程进行分解。边分解边对比，对出入较大者做进一步审查。

第三步，对比审查。其方法是：

1）经分析对比，如发现应取费用相差较大，应考虑建设项目的投资来源和工程类别及其取费项目和取费标准是否符合现行规定；材料调价相差较大，则应进一步审查材料调价统计表，将各种调价材料的用量、单位差价及其调增数量等进行对比。

2）经过分解对比，如发现土建工程预算价格出入较大，首先审查其土方和基础工程，因为±0.000以下的工程往往相差较大；然后对比其余各个分部工程，发现某一分部工程预算价格相差较大时，再进一步对比各分项工程或工程细目。在对比时，先检查所列工程细目是否正确，预算价格是否一致；发现相差较大者，再进一步审查所套预算单价；最后审查该项工程细目的工程量。

4. 审查施工图预算的步骤

（1）做好审查前的准备工作

1）熟悉施工图。施工图是编审预算分项数量的重要依据，必须全面熟悉了解，核对所有图纸，清点无误后，依次识读。

2）了解预算包括的范围。根据预算编制说明，了解预算包括的工程内容，例如配套设施、室外管线、道路以及图纸会审后的设计变更等。

3）弄清预算采用的单位估价表。任何单位估价表或预算定额都有一定的适用范围，应根据工程性质，搜集相应的单价、定额资料。

（2）选择合适的审查方法，按相应内容审查　由于工程规模、繁简程度不同，施工方法和施工企业情况不一样，所编工程预算和质量也不同，因此需选择适当的审查方法进行审查。

(3) 调整预算　综合整理审查资料，并与编制单位交换意见，定案后编制调整预算。审查后，需要进行增加或核减的，经与编制单位协商，统一意见后进行相应的修正。

6.5 建设工程施工投标报价

6.5.1 建设工程施工投标程序

由于建筑市场中公开招标项目只占很小的比例，大多数项目都采取邀请招标的方式。在发邀请函时，业主已完成了对应邀承包商的考察工作。所以承包商不能坐等招标公告，而应建立起严密广泛的信息网络，形成既可以从正式的信息机构获取工程信息，也可以从员工个人渠道得到新项目的信息的局面。需要注意的是并不是所有的项目都适合某一特定的建筑公司。任何公司在获取项目信息时首先考虑的不应是如何投标报价，而是是否参与投标。需要考虑的因素包括：项目的类型是否属于本公司擅长的范围；项目的规模即总合同额是否适宜；本公司的在施项目的负担；是否具备所需的专业人员和专用设备；甚至业主雇佣的工程师的人选。如分析的结果是可以投标，则应按照图6-9所列顺序实施投标报价的工作。

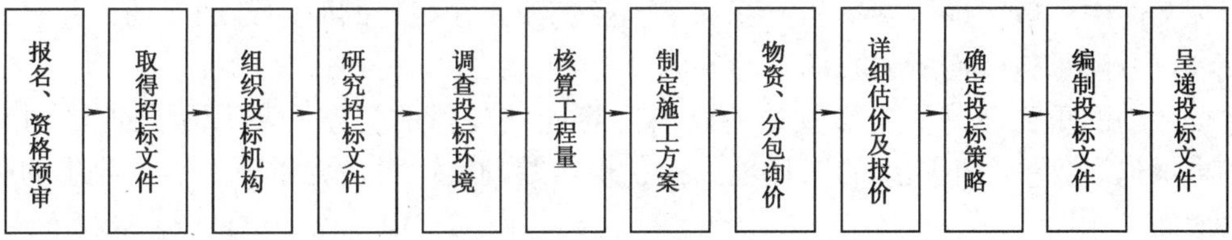

图6-9　投标报价程序

6.5.1.1 投标前期的工作

1. 报名并参加资格预审

如项目是公开招标，在权衡了项目的基本面并确认可以投标之后，承包商应尽快向发包方表明参加投标的意愿，以便参加资格预审。

投标者资格预审的主要内容包括：注册证明和企业等级；工程技术人员简介；施工机械设备简介；主要施工经历；在施工程项目；资金财务状况。

2. 组织投标机构

由于参与投标的众多人员不仅专业不同，而且有些来自不同的公司，如果组织不好极易造成混乱，其结果是工作效率降低甚至在业主规定的投标截止日期前不能完成报价。因此投标报价的组织工作十分重要。组织工作的好坏不仅直接影响中标概率的高低，还会影响到一旦中标实施工程时成本控制的难易程度以及竣工时是否亏损。投标机构应包括决策人、各专业工程师、估价师、合同专家、物资采购人员、财务成本人员等。

3. 研究招标文件

首先要研究投标书要求。第一步的工作是了解投标范围，当发现施工图、技术规范和工程量清单之间在工作范围、做法或工程量方面存在相互矛盾的现象时，应及时要求发包方澄清确认。第二步的工作是搞清楚报价要求，例如，是将需要分摊的费用全部摊入分部分项工程单价还是单列开办费，又如，对暂定金额所含项目的报价方法的规定等。如忽视招标方的这些具体要求，只是根据自己的习惯报价，就有可能因“实质上不符合”而被招标方拒绝。

其次要研究评标办法。应分析评标办法和授予合同的标准，据此采取相应的投标策略。我国常用的评标和授予合同的标准有两种：最低报价法和综合评议法（定性综合评议法和定量综合评议法）。

最后还要研究合同条件。首先要了解该项目要求总价合同还是单价合同，以及价格是否可以调整。如采用已方不熟悉的合同范本，就应仔细研究所有的条款，特别要仔细研读业主约定的合同条件中的通用条款及补充的通用条款，将合同条件中影响施工成本的条目列出一个清单，供详细估价时考虑。仔细研究违约责任、风险分配、保函、保留金的类型及数额、付款方式、保修期的长短等。如采用已方熟悉的合同范本，则可重点研究招标方对专用条款的约定。要将该项目全部的保函要求、保险要求分别列出清单并寄给经常合作的担保公司和保险公司，供他们评估保函和保险的费用。总之合同充分反映了招标方对双方责、权、利的分配和风险的分担情况，对随后的报价起着举足轻重的作用。

4. 调查投标环境

（1）现场踏勘　在审阅了施工图和规范的基础上，了解施工现场的状况是必不可少的。参加踏勘的人员除估价师外还应包括公司准备派驻该项目的工程师及项目部的相关成员。业主在招标文件中一般明确要求参与投标的承包商们派人在规定的时间踏勘现场，并召开一次标前会议以澄清承包商们所关心的一些问题。

现场踏勘的重要性以及需要收集的资料内容应随项目的类型和项目所处地区而有所不同。如果承包商到一个不熟悉的新环境投标，现场踏勘就显得尤为重要，需要收集的资料也就随之增加。

一般情况下需要了解的现场情况应包括：现场的进出条件；现场的水、电、通信等临时设施的条件；现场的排水条件；交通设施；现场开挖时对邻近建筑物的支护要求；设置临时办公、临时仓库及设备的草图；地表土的条件；当地法规条例的要求，包括施工许可证、执照、围栏等具体要求；当地的劳务状况等；在当地可租到何种施工设备，其费用如何；当地所能购买到的施工材料及送货条件；当地的专业分包商的状况，应了解他们公司的名字、地址及能胜任的工作种类；了解通往施工现场的道路、桥梁的基本情况及荷载限制；如果当地缺乏熟练的技术工人而必须从外地雇佣的话，食宿问题如何解决。

总之踏勘的主要目的是：评估施工图纸以外的由现场综合条件形成的潜在的风险，以及这些风险所导致的附加费用，并为最后确定不可预见费做好准备。

（2）调查发包人和竞争对手　对发包人的调查包括以下几个方面：首先是资金来源是否可靠，是否到位；其次是开工手续是否齐全；还要了解发包人是否对授标早已存在倾向性，招标仅仅是走形式而已。对竞争对手的调查首先应了解投标者的数量，尤其是那些足以对已方构成威胁的公司；要了解工程所在地的承包商是否享有评标优惠；重点分析主要竞争对手以往同类工程的经验及惯用的投标策略，以便有针对性地确定最终报价时的利润率和不可预见费水平。

6.5.1.2　投标报价

投标报价应由投标方依据招标文件中的施工图、规范和工程量清单的有关要求，结合施工现场实际情况，自行制定的施工方案或施工组织设计，按照企业定额或参照建设行政主管部门发布的现行消耗量定额以及工程造价管理机构发布的市场价格信息，自主报价。

投标文件是指投标须知中要求投标人必须提交的全部文件，包括：投标书及投标书附录；填报了单价的工程量清单；施工方案和投标保函。

1. 核算工程量

我国长期以来实行总价合同，招标方不提供工程量清单，投标方只能根据图纸核算工程量。在这种情况下由于工程量计算错误所导致的风险是由承包商承担的，因此工程量必须反复核实。只有在纯单价合同的条件下，由于根据实际完成的工程量给付工程款，即便招标阶段工程量计算不十分精确，承包商也不会遭受严重的损失。

在大型项目的招标中，要在较短的时间内核算全部工程量是十分困难的。承包商至少应在报价前核算那些工程量较大和造价较高的项目，例如一般土建工程中各类混凝土、钢筋混凝土、钢结构等工程的数量。如是总价合同，除了核算工程量清单中各子项的工程量，还应检查是否有遗漏的子项。

如果发现招标文件中的工程量清单有项目遗漏或数量计算错误，承包商不要在招标文件上直接修改，仍应按招标文件的要求填报自己的报价，另在投标致函中予以说明，或者另附一份工程量改正后的相应报价清单，其目的是不影响招标方评标的统一标准。

2. 制定施工方案

项目的施工方案应包括场地平面布置、总进度计划和分部分项进度计划、主要施工工艺、施工技术组织措施、主要施工机械配置、劳动力配置、主要材料安排、大宗材料设备和机械的运输方式、施工用水用电的标准、临时建筑物和构筑物的设置等。此外还应包括项目部的组织机构图，以使业主方了解项目部管理人员的分工，便于对口洽商日常业务。

施工方案也是招标方评标时要考虑的因素之一，施工方案主要应考虑施工方法、施工机械设备、施工进度、劳动力的素质和数量、质量保证措施和安全防护措施等。施工方案不仅关系到工期，而且对工程成本和报价也有密切关系。在编制施工方案时应紧紧抓住工程特点，施工方法有针对性，同时又能降低成本。既要采用先进的施工方法，合理安排工期，又要充分有效地利用机械设备和劳动力，尽可能减少临时设施和资金占用。如能同时向发包方提出合理化建议，在不影响工程质量和使用功能的前提下为发包人降低造价，则会大大提高中标的可能性。

3. 设备材料询价

设备和材料在工程造价中常常占50%以上，对报价影响很大，因而对该工作要十分谨慎。可先向设备生产厂商驻当地的总代理询价，再通过传真向生产厂直接询价，对比后再决定如何订货。

材料价格波动很大，如采用可调价合同，业主承诺在日后材料价格上涨时给予补偿，则可按当时当地询到的最低价格报价；如合同中没有调价机制，在报价时就不能只根据眼前的材料价格，而应分析近年材料价格的变化趋势，考虑物价上涨因素以防备通胀风险。

4. 分包询价

从事大型综合项目的承包商一般都利用自身的管理优势总包大中型工程，自己亲自组织结构工程的设计和施工，把专业性强的分部分项工程分包给专业分包商完成。将部分工程分包出去既有优点又有缺点。由于专业分包商在特殊领域的技术优势及其拥有的专门执照，国际上已习惯于将机械、电气、暖通空调等作业分包给专业分包商实施。但是近年来美国的分包商几乎可以胜任建筑工程的所有工作，甚至出现了没有任何施工队伍的总包商完全靠外部队伍完成工程的情况。美国的工程界一致认为专业分包可以降低总包商的风险和管理费，但总包商同时也在很大程度上放弃了对工程的控制。

如果总包商已决定将某些专业分包出去，就应该及早通知相应的专业分包商要求其提供完整的、精确的报价。如果通知太晚，分包商只能在匆忙中报价，为了防止遗漏和计算错误，分包商必定报出较高的价格。

使用分包商在经济上是划算的，但决不能将希望完全寄托在分包商的报价上。总包商的估价师仍要对每一分包的部分亲自估价，一旦某些分包商在投标截止日期前未能递交分包报价，总包商只能将自己估算的费用纳入总标价中。总包商的估价师应将所有分包商的报价与自己的估价一一对比，既不能过高也不能过低，否则应要求分包商修改报价，这是因为业主在评标时除考虑总标价以外还要考虑分包报价的合理性。

分包商们往往在最后一分钟才将自己的报价递交给总包商，这是因为他们担心总包商把自己的报价告诉其他的分包商，作为要求其他分包商降低报价的筹码，而最终并不将分包合同授予自己。分包商的这种做法实属不得已而为之，因为确实有不道德的总包商就是这样做的。总包商这种泄露分包商报价的行为对自己也有很大的负面作用，因为迟到的分包报价使得总包商自己的估价师没有足够的时间分析比较各分包报价的合理性。为了克服这一问题还是应该从总包商做起，总包商应从长远的利益出发，规范自己的行为，决不泄露任何分包商的报价，在专业分包商的圈子中树立良好的信誉从而使他们毫无顾虑地提前报价。

在评估分包商的报价时，应特别注意到每一个分包商的施工计划中都包含了什么服务和没包含什么服务，还应注意他们都需要使用总包商什么资源，例如水、电、起重机等。估价师必须详细评估每一份分包施工计划并选出能给总包商带来最大价值的分包商。

5. 详细估价及报价

详细估价和报价是投标的核心工作。它不仅是能否中标的关键，而且是中标后能否盈利的决定因素之一。“核量”“算价”是详细估价的主要工作。前面已经介绍了核算工程量的基本方法。算价的原则是严格遵循招标方要求的计价方式。要求按国内定额报价的工程，招标方往往明确指出本次招标的计价依据。如本次招标采用北京市2004年版概算定额计价；或采用北京市2012年版预算定额计价；或采用工程量清单计价等。总之投标报价的依据应与发包方编制标底的依据相同。

估价师是详细估价的主角。尽管估价师应具有一定的施工经验，但在实施详细估价前仍须与准备参与该项目的各专业的工程师保持沟通。当估价师熟悉了施工图和规范以后应通知各专业的工程师开会，共同研讨施工方案，确定最理想的施工机械，讨论进度安排及施工所需的各类人员。

为了避免个别估价师生病或其他原因造成的缺勤使工作无法衔接，在详细估价时应保持整个过程系统化、规范化，便于查询，任何新加入的人员一旦接手工作都能立即进入角色。判断组织工作好坏的最简单的方法是看其他人能否接手并将估价继续下去，计算书是否全部编号了，其他人是否可以复查以前的计算结果，如果这几个问题都解决得很好就说明组织工作比较到位。

估价师应按照下列步骤对工程进行详细估价：

1）仔细审阅施工图、规范和合同条件，并确认本公司已获取包括所有附件及补遗在内的全套招标文件，没有遗漏。国内的业主一般委托国内的设计院进行施工图设计，所以施工图一般比较规范。但外国业主往往委托国外或香港的设计公司做施工图设计，如业主愿意再花一笔钱委托某所中国设计院进行施工图翻译，当然能够大大方便估价师的工作；如业主要求直接用英文图报价，可能就比较繁琐，因为国外的建筑设计、结构及各专业的设计往往由各个独立的设计公司单独完成，尽管相互协调和沟通，但图纸的编号方式并不一定是统一的，估价师如不仔细分辨就有可能搞不清是否得到了全部图纸。英文图纸总的编号规律是：建筑图一般以大写字母“A”开头（architectural）；结构图以“S”开头（structural）；机械图以“M”或“P”开头（mechanical，plant）或冠以“HVAC”表示暖通和空调；电气图则以“E”开头（electrical）。有些图纸不便编号，在这种情况下则直接以阿拉伯数字排序。较正规的设计/咨询公司一般都在规范中单独开列一个图纸编号表，以便于投标者核对。如发现图纸不全或错乱之处应立即与相应的建筑师或工程师接洽。

2）快速浏览施工图以取得对该项目的总体印象。具体包括项目的总体规模、造型、主要材料。浏览的重点是建筑立面图，包括外装修的材料、玻璃的用量及该建筑物某些不同寻常的特点。

3）从建筑物的入口处开始逐层浏览各楼层的平面图以取得对平面布局的总体印象。注意墙体的结构，并注意是否有大比例尺平面图能给出进一步的尺寸线，是否有特殊的房间布局。

4）浏览墙体的剖面图以了解墙体的构造和材料，用红铅笔圈出不熟悉或有疑问的构造部位以便计算工程量时给予特别注意。

5）审阅结构图，以了解建筑物的结构类型并确定所需的施工设备。同样应注意结构系统中有无不同寻常的部位，以便在估价时给予特别注意。

6）与机电专业的估价师共同审阅机电系统的施工图。分析该系统对土建施工的影响，包括所需的各种预留、预埋、地下工程的要求等，准备分包出去的部分也要给予考虑。

7）由于最终的估价结果是基于施工图和规范做出的，所以估价师在通盘审阅施工图之后还须仔细阅读该工程的规范，特别注意那些对造价易产生较大影响的特殊要求。

8）在完成了上述工作以后即可进行详细估价，估价方法与6.4节“建设工程施工招标价格的确定”中所介绍的方法类似，根据投标须知中的要求采用工料单价法或综合单价法。对于按国内定额报价的工程，首先是选择合适的概、预算软件（最好是具有计算工程量功能的软件），用计算机输入正确的分部分项工程量，相应的单价则会自动与工程量相乘，得出定额直接费，再以定额直接费（或人工费）为基础按规定的费率计取各项间接费、利润和税金、规费（参考本书6.4.3.1节“施工图预算的编制”中的工料单价法编制施工图预算示例）。上述工作可完全由计算机完成，如采用“定额量、市场价、指导费”的原则报价，则可对软件数据库中的“价”和“费”进行编辑，这些都很容易做到。如采用工程量清单计价方式，招标方则必定根据《建设工程工程量清单计价规范》的要求在招标文件中提供“分部分项工程量清单”，并提供“措施项目清单”和“其他项目清单”的格式函供投标方填报。在这种情况下，投标方应以本企业的内部定额为依据并结合市场价格信息直接报价；或以工程所在地建设工程造价管理部门编纂的与《建设工程工程量清单计价规范》配套的定额作为报价的参考依据。工程量清单计价应采用综合单价计价，综合单价应由完成规定计量单位工程量清单项目所需的人工费、材料费、机械使用费、间接费、利润等费用组成。综合单价应考虑风险因素，在单位工程费用汇总后再计取税金和规费（参考本书6.4.3.1节“施工图预算的编制”中的综合单价法编制施工图预算示例）。对于国际标，无论招标方是否提供工程量清单（美国业主往往采用总价合同，一般不提供工程量清单），大多采用国际通用的工程计价依据——资源的市场价格和承包商的消耗水平。

需要单独提出的是针对合同风险的不可预见费的水平。如发包方设定的专用合同条件过于苛刻，使得承包商承担巨大的合同风险，承包商除采用联营、分包等分散风险的措施外，还必须摊入较高的针对合同风险的不可预见费。此时中标与否应下降为次要问题。

6. 确定投标策略

投标策略是指投标人召集各专业估价师和本公司最终决策者就上述标价计算结果和标价的静态、动态分析进行讨论并做出有关调整标价的最终决定。

在确定投标策略时应注意以下问题：

1）决策的主要依据应当是本公司估价师的计算书和分析指标。从其他途径获取的所谓“标底价格”或竞争对手的“标价情报”只能作为一般性的参考。在国际工程投标竞争中，确有泄露标底价格和刺探对手报价的情况，但因此受骗上当者也不鲜见。有些“大牌”承包商历来是众多承包商竞相刺探的对象，这些“大牌”便顺势而为，“泄露”故意夸大了的报价，引诱对手们也报出高价，实际上他的真实报价却低得多，从而大大增加了中标的可能性。

2）由于各公司获得的基础价格资料是相近的，他们的估价方法也大同小异，因此从理论上说各承包商的投标报价同业主的标底价格都应相差不多。但存在报价差异的原因除了那些明显的计算失误（如漏项，误解了招标书的内容要求等）和有意放弃竞争而报高价者外，主要原因是：

① 选择的施工方案不同。对于大中型项目或一些特殊项目，施工方案的选择对成本的影响很大。优良的施工方案、正确的机械化程度以及施工进度的合理安排可明显降低工程成本。

② 各自拥有不同的优势。有的承包商在当地另有工程，并已接近尾声，可利用下场机具设施、模板、脚手架和剩余材料移到新招标工程，从而节省不少费用；有的欧洲国家的公司在境外获得工程时可享受优惠的出口信贷。

③ 管理费的差别。当地公司和外国公司、早进入和新进入同一国家的公司、不同国别的公司、大公司和小公司之间的管理费的差距非常明显。某家外国公司自20世纪80年代进入中国以来，借助其技术优势确实在中国获得一些工程，但由于其不注意员工的本土化，过分依赖外籍雇员，造成管理费水平居高不下，以至于长期不能中标，最终不得不撤出中国建筑市场。

④ 追求利润的欲望不同。有的公司境遇不佳，如不尽快拿到工程就有技术人员流失甚至破产的危险，这样的承包商为了维持生存，只得降低利润率甚至不计利润报价；也有的承包商境遇较好，可选择的投标机会较多，因而不轻易降低其期望的利润率。

⑤ 对发包项目风险的估计不同。不同的公司对项目风险的估计相差很大。发包项目除地质风险、技术风险、通胀风险、汇率风险、政治风险、不可抗力风险外还有业主风险和合同风险。有些风险可以转移给保险公司，有些可以通过联合承包或分包而由合作伙伴或分包商分担一部分，但大部分风险还是要通过不可预见费（contingency）的形式来获得补偿。例

如发包方设计的合同条件特别苛刻（如不利的付款条件，苛刻的调量、调价条件，苛刻的索赔条件、承包商终止合同的条件等），又如业主或工程师的口碑特别不好，这类风险就只能以较高的不可预见费的形式来弥补，当然也就降低了中标的概率。

根据以上分析，在确定投标策略时应该对本公司和竞争对手的情况做实事求是的对比分析，此项工作应由公司的决策人与估价师们共同进行。除了对算标时提出的各种方案、基价、费用摊入系数等予以审定和进行必要的修正外，决策人还应从全局的高度来考虑公司期望的利润和承担风险的能力。

7. 编制投标文件

投标文件要严格按照发包方要求的格式编制，其原因是发包方希望所有呈递上来的标书具有完全的横向可比性。比如曾有招标方在某招标项目的投标须知中申明："招标人拒绝投标人除管理费、利润、税金以外的任何以百分比或以建筑面积为基数的取费。"在这种情况下投标方如再计取措施费和风险金，就是明显不符合招标要求，很可能被业主拒绝。如投标方一定要加上这部分报价，就只能将其摊入分部分项单价或提高管理费率或利润率。

8. 呈递投标文件

投标文件编制完毕并校对无误后，应由承包商的法人代表签字密封，派专人于投标截止日期前送到业主指定地点并取得收据。

6.5.2　投标报价的技巧

投标报价的技巧是指报价中的一些手法或技巧，使公司在中标后的工程实施中便于盈利。常见的报价技巧有以下几种。

1. 不平衡报价

1）预计施工中工程量会增加的子项，单价可适当提高，以便结算时增加收入；对预计工程量会减少的子项可降低单价，工程结算时损失不会很大。

【例6-2】　表6-30列出两个承包商对同一土木工程的报价。其中2号承包商以308200美元中标，这是由于他在核算工程量时通过反复计算，确信招标方提供的估计工程量中的黏土开挖高于实际的工程量，而回填材料低于实际的工程量。于是采用不平衡报价的方法：对于黏土开挖报出2美元的低单价（正常单价为5.5美元），而回填材料报出20美元高单价（正常单价为14美元），并且以4000美元的优势中标。

表6-30　两个公司对同一土木工程报出的单价　（单位：美元）

分项工程	单位	估计工程量	1号承包商		2号承包商	
			单　价	和　价	单　价	和　价
黏土开挖	m^3	10000	5.5	55000	2	20000
岩石开挖	m^3	3000	25	75000	25	75000
管道铺设	m	600	17	75000	18	10800
碎石回填	m^3	4000	21	84000	20	80000
回填材料	m^3	6000	14	84000	20	120000
10cm 表层土	m^2	400	5	2000	6	2400
总计				375000		308200

由于回填材料实际发生的工程量是7000m³（原估计工程量为6000m³），因此2号承包商通过不平衡报价多受益16000美元（见表6-31）。

表6-31 2号承包商因不平衡报价而受益 （单位：美元）

分项工程	单位	估计工程量	2号投标	实际发生工程量	工程款
黏土开挖	m^3	10000	20000	8000	16000
岩石开挖	m^3	3000	75000	3000	75000
管道铺设	m	600	10800	600	10800
碎石回填	m^3	4000	80000	4000	80000
回填材料	m^3	6000	120000	7000	140000
10cm表层土	m^2	400	2400	400	2400
总计					324200

2）适当提高早期施工的分项工程的单价。承包商工程款回收的快慢对于整个项目的顺利实施有着实质性的影响。在市场经济的条件下，资金都是有偿使用，加速资金周转显得十分重要。适当提高早期施工的分项工程的单价，降低后期施工的分项工程的单价，但保持总标价不变，可减少贷款及利息支出，甚至可以获得存款利息。

下面通过例子说明这种不平衡报价的原理。

【例6-3】 某小型工程项目有四个分部分项工程。

如采用常规报价：

设B. Q. 单(工程量清单)中前期施工的A、B两个分项工程报价为：

$$A=40\text{ 万元}，B=60\text{ 万元}，则\ A+B=(40+60)\text{ 万元}=100\text{ 万元}$$

后期施工的C、D两个分项工程报价为：

$$C=70\text{ 万元}，D=30\text{ 万元}，则\ C+D=(70+30)\text{ 万元}=100\text{ 万元}$$

则4个分项工程总报价为：

$$A+B+C+D=(100+100)\text{ 万元}=200\text{ 万元}$$

如采用不平衡报价：

若A、B两个分项工程报价提高20%，$A=40$ 万元 $\times(1+20\%)=48$ 万元，$B=60$ 万元 $\times(1+20\%)=72$ 万元，则 $A+B=(48+72)$ 万元 $=120$ 万元

从上式可以看出，早期付款较常规报价多20万元。

为了保持总标价不变，将C、D两个分项工程报价各降低20%，则：$C=70$ 万元 $\times(1-20\%)=56$ 万元，$D=30$ 万元 $\times(1-20\%)=24$ 万元，$C+D=(56+24)$ 万元 $=80$ 万元。

此时 $A+B+C+D=(48+72+56+24)$ 万元 $=200$ 万元，即总标价未发生变化。

假设A、B与C、D的验工计价时间间隔为1年，银行存款利息为6%，则不平衡报价与常规报价的利息差：$\delta_1=20$ 万元 $\times6\%=1.2$ 万元，占总报价比例为：$1.2/200=0.6\%$

若收款前后的时间差为3年，按复利计算的利息差：$\delta_3=20$ 万元 $\times(1+6\%)^3-20$ 万元 $=3.82$ 万元，占总报价比例为：$3.82/200=1.9\%$

可见当金额较大且时间较长时，仅利息差就很可观，如承包商自有资金周转困难，需从银行贷款，由于不平衡报价已提前回收的20万元，即可少从银行贷款20万元并省去了利息费用。

2. 暂定金额的报价

1）发包方规定了暂定工程量的分项内容和暂定金额，并要求所有投标人都必须在总报价中加入这笔固定金额，但由于分项工程量不很准确，约定将来按实际完成的工程量乘以投标人所报单价支付。由于暂定金额是固定的，各投标人的总报价水平对其没有影响，因此暂定项目的单价可适当提高。

2）发包方列出了暂定项目及其工程量，但并没有限制这些工程量的估价总价款，要求投标人既报出单价，也要按暂定项目的工程量计算总价，将来结算付款时按实际完成的工程量乘以所报单价支付。在这种情况下必须慎重报价，如果单价报得过高，将会提高总报价，降低中标的可能性。如果报得过低，将来这类工程量增加时会影响收益。因此这类子项应以正常报价为宜。

3）由于在发包时项目仍存在一些不确定因素，业主留出一笔暂定金额作为备用金，要求所有投标者均将此项费用按招标文件的要求如数列出。该款项用以支付指定分包的费用、可能出现的工程增添或变更的费用及计日工的费用。这笔款项根据工程师的指示，可能全部动用或部分动用，也可能完全不用。这种情况对竞标没有实际意义，可根据招标文件的要求直接将暂定款列入总报价。

3. 增加建议方案

在按照招标文件的设计施工图和规范编制投标书之外，有时业主还允许投标人提一个建议方案，投标人可基于自己在类似工程方面的经验以更科学、合理、高效的方案再编制一份标书。如果新方案能以较低的价格达到同样的效果并且不影响质量，业主就有可能接受这份投标。

4. 无利润报价

在特定情况下投标人可在保证直接费和管理费回收的前提下不计取利润。例如某海外项目即将竣工，当地暂时没有好的招标项目，偶尔有一些无利可图的项目，但只要有一定的管理费维持公司的日常运转，就可稳定住当地的劳工和继续占有租赁的设备，从而等待新的投标机会的到来；又如对于分期建设的项目，先以低价获得首期工程，为赢得二期工程奠定基础，并争取随后赚取利润。

5. 利用数学模型辅助投标报价

施工企业在投标报价时面临的核心问题是：想中标就要使标高金尽量低；想盈利又要使标高金尽量高。如果既希望中标又希望盈利应该如何做呢？最好的方法是建立数学模型，定量地解决这一问题。利用数学模型辅助投标报价已广泛地被有实力的国际承包商所采用。下面介绍一种利用成本-工期双优化数学模型来解决可变工期建设项目的投标报价的方法。

在传统的建筑工程招标中，业主一般规定工期，仅要求投标者就价格进行竞争。但为了进一步追求投资效益，近年来越来越多的业主开始追求缩短工期。工期缩短不仅可以减少贷款利息，还可以提前进入经营期以获得投资回报。于是要求承包商不仅报出价格，还要报出工期，从而工期也成了竞争的因素。然而成本和工期是相互矛盾的，欲缩短工期，必须提高生产率并消耗更多的资源，使得成本上涨。承包商既要降低标价又要缩短工期，如何求得成本和工期的最佳值并求得两者的平衡，是施工企业面临的难题。但本问题可通过建立成本-工期双优化数学模型来解决。

（1）成本-时间（P-t）曲线　对任何特定的施工项目都可描出一条成本-时间曲线 P_1-t_1

(图6-10)。L_1 点为成本-时间优化点，即以该点的时间坐标作为工期，施工成本最低。这正是以往的业主都将工期规定为 L_1 点，要求投标者根据该工期报价的原因。从曲线的形状可以看出，偏离该点越远成本就越高，向左移比向右移成本增加得快，即缩短工期比增加工期导致成本增加的速率要快得多。承包商的报价曲线 P-t 的形状与此类似，只是略高于成本-时间曲线 P_1-t_1，这是因为在估价的基础上加上了标高金（利润，公司管理费，不可预见费），因此 P-t 曲线的方程可写成：

$$P = a t_i^2 + b t_i + c \tag{a}$$

只要将系数 a、b 及常数 c 求出，函数 P 也就确定了。从理论上讲 L 点的 P 值就应该是业主的标底值，因为它既符合最低成本原则又包含了业主认可的应给予承包商的合理利润。但如业主认为时间对于某特定项目具有特殊重要意义，宁可增加一些成本也要换取尽早竣工。在这种情况下 L 点显然就不是最优化点，而是需要将 L 点向左移，但究竟移多少却需要定量分析和计算。

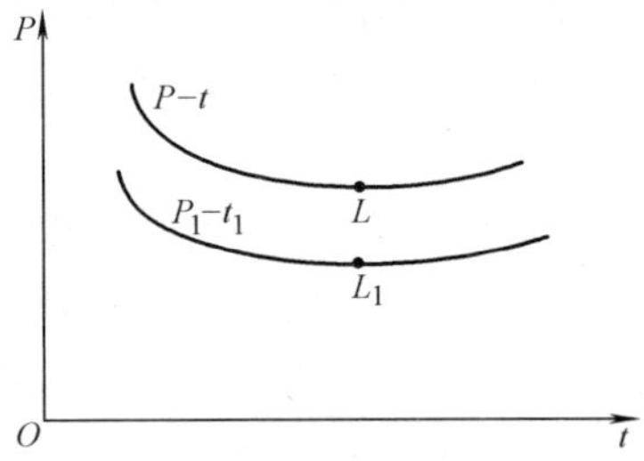

图6-10 成本-时间优化点

(2) 总标价 TCB 和单位时间价值 UTV　由于业主既要考虑承包商的报价 P 又要考虑其工期 t，最简洁的办法是将承包商报出的工期 t 也转化成成本 P_1，P_1 应等于单位时间价值与工期 t 的乘积。在固定工期项目的招标中业主都在投标书附录中明确规定工期及误期损害赔偿费率，因此该费率刚好可作为可变工期招标的单位时间价值 UTV。因此业主可通过各承包商的总标价 TCB 来评价他们的竞争力：

$$TCB = P + P_1 = P + UTV \times t \tag{b}$$

【例6-4】 某业主规定发包项目的单位时间价值 $UTV = 5000$ 元/天，现有三家承包商参与投标，他们的报价分别是：

承包商A：$P_A = 18000000$ 元；$t_A = 200$ 天

$TCB_A = P_A + UTV \times t = 18000000$ 元 $+ 50000$ 元/天 $\times 200$ 天 $= 28000000$ 元

承包商B：$P_B = 20000000$ 元；$t_B = 180$ 天

$TCB_B = P_B + UTV \times t = 20000000$ 元 $+ 50000$ 元/天 $\times 180$ 天 $= 29000000$ 元

承包商C：$P_C = 22000000$ 元；$t_C = 160$ 天

$TCB_C = P_C + UTV \times t = 22000000$ 元 $+ 50000$ 元/天 $\times 160$ 天 $= 30000000$ 元

从式（b）可以看出总标价 TCB 是时间 t 的一次函数，单位时间价值 UTV 是 TCB 直线方程的斜率，即业主越注重时间的价值，则 UTV 越大，总标价 TCB 增长得也越快。从图6-6不难看出对于业主规定的同一单位时间价值 UTV，不同承包商的总标价 TCB 就形成了一组平行线，越靠近左边的直线所代表的总标价越低；而在同一条 TCB 直线上总标价都是一样的，只不过工期 t 短些价格 P 就高一些。

(3) 建立投标的双优化数学模型　为了使报价具有竞争力，承包商最好的办法是在准确的工程估价的基础上建立自己的 P-t 曲线和自己的 TCB 直线组。把图6-10和图6-11结合起来形成图6-12，即可发现 P-t 曲线上的 L 点同时也在该承包商的 TCB 直线上，如果不考虑业主规定的时间价值，显然该承包商应以该点的价格和时间向业主报价。前面已讨论过，对于业主设定的 UTV 值，承包商根据不同的报价策略可形成一组斜率为 $-UTV$ 的平行线 $TCB_{1\text{-}n}$，而且越靠近左面的 TCB 直线所代表的总标价越低，又考虑到报价点必须在 $P\text{-}t$ 曲线上，很显然与 $P\text{-}t$ 曲线相切的 TCB 直线代表最低总价，P_0 为最低报价，而切点的时间坐标值 t_0 代表最佳工期。可用数学方法导出最优化的 P_0 和 t_0。

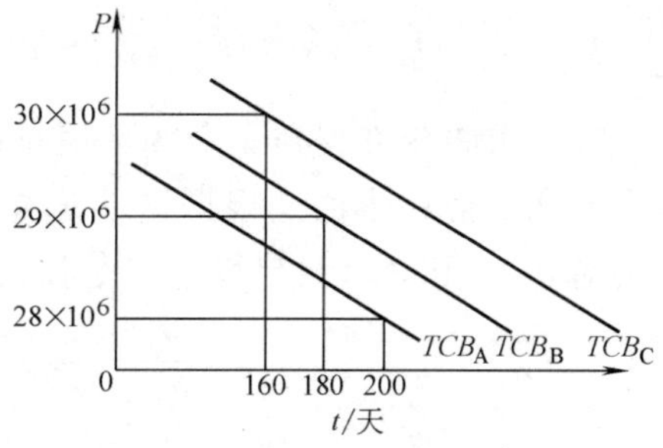

图 6-11　总标价 TCB 直线组

对式（a）$P=at_i^2+bt_i+c$ 求一阶导数，可得：

$$P' = 2at_i + b$$

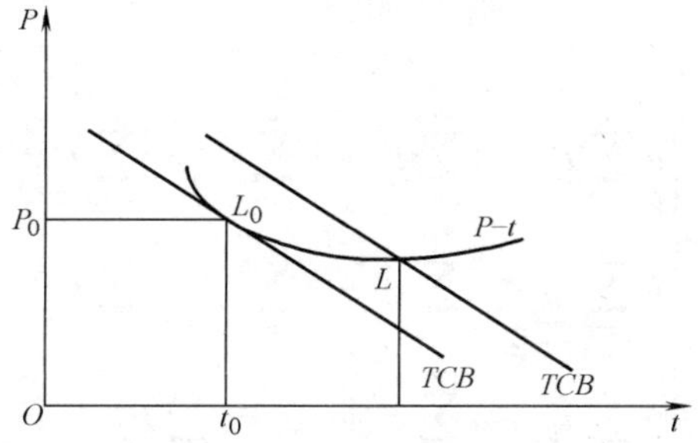

图 6-12　将 TCB 直线向左移至与 P-t 曲线相切

且有 $P'(t_0)=2at_0+b$，该式代表 $P\text{-}t$ 曲线在该点的斜率，应与直线 TCB 的斜率即 $-UTV$ 相等，即：

$$2at_0 + b = -UTV$$

$$t_0 = -(b + UTV)/2a \qquad (c)$$

将式(c)值代入 $P_0=at_0^2+bt_0+c$，得：

$$P_0 = (UTV^2 - b^2)/(4a) + c \qquad (d)$$

至此，P_0 和 t_0 均已导出，UTV 由业主给出，承包商只要求出 a、b、c 的值就可计算出 P_0 和 t_0。下面分析如何用数学方法导出 a、b、c 的值。

假设某承包商对某特定项目的报价策略是：

报价 1：(P_1,t_1)

报价 2：(P_2,t_2)

⋮

报价 n：(P_n,t_n)，

其中，n 为数据的组数。前面已经讨论过报价值 P_0 和工期值 t_0 的关系可用式（a）表示。

对于每一个给定的时间 t_i，都有一个对应值 $p_i=at_i^2+bt_i+c$；p_i 是一预测值，该预测值与实际值 P_i 的离差为：

$$P_i - p_i = P_i - (at_i^2 + bt_i + c)$$

该离差反映了 p_i 与精确 $P\text{-}t$ 曲线方程的偏差。且离差的平方和 $Q = \sum_{i=1}^{n}(P_i - p_i)^2 =$

$\sum_{i=1}^{n}(P_i - at_i^2 - bt_i - c)^2$ 反映了 n 个实际值 P_1、P_2、…、P_n 与实际 P-t 曲线方程的总的偏差程度。因所求曲线方程与 n 个实际值是最接近的，故所求的曲线方程应是一条最佳曲线，即离差平方和取得最小值。根据这一思想，要使 Q 取得最小值可采用多元函数求极值的方法，分别对 a、b 和 c 求偏导数，并令其为零，即：

$$\frac{\partial Q}{\partial a} = -2\sum_{i=1}^{n}(P_i - at_i^2 - bt_i - c)t_i^2 = 0$$

$$\frac{\partial Q}{\partial b} = -2\sum_{i=1}^{n}(P_i - at_i^2 - bt_i - c)t_i = 0$$

$$\frac{\partial Q}{\partial c} = -2\sum_{i=1}^{n}(P_i - at_i^2 - bt_i - c) = 0$$

于是得方程组：

$$\begin{cases} a\sum_{i=1}^{n}t_i^4 + b\sum_{i=1}^{n}t_i^3 + c\sum_{i=1}^{n}t_i^2 = \sum_{i=1}^{n}t_i^2P_i \\ a\sum_{i=1}^{n}t_i^3 + b\sum_{i=1}^{n}t_i^2 + c\sum_{i=1}^{n}t_i = \sum_{i=1}^{n}t_iP_i \\ a\sum_{i=1}^{n}t_i^2 + b\sum_{i=1}^{n}t_i + nc = \sum_{i=1}^{n}P_i \end{cases} \tag{e}$$

可利用 Cramer 法则求 a、b、c 的值，计算公式如下：

$$a = \frac{D_1}{D} \qquad b = \frac{D_2}{D} \qquad c = \frac{D_3}{D}$$

其中

$$D = \begin{vmatrix} \sum_{i=1}^{n}t_i^4 & \sum_{i=1}^{n}t_i^3 & \sum_{i=1}^{n}t_i^2 \\ \sum_{i=1}^{n}t_i^3 & \sum_{i=1}^{n}t_i^2 & \sum_{i=1}^{n}t_i \\ \sum_{i=1}^{n}t_i^2 & \sum_{i=1}^{n}t_i & n \end{vmatrix} \qquad D_1 = \begin{vmatrix} \sum_{i=1}^{n}t_i^2P_i & \sum_{i=1}^{n}t_i^3 & \sum_{i=1}^{n}t_i^2 \\ \sum_{i=1}^{n}t_iP_i & \sum_{i=1}^{n}t_i^2 & \sum_{i=1}^{n}t_i \\ \sum_{i=1}^{n}P_i & \sum_{i=1}^{n}t_i & n \end{vmatrix}$$

$$D_2 = \begin{vmatrix} \sum_{i=1}^{n}t_i^4 & \sum_{i=1}^{n}t_i^2P_i & \sum_{i=1}^{n}t_i^2 \\ \sum_{i=1}^{n}t_i^3 & \sum_{i=1}^{n}t_iP_i & \sum_{i=1}^{n}t_i \\ \sum_{i=1}^{n}t_i^2 & \sum_{i=1}^{n}P_i & n \end{vmatrix} \qquad D_3 = \begin{vmatrix} \sum_{i=1}^{n}t_i^4 & \sum_{i=1}^{n}t_i^3 & \sum_{i=1}^{n}t_i^2P_i \\ \sum_{i=1}^{n}t_i^3 & \sum_{i=1}^{n}t_i^2 & \sum_{i=1}^{n}t_iP_i \\ \sum_{i=1}^{n}t_i^2 & \sum_{i=1}^{n}t_i & \sum_{i=1}^{n}P_i \end{vmatrix}$$

假如某项目业主规定发包项目的单位时间价值 UTV 为 10 万元/天，某承包商在对项目估价后实施的报价策略是：

报价1：$P_1=3000$ 万元，$t_1=200$ 天；

报价2：$P_2=2800$ 万元，$t_2=220$ 天；

报价3：$P_3=2700$ 万元，$t_3=240$ 天。

可将这3组报价数据代入前面推导出的公式以求出方程中的系数 a、b 和 c。为了计算方便，把行列式中将要出现的数据列表（见表6-32）。

表6-32　行列式数据计算

数据	t_i	t_i^2	t_i^3	t_i^4	P_i	t_iP_i	$t_i^2P_i$
报价1	200	4×10^4	8×10^6	16×10^8	3×10^7	6×10^9	12×10^{11}
报价2	220	4.84×10^4	10.648×10^6	23.4256×10^8	2.8×10^7	6.16×10^9	13.552×10^{11}
报价3	240	5.76×10^4	13.824×10^6	33.1776×10^8	2.7×10^7	6.48×10^9	15.552×10^{11}
Σ	660	14.6×10^4	32.472×10^6	72.6032×10^8	8.5×10^7	18.64×10^9	41.104×10^{11}

将表6-27中数据代入方程组（6-7），得：

$$\begin{cases}72.6032\times10^8a+32.472\times10^6b+14.6\times10^4c=41.104\times10^{11}\\32.472\times10^6a+14.6\times10^4b+660c=18.64\times10^9\\14.6\times10^4a+660b+3c=8.5\times10^7\end{cases}$$

先计算 D、D_1、D_2、D_3：

$$D=\begin{vmatrix}72.6032\times10^8 & 32.472\times10^6 & 14.6\times10^4\\32.472\times10^6 & 14.6\times10^4 & 660\\14.6\times10^4 & 660 & 3\end{vmatrix}=0.000256\times10^{12}$$

$$D_1=\begin{vmatrix}41.104\times10^{11} & 32.472\times10^6 & 14.6\times10^4\\18.64\times10^9 & 14.6\times10^4 & 660\\8.5\times10^7 & 660 & 3\end{vmatrix}=0.00032\times10^9$$

$$D_2=\begin{vmatrix}72.6032\times10^8 & 41.104\times10^{11} & 14.6\times10^4\\32.472\times10^6 & 18.64\times10^9 & 660\\14.6\times10^4 & 8.5\times10^7 & 3\end{vmatrix}=-0.0016\times10^{11}$$

$$D_3=\begin{vmatrix}72.6032\times10^8 & 32.472\times10^6 & 41.104\times10^{11}\\32.472\times10^6 & 14.6\times10^4 & 18.64\times10^9\\14.6\times10^4 & 660 & 8.5\times10^7\end{vmatrix}=0.0002688\times10^{13}$$

从而得出：

$$a=\frac{D_1}{D}=\frac{0.00032\times10^9}{0.000256\times10^{12}}=0.00125$$

$$b=\frac{D_2}{D}=\frac{-0.0016\times10^{11}}{0.000256\times10^{12}}=-0.625$$

$$c = \frac{D_3}{D} = \frac{0.0002688 \times 10^{13}}{0.000256 \times 10^{12}} = 105$$

因此所求的 P-t 曲线方程为：

$$P = 0.00125t^2 - 0.625t + 105$$

将 a、b、c 值分别代入式（c）和式（d），得，

$$t_0 = -(b + UTV)/2a = [-(-0.625 + 0.1)/(2 \times 0.00125)] 天 = 210 天$$

$$P_0 = (UTV^2 - b^2)/4a + c = [(0.1^2 - 0.625^2)/(4 \times 0.00125) + 105] 百万元$$

$$= 28.875 百万元 = 2887.5 万元$$

通过上述计算方法，该承包商求出了最优化的工期 210 天，与之相匹配的最优化的报价为 2887.5 万元。因此，总价 $TCB_0 = P_0 + UTV \times t_0 =$（$2887.5 + 10 \times 210$）万元 $= 4987.5$ 万元。该组数值与其初始报价的数值组相比，介于报价 1 与报价 2 之间。这说明即便初始报价的 3 组数值是在精确估价的基础上做出的，如果不对成本和工期两个因素进行双优化处理，它们与最优化的报价数据组相比仍有误差。

从图 6-13 可以清楚地看出，总标价 TCB 曲线是 P-t 曲线与代表时间价值的 $UTV \times t$ 直线叠加的结果，$UTV \times t$ 与工期 t 成正比，所以 TCB 曲线右段上扬。如业主不考虑时间因素，则承包商直接以 B_1 点（t_1，P_B）报价，其总价是 TCB_1；如业主考虑时间因素，则应以 L 点（t_0，P_0）报价，其总价是 TCB_0。很显然 $TCB_0 < TCB_1$，这是因为 t_0 点的时间价值 $UTV \times t$ 比 t_1 点的小得多。

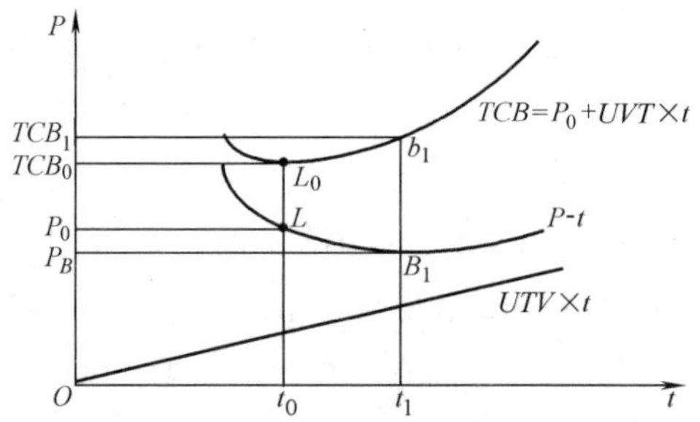

图 6-13 TCB 曲线是 P-t 曲线与 $UTV \times t$ 直线叠加的结果

项目的可变工期发包方式近年来有增加趋势，这对习惯于以概预算定额作为估价和取费依据的我国施工企业来说无疑是一个新课题。定额是以平均成本原则制定的，只适用于正常工期的项目，并未提供计算大幅度缩短工期所产生的额外费用的基础。针对这种情况，本方法为施工企业提供了一种对标价，工期双目标进行优化的数学模型，具有较大的精确性和较强的可操作性。但前提是业主在投标书附录中规定了误期损害费率，即单位时间价值 UTV，否则在评标时将缺乏横向可比性。此外本方法重点讨论的是建立数学模型的依据及其推导方法，而双优化数学模型的精确程度却是建立在合理的标高金的基础之上的。

6.5.3 建设工程评标的程序和方法

1. 建立评标机构

首先根据招标工程的规模或具体情况在招标管理机构的监督下建立人数不等的评标委员

会。评标委员会由招标单位与技术、经济等专家共同组成。人数应为 5 人以上的单数。相关专家的人数不得少于总数的三分之二，招标单位及直接利益相关单位的人数不得多于总人数的三分之一。相关专家应从招标管理机构的专家库中随机选定。

2. 评标的原则和程序

（1）评标的原则　评标的原则是：竞争选优；公正、公平、科学合理；质量好、信誉高、价格合理、工期适当、施工方案先进可行；反对不正当竞争；规范性与灵活性相结合。

（2）评标程序　评标的程序可简称为“两段三审”。“两段”指初审和终审；“三审”指符合性评审、技术性评审和商务性评审。

1）初审。对投标文件的符合性评审包括技术符合性和商务符合性鉴定；投标文件是否实质上响应招标文件的所有要求，没有显著的差异或保留。

① 技术性评审：施工方案的可行性评估和关键工序评估；劳务、材料机械设备、质量控制措施评估及对施工现场周围环境污染和保护措施评估等。

② 商务性评审：包括对投标报价的校核；审查全部报价数据计算的正确性，分析报价构成的合理性并与标底价格做对比分析。

2）终审。从通过初审的投标中筛选出若干个具备投标资格的投标单位并对其进行终审。具体的做法是：要求筛选出的具备投标资格的投标单位进行澄清或答辩，以进一步评选出中标单位。不实行合理低标价的评标可不进行终审。

3. 评标的方法

在我国使用较多的评标方法是综合评估法和合理低标价法。

（1）综合评估法　综合评估法又称百分法，做法是：将评审各指标分别在百分之内所占比例和评标标准在招标文件中规定，开标后按评标程序，根据评分标准由评委对各投标人的标书进行评分，最后以总分最高的投标人中标。

（2）合理低标价法　该法是按照评标程序，经初审后以合理低标价作为中标的主要条件。合理的低标价必须经过终审，经答辩证明该投标人的各项措施是合理可行的，而且正是这些措施导致了低标价。但此法并不保证最低标中标。

复习题

1. 国际上流行的招标方式有哪几种？我国招标投标法所允许的招标方式是什么？
2. 建设工程招标与建设工程施工合同的关系是什么？常用的施工合同有哪几种类型？
3. 发包方主要应用什么方法确定标底价格？投标方确定投标价格的主要依据是什么？
4. 施工图预算的作用是什么？编制施工图预算有几种基本方法？各有什么特点？

第 7 章　建设工程施工阶段的造价管理

建设项目施工阶段，就是按照设计文件、施工图具体组织施工建造的阶段，是建设项目价值和使用价值实现的主要阶段。施工阶段的工程造价管理是实施建设项目全过程造价管理的重要组成部分。

施工阶段的造价控制目标非常明确，即把工程造价控制在承包合同价内，并力求在规定的工期内生产出质量好、造价低的建设产品。

施工阶段工程造价管理的主要工作内容有：优化施工组织设计、合理管理与使用资金、控制工程变更、处理索赔等。

7.1　优化施工组织设计

7.1.1　施工组织设计的编制内容和程序

施工组织设计（又叫施工组织规划）是由施工单位编制的，用以指导施工准备和组织施工的技术经济文件，是施工企业管理现场施工的内部法规。它的任务是，在充分研究工程客观条件和施工特点的基础上，结合本企业的技术力量、装备与管理水平，对人力、资金、材料、机械和施工方法五个基本要素，进行统筹规划、合理安排、全面组织；充分利用有限的空间和时间，采用先进的施工技术，选择经济合理的施工方案；建立正常的生产秩序和有效的管理方法，力求用最少的资源和财力取得质量高、成本低、工期短、效益好和用户满意的建设（或建筑）产品。

施工组织设计分为施工组织总设计、单位工程施工组织设计和分部分项工程施工组织设计三类。无论哪一种施工组织设计都应包括：施工方案（即施工方法及相应技术组织措施），施工进度计划，施工现场平面布置，有关人力、施工机具、生产设备、建筑材料和施工用水、电、动力、运输等物质资源的需要及其供应与解决方法。在以上内容中应突出施工进度计划、施工方案设计和施工平面布置三大重点。施工组织设计应突出“组织”二字，对施工人力、物力、资金、时间与空间，需要与可能，局部与整体，阶段与过程，场内与场外等给予周密的安排。施工组织设计是技术与经济相结合的文件，最终目的是提高经济效益。

现以单位工程施工组织设计为例，说明编制程序。单位工程施工组织设计的编制程序，是指单位工程施工组织设计各个组成部分形成的先后次序以及相互之间的制约关系，如

图 7-1 所示。

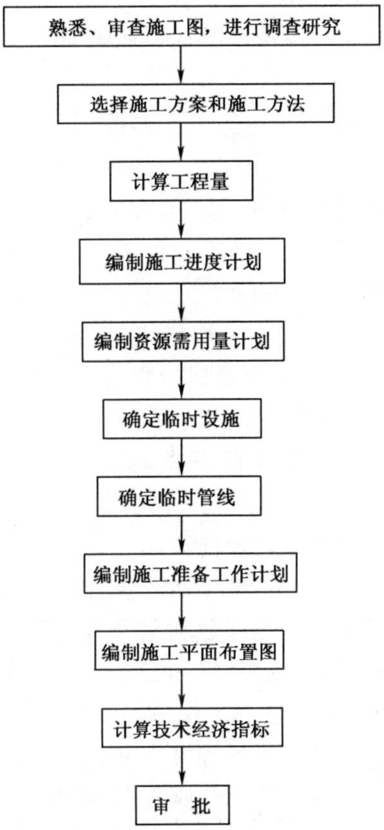

图 7-1 单位工程施工组织设计编制程序

7.1.2 优化施工组织设计的方法

优化施工组织设计，就是通过科学的方法，对多方案的施工组织设计进行技术经济分析、比较，从中择优确定最佳的方案。优化施工组织设计的方法有定性分析法、多指标定量分析法、价值法和价值工程分析法。

1. 定性分析法

定性分析法，就是根据过去积累的经验对施工方案、施工进度计划和施工平面布置的优劣进行分析。例如：施工平面设计是否合理，主要看场地是否合理利用，临时设施费用是否适当；施工进度计划中是否合理是看主要工程的工期是否恰当。一般可按经验数据和工期定额进行分析。定性分析法较为简便，但不精确，要求设计者、造价工程师必须具有丰富的施工经验和管理水平。

2. 多指标定量分析法

多指标定量分析法，是目前经常采用的优化施工组织设计的方法。它通过一系列技术经济指标的计算，对比分析，然后根据指标的高低分析判断优劣的方法。下面介绍技术经济指标的计算及对比分析。

(1) 施工进度计划指标　施工进度计划是施工组织设计的中心，通过施工进度计划可以把施工中的各项工作有机地联系起来，确保施工任务的顺利完成。因此，施工进度计划是否合理，对整个施工影响很大。施工进度的安排是否合理，常用工期、均衡性和竣工率三个指标来衡量。

1) 工期。施工工期是指从正式开工到竣工验收结束为止所经历的时间。工期是否合理应以满足计划（或合同）规定的前提下费用最低为标准。按工程造价的构成，工程成本由直接费和间接费两部分组成。直接费一般是在合理组织和正常施工条件下完成时，其费用最低，如果在此标准下要赶工（加快施工速度）或延工，则直接费将随之相应增加。而间接费是随着工期缩短而减少，它们之间的关系如图7-2所示。直接费曲线与间接费曲线叠加起来可得到总成本曲线。与总成本曲线的最低点相应的施工时间，即为最佳的工期。在确定工期时，应尽可能接近最佳工期。

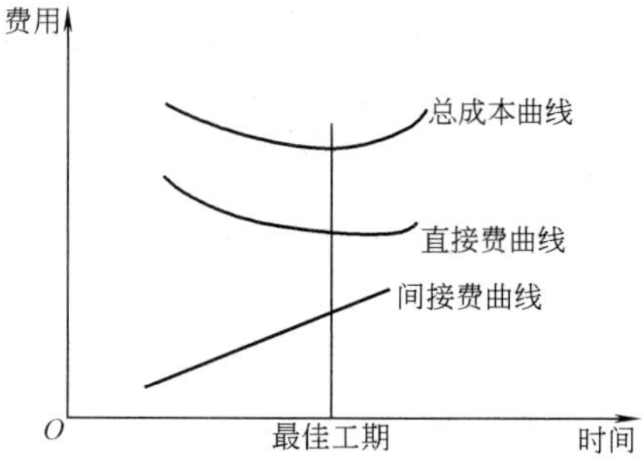

图7-2　施工工期与费用关系图

2) 施工的均衡性。这是衡量施工进度计划经济合理性的又一重要指标。施工不均衡，势必会现出现时紧时松，人力和物资不能充分利用，造成资金周转缓慢、物资供应困难、生产秩序混乱，必然影响劳动生产率、工程质量和安全生产。衡量施工均衡性的指标是工程量（或材料）均衡系数、用工人数均衡系数、工作量均衡系数，它们的计算公式为：

$$\text{工程量(或材料)均衡系数}=\frac{\text{某分项工程施工期内的工程量(或材料)最高需要量}}{\text{某分项工程施工期内的工程量(或材料)平均需要量}}$$

$$\text{用工人数均衡系数}=\frac{\text{施工期内最高用工人数}}{\text{施工期内平均用工人数}}$$

$$\text{工作量均衡系数}=\frac{\text{施工期内月完成最高工作量}}{\text{施工期内月平均完成工作量}}$$

以上各指标越趋近于1，则其均衡性越好。这些指标常用于对整个工程项目均衡性的对比，对某一单位工程意义不大。

3) 竣工率。它是反映建筑工程竣工投产情况的主要指标，分为房屋建筑面积竣工率（多用于民用建筑）和单项或单位工程竣工率（常用于工业建筑）：

$$\text{房屋建筑面积竣工率(\%)}=\frac{\text{本期房屋建筑竣工面积}}{\text{本期房屋建筑施工面积}}\times 100\%$$

$$\text{单项(单位)工程竣工率(\%)}=\frac{\text{本期单项(单位)工程竣工个数}}{\text{本期单项(单位)工程施工个数}}\times 100\%$$

(2) 工程成本指标　这里所指的工程成本是指施工企业完成单位建筑安装工程所支出的全部费用的总和。它是评价和优化施工组织设计的重要指标。

1) 成本降低率。计算公式为：

$$\text{成本降低率(\%)}=\frac{\text{预算成本}-\text{计划成本}}{\text{预算成本}}\times 100\%=\frac{\text{工程成本降低额}}{\text{预算成本}}\times 100\%$$

式中，预算成本是指施工工程按预算价格计算的成本；计划成本是指施工工程计划支出的成本。

2）平方米造价降低率。计算公式为：

$$平方米造价降低率(\%)=\frac{预算每平方米建筑面积造价-计划每平方米建筑面积造价}{预算每平方米建筑面积造价}\times100\%$$

3）劳动生产率提高率。计算公式为：

$$劳动生产率提高率(\%)=\frac{本工程劳动生产率-历史最高劳动生产率}{历史最高劳动生产率}\times100\%$$

4）用工节约率。计算公式为：

$$用工节约率(\%)=\frac{预算用工-计划用工}{预算用工}\times100\%$$

5）材料节约率。计算公式为：

$$材料节约率(\%)=\frac{某材料预算用量-该材料计划用量}{某材料预算用量}\times100\%$$

（3）工程质量指标　工程质量评价只能在竣工验收后，对工程质量进行评定的指标。但在施工组织设计中应确定计划质量目标，以便为此目标而努力。工程质量指标常用合格率和返工损失率两个指标来表示。

$$合格品率(\%)=\frac{合格的单位工程个数(或建筑面积)}{验收鉴定的单位工程个数(或建筑面积)}\times100\%$$

$$返工损失率(\%)=\frac{全年(或工期内)累计返工损失金额}{全年(或工期内)累计完成投资总额}\times100\%$$

（4）施工机械化程度指标　施工过程中施工机械化程度高低对加快施工进度、保证施工质量、提高劳动生产率、降低工程成本具有十分重要的意义。评价施工机械化程度高低的指标包括施工机械化程度指标、机械效率指标和机械能力利用率指标。

1）施工机械化程度指标。分为工程机械化程度和综合机械化程度两个指标。

$$工程机械化程度(\%)=\frac{某工种工程利用机械完成的实物量}{某工种工程的全部实物量}\times100\%$$

$$综合机械化程度(\%)=\frac{\sum\left(\begin{matrix}各工种工程用机\\械完成的实物量\end{matrix}\times\begin{matrix}各相应工种工程\\的人工定额工日\end{matrix}\right)}{\sum\left(\begin{matrix}各工种工程完\\成的总实物量\end{matrix}\times\begin{matrix}各相应工种工程\\的人工定额工日\end{matrix}\right)}\times100\%$$

2）机械效率指标。计算公式为：

$$机械效率(\%)=\frac{施工期内机械计划完成产量}{施工期内机械平均总能力}\times100\%$$

或

$$机械效率(\%)=\frac{施工期内机械计划作业台班数}{施工期内机械总台班数}\times100\%$$

3）机械能力利用率指标。这是衡量施工方案中安排的施工机械能力是否能得到充分利用的指标。

$$机械能力利用率(\%)=\frac{施工期某机械平均台班(台时)计划产量}{该机械台班(台时)定额产量}\times100\%$$

式中，

$$机械平均台班(台时)计划产量=\frac{施工期某机械计划完成的工程量}{该机械计划作业台班(台时)数}$$

(5) 施工安全指标 施工安全评价只能在事后进行，但在施工方案中必须要有相应的安全措施计划及其指标。评价施工安全指标常为负伤率和事故严重程度两个指标。

$$负伤率(\%)=\frac{本期事故负伤次数}{本期职工平均人数}\times100\%$$

$$事故严重程度=\frac{本期事故负伤歇工日数}{本期事故负伤人数}$$

3. 价值法

所谓价值法（又称为价值定量分析法），就是对各方案都计算出最终价值，用价值量的大小评定方案优劣的方法。价值量最小，方案最优。

4. 价值工程分析法

可以运用价值工程的基本原理来优选施工方案。下面通过某高校图书馆的土方工程的施工方案选择过程来说明其应用方法。

(1) 定价值工程研究对象 某高校图书馆的满堂基础挖土方。

(2) 功能定义 安全、迅速、高效、高质量挖6000m³土方。

(3) 施工方案分析 按要求，挖出的土方堆放在距离施工地点80m处，留作回填。施工人员先提出了基本方案甲，后经过实地勘察和反复研究，又提出其他四种施工方案（见表7-1）。

表7-1 施工方案分析表

施工方案	施工方法	施工机械	工作量/m³	主要施工方法	工期/天	工程成本/元	方案优缺点
甲	挖运	挖土机1台 汽车3台 推土机1台	6000	挖土机挖土装汽车，推土机配合卸土	15	6500	1. 质量、安全有把握 2. 施工管理较容易 3. 成本较高
乙	挖推	挖土机1台 推土机2台	6000	挖土机挖土，推土机将土推到存土场地	14	3400	1. 节约费用 2. 现场混乱 3. 施工安全不能保证
丙	挖运推	挖土机1台 汽车2台 推土机1台	6000	甲、乙两种方法相结合	13	4200	1. 施工质量较好 2. 成本较高 3. 较安全
丁	推土	推土机2台	6000	用推土机将土推出基坑外再推往存土场地	21	3900	1. 放坡面积大，破坏了基坑边坡 2. 效率低、工期长 3. 施工安全较差
戊	铲运	铲运机2台	6000	铲运机挖土运土	12	4000	1. 工程质量高 2. 坑底平整、边坡好 3. 较安全

(4) 方案评价 经过对五个方案进行分析比较（见表7-2），考虑到图书馆的施工现场狭窄，结合考虑工程质量、工程成本、施工安全、方案总分等因素，认为采用戊方案比较合适。该方案比最先提出的基本方案（甲方案）缩短工期3天，降低成本2500元。

表 7-2 施工方案评价表

指标	评分等级	评分标准	施工方案				
			甲	乙	丙	丁	戊
工程成本	1. 高 2. 适中 3. 低	0 5 10	0	10	5	5	5
工期	1. 长 2. 适中 3. 短	0 5 10	5	5	5	0	10
工程质量	1. 高 2. 有把握 3. 无把握	10 5 0	10	0	10	0	10
施工安全	1. 能保证 2. 不能保证	5 0	5	5	5	0	5
施工管理	1. 费用低 2. 费用高	5 0	5	0	0	0	5
方案总分			25	20	25	5	35
排列顺序			2	4	2	5	1

7.1.3 处理好质量、成本、工期三者之间的关系

正确处理好质量、成本、工期三者之间的对立统一关系，是施工组织设计和建设工程项目全过程都必须高度重视的问题。

建设工程成本、工期、质量三大目标相互之间存在着既对立又统一的关系。因此，首先要弄清楚在什么情况下表现为对立的关系，在什么情况下表现为统一的关系。从建设工程业主的角度出发，往往希望该工程的成本低、工期短（或进度快）、质量好。如果采取某种措施可以同时实现其中两个要求（如既造价少又工期短），则这两个目标之间就是统一的关系；反之，如果只能实现其中一个要求如（工期短），而另一个要求不能实现（如质量差），则这两个目标（即工期和质量）之间就是对立的关系。以下就具体分析建设工程三大目标之间的关系。

1. 建设工程三大目标之间的对立关系

建设工程三大目标之间的对立关系比较直观，易于理解。一般来说，如果对建设工程的功能和质量要求较高，就需要采用较好的工程设备和建筑材料，就需要投入较多的资金；同时，还需要精工细作，严格管理，不仅增加人力的投入（人工费相应增加），而且需要较长的建设时间。如果要加快进度，缩短工期，一方面需要加班加点或适当增加施工机械和人力，这将直接导致施工效率下降，单位产品的费用上升，从而使整个工程的成本增加；另一方面，加快进度往往会打乱原有的计划，使建设工程实现的各个环节之间产生脱节现象，增加控制和协调的难度，不仅有时可能欲速则不达，而且会对工程质量带来不利影响或留下工程质量隐患。如果要降低成本就需要考虑降低功能和质量要求，采用较差或普通的工程设备和建筑材料；同时，只能按费用最低的原则安排进度计划，整个工程需要的建设时间就较长。应当说明的是，在这种情况下的工期其实是合理工期，只是对于加快进度情况而言，显

得工期较长。

以上分析表明，建设工程三大目标之间存在对立的关系。因此，不能奢望造价、工期、质量三大目标同时达到最优，即既要成本少，又要工期短，还要质量好。在确定建设工程目标时，不能将成本、工期、质量三大目标割裂开来，分别孤立分析和论证，更不能片面强调某一目标而忽略其对其他两个目标的不利影响，而必须将成本、工期、质量作为一个系统统筹考虑，反复协调和平衡，力求实现整个目标系统最优。

2. 建设工程三大目标之间的统一关系

对于建设工程三大目标之间的统一关系，需要从不同的角度分析和理解。例如，加快进度、缩短工期虽然需要增加一定的成本，但是可以使整个建设工程提前投入使用，从而提早发挥投资效益，还能在一定程度上减少利息支出。如果提早发挥的投资效益超过因加快进度所增加的投资额度，则加快进度从经济角度来说就是可行的。如果提高功能和质量要求，虽然需要增加一次性投资，但是可能降低工程投入使用后的运行费用和维修费用，从全寿命费用分析的角度则是降低造价的。另外，在一些情况下，功能好、质量优的工程（如宾馆、商用办公楼）投入使用后的收益往往较高。此外，从质量控制的角度，如果在施工过程中进行严格的质量控制，保证实现工程预定的功能和质量要求（相对于由于质量控制不严而出现质量问题而言可认为是“质量好”），则不仅可减少施工过程中的返工费用，而且可以大大减少投入使用后的维修费用。严格控制质量还能起到保证进度的作用。如果在工程施工中发现质量问题及时进行返工处理，虽然需要耗费时间，但可能只影响局部工作的进度，不影响整个工程建设的进度；或虽然影响整个工程建设的进度，但是比不及时返工而酿成重大工程质量事故对整个工程建设进度的影响要小，也比留下工程质量隐患到使用阶段才发现而不得不停止使用进行修缮所造成的时间损失要小。

在确定建设工程目标时，应当对成本、工期、质量三大目标之间的统一关系进行客观的且尽可能定量的分析。在分析时要注意以下几方面问题：

（1）掌握客观规律，充分考虑制约因素　例如，一般来说，加快进度、缩短工期所提前发挥的投资效益都超过加快进度所需要增加的工程成本，但不能由此导出工期越短越好的错误结论，因为加快进度、缩短工期会受到技术、环境、场地等因素的制约（当然还要考虑对投资和质量的影响），不可能无限制地缩短工期。

（2）对未来的、可能的收益不宜过于乐观　通常，当前的投入是现实的，其数额也是较为确定的，而未来的收益却是预期的、不很确定的。例如，提高功能和质量要求所需要增加的投资可以很准确地计算出来，但今后的收益却受到市场供求关系的影响，如果届时同类工程（如五星级宾馆、智能化办公楼）供大于求，则预期收益就难以实现。

（3）将目标规划和计划结合起来　如前所述，建设工程所确定的目标要通过计划的实施才能实现。如果建设工程进度计划制定得既可行又优化，使建设工程进度具有连续性、均衡性，则不但可以缩短工期，而且有可能获得较好的质量且耗费较低的投资。从这个意义上讲，优化的计划是成本、工期、质量三大目标统一的计划。

在对建设工程三大目标对立统一关系进行分析时，同样需要将成本、工期、质量三大目标作为一个系统统筹考虑，同样需要反复协调和平衡，力求实现整个目标系统最优也就是实现成本、工期、质量三大目标的统一。

7.2　施工预算的编制

7.2.1　概述

1. 施工预算的定义

施工预算是施工企业在单位工程开工之前编制的单位工程或分部、分层、分段上的人工、材料、施工机械台班消耗量和必需的现场经费的企业内部预算，也称计划成本。它是根据施工图、施工定额、单位工程施工组织设计和降低工程成本的技术组织措施，并结合施工现场的实际情况，在施工图预算数额控制下编制的技术经济文件。它是企业计划成本的依据，反映了完成工程项目建设所消耗的实物与金额数量指标，是与施工图预算和实际成本对比的基础资料，是施工企业实行全面经济核算制，提高企业综合效益的有效措施。

2. 施工预算的意义

施工预算制度，是促进施工成本计划管理的有效工具。在社会主义市场经济条件下，立足于施工企业节约、挖潜，强化企业内部的经济观念，有效地推行施工预算制度，对于健全和完善施工企业项目管理机制，不断改善和提高企业经营管理，建立以项目为基点的全面经济核算，创“优质低耗”工程，对于提高企业的竞争力，推进企业技术进步与管理创新，做到有计划、有组织的科学施工，不断提高经济效益都有着极其重要的意义。

3. 施工预算的作用

有了施工预算制度，施工企业的市场营销、计划、技术、供应、劳资与财务等管理部门和施工项目经理部都可以根据施工预算直接费及其实物耗用量，结合施工组织设计及其施工进度安排，准确地编制出该施工项目的年、季、月（或周、日）的劳动力、材料（包括周转材料）、构配件、机具设备及资金的使用计划。因此，施工预算是编制施工作业计划，劳动力、材料及机具设备计划和施工进场计划的依据；是实行按劳分配、限额用工用料，下达施工任务书的依据；是编制现场施工项目台账，实行企业内部项目经营目标承包，进行施工项目成本全面管理与核算的重要依据；也是施工企业完善施工图预算与施工预算“两算”对比，进行经济活动分析和工程财务成本核算的基本依据。

4. 施工预算的编制依据

1）施工图、设计说明书、有关部门的设计标准图集及其他有关材料。

2）建筑工程施工图预算、工料汇总表及有关技术经济分析文件。

3）现行的地区性或行业性和施工企业内部的施工定额或劳动消耗定额、材料消耗定额和机械台班使用定额。

4）施工组织设计（或施工方案）和新的施工管理组织措施，新技术、新材料等技术措施及其相关的技术经济指标与节约指标等。

5）施工现场实地勘察和测量资料。

6）工程招标文件。

7）工程施工合同或协议书。

8）各地市建设工程造价管理机构发布的有关造价管理文件规定，以及各地区的市场材料价格信息。

9）建筑工程设计规范、建筑工程施工验收规范以及建筑工程质量验收评定标准。

7.2.2 施工预算的编制特点、方法和步骤

1. 施工预算的编制特点

施工预算是施工企业内部进行项目成本与经济核算的技术经济文件，其内容组成一般只包括直接费和必要时所涉及的部分管理费（如现场经费等）。因此，注重直接费预算，这是与施工图预算（或设计概算）的第一个不同的基本特点。第二，采用定额的水准应反映企业内的工、料、机平均先进的消耗水平，先进企业应接近于现场实际成本消耗水平，符合施工现场的实际。第三，施工预算细目的划分比施工图预算更细，并应与施工组织设计规定的施工方案、施工段（层）的划分、技术组织措施、施工顺序和施工进度计划、作业计划相适应。第四，施工预算与现场的实际施工应紧密联系，应符合施工项目组织与现场管理的特征，更有利于项目成本的计划与控制，及以项目为基点的经济活动分析与经济核算。因此，施工预算的实践性是其最本质的特征。

2. 施工预算的编制方法

编制建筑工程施工预算，主要是采用实物工程量编制法（称实物法）。实物法是根据单位工程施工图及设计说明书规定的内容、工程量计算规则和施工分层分段的要求，计算各分项实物工程量，再套用相应施工定额的单价，得到合价（合价 = 分项工程量 × 单价），并进行人工、材料、机械台班数量的分析和汇总，最后将各分项工程的合价相加，得出各分部工程和单位工程的直接费。

3. 施工预算的编制步骤

施工预算的编制步骤如图7-3所示。

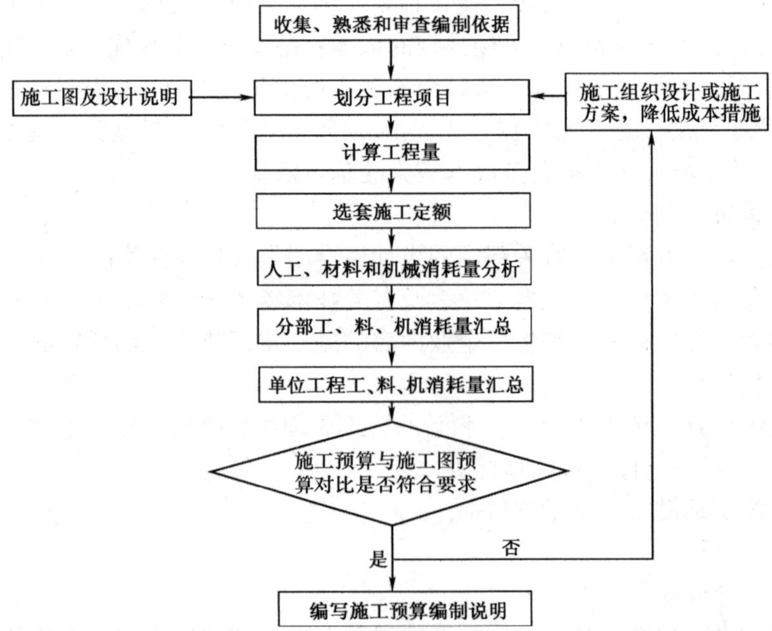

图7-3 施工预算编制程序

（1）收集、熟悉和审查编制依据，进行施工条件分析　在编制施工预算之前，编制者要收集到全部依据资料；认真审查施工图及有关设计标准图集、施工组织设计和技术组织措施等资料；掌握施工定额、现场经费定额标准的内容及使用方法等基础资料；查看资料是否齐全，内容有无错误；熟悉和掌握施工现场情况，进行施工条件分析，特别应注意节约资源和提高劳动生产率措施的分析。

（2）划分分部分项，排列工程预算细目　根据已会审的施工图及设计说明的要求，并根据施工组织设计或施工方案中规定的施工方法、施工顺序、施工层、施工段及施工作业方式等，按照施工定额的分部分项顺序，把工程项目划分为施工预算分部分项，排列分项细目应与施工进度图表分项相适应，并依次填入工程量计算表中（见表7-3）。

施工预算项目的划分，与划分施工图预算工程细目相比有着不同的特点。施工预算划分分部分项一般不按预算定额分部分项划分和排列，而应按照建筑物或构筑物的结构部位和施工顺序划分其分部分项。例如，一幢砖混住宅建筑工程的分部分项，可按砖基础工程、主体结构工程、屋面工程、装饰工程和其他工程来划分和排列细目。分部子项的划分，一般按工作内容，比施工图预算所划分的子项更细，作业性更强。划分子项是以人工消耗定额、材料消耗定额和机械台班消耗定额为依据，同时还必须考虑到施工现场分层分段工序流水作业，工序作业的工、料、机数量统计，应满足限额用工、用料作业计划，达到控制现场施工作业消耗和实际成本目标的目的。因此，施工预算各分部分项子项的划分，应以施工定额分项名称及其规定的工作内容范围为依据，并考虑施工作业顺序。例如前述砖基础工程分部分项中，其子项可划分为挖土方、做垫层、砌砖基础、做防潮层和土方回填夯实、外运土等子项。又如现浇钢筋混凝土条形基础，其子项一般可分为挖土方、做垫层、扎钢筋、浇基础混凝土、砌砖基、做防潮层、土方回填夯实、外运土等。如果在基础土方施工中需支护土方时，还应增加土方支撑子项。再如现浇钢筋混凝土框架分项是按柱、梁、板划分，而在施工预算子项中，还须将柱、梁、板细分为支模、扎筋、浇混凝土等分部项子项。此外，一般建筑工程中的脚手架工程，在施工图预算中是以建筑面积和综合脚手架定额项目为计算基数，脚手架工程划分为综合脚手架项目和室内天棚装饰工程的满堂脚手架项目等；而在施工预算中，墙体脚手架是以墙体的投影面积和相应定额项目为计算基数，脚手架工程项目可划分为外架子、里架子和斜道工程、满堂架子、独立柱架子等分部分项子项。在其他分部工程中，同样有上述分项的特点。

施工预算分部分项工程的划分，仍可按施工图预算“先分部，后分项”的步骤进行。对预算工程细目的基本要求，与施工图预算划项排序相同，如划分项目的工程分项名称、定额号、内容、范围，必须与施工预算定额相应的规定一致，不能有漏项、错项、重项等。

（3）计算分项工程量　施工预算分项细目确定以后，便可着手计算各分项工程量。工程量计算规则和方法及其要求等，可参考预算定额中工程量计算规则。分项工程量计算表及其汇总表分别见表7-3和表7-4。

表 7-3 施工预算工程量计算表

工程名称：

序号	分部（项）名称	部位与编号	单位	计 算 式	数 量
一	人力土方工程				
1	挖地槽、三类土、上宽 1.5m 内		m^3		
2	地槽回填土		m^3		
3	房心就地回填土及打夯		m^3		
4	地坪原土打夯		m^2		
二	架子工程				
1	单排外架子（4 步）		m		
2	护身栏杆		m		
3	里架子（工具式，1 步）		m		
4	卷扬机架		座		

审核： 制表：

表 7-4 施工预算工程量计算汇总表

工程名称：

序 号	分项工程名称	单 位	数 量	备 注
一	人力土方工程			
1	平整场地	$100m^3$		
2	人工挖地槽	$100m^3$		
3	原土打夯	$100\ m^2$		
4	回填土	$100m^3$		
5	土方外运	$100m^3$		
二	架子工程			
1	木制外脚手架	$100\ m^2$		
2	木制里脚手架	$100\ m^2$		
3	满堂脚手架	$100\ m^2$		
4	金属龙门架	座		
三	砌体工程			
1	毛石基础	$10m^3$		
2	砖基础	$10m^3$		
3	外墙	$10m^3$		
⋮				

审核： 制表：

(4) 套用定额，计算施工预算直接费 工程量计算之后，应确定和套用施工定额，计算施工预算直接费。一般在划分和确定分部分项细目时，已基本确定了应采用的定额分项(包括分项定额基价与人工、材料、机械台班的消耗量和费用)，确定了计算直接费和进行工、料、机分析的基数。本步骤要求计算直接费，可用下式分步进行，即

$$某分部分项直接费 = 某分项定额基价 \times 某分项工程量$$

$$某分部工程直接费 = \sum 该分部分项直接费$$

$$\text{单位工程直接费} = \sum \text{分部工程直接费}$$

计算施工预算工程直接费的程序和步骤，可按以上三式“先分项，后分部，再单位工程”的程序进行，并将其计算结果分别填写在施工预算表中（见表7-5）。

表7-5　施工预算表

工程名称：

序号	定额编号	分部（分项）名称	单位	数量	预算价值/元				
					单价	合计	其中		
							人工	材料	机械
一									
1									
2									
3									
⋮									
		人工、材料、机械分项合计							
	直接费		小写：				大写：		
			合计：				合计：		

审核：　　　　　　　　　　　　　　　　　　　　　　　　　　制表：

（5）工料机分析与汇总　工料机分析与汇总包括图7-3中的三个步骤，即分析和计算各分部（项）的工、料、机耗用量，统计分部工程耗用量和单位工程耗用量。其具体程序与上述费用计算一样，按“先分项，后分部，再单位工程”的步骤进行。其计算式分别为：

$$\begin{matrix}\text{某分项人工(或材料或}\\ \text{机械台班)需用量}\end{matrix} = \begin{matrix}\text{某分项人工(或材料或}\\ \text{机械台班)定额用量}\end{matrix} \times \text{某分项工程量}$$

$$\text{某分部人工(或材料或机械台班)需用量} = \sum \text{某分部分项人工(或材料或机械台班)需用量}$$

$$\text{单位工程人工(或材料或机械台班)需用量} = \sum \text{分部人工(或材料或机械台班)需用量}$$

工料机的分析、统计与汇总，可按施工预算工程细目分项，以各分项相应的工、料、机定额消耗量为依据，逐项进行。具体操作可按表7-6～表7-16进行。

表7-6　施工预算工料分析表

工程名称：

定额编号	分部分项工程名称	单位	工料名称 / 工料用量 / 工程量	人工		材料		机械	
				单位用量	合计用量	单位用量	合计用量	单位用量	合计用量

审核：　　　　　　　　　　　　　　　　　　　　　　　　　　制表：

表7-7 单位人工汇总表

工程名称：

序号	分部分项名称	工种名称	等级	单位	数量	单价/元	金额/元
1							
2							
3							
⋮							

审核： 制表：

表7-8 单位工程材料或机械汇总表

工程名称：

序号	分部分项名称	材料或机械名称	规格	单位	数量	单价/元	金额/元
1							
2							
3							
⋮							

审核： 制表：

表7-9 施工预算钢筋明细表

工程名称：

序号	构件名称	单位	数量	钢筋用量/kg					
				Φ6	Φ8	Φ12	Φ16	Φ20	…
1									
2									
3									
⋮									

审核： 制表：

表7-10 钢筋混凝土预制构件加工表

工程名称：

序号	构件名称	构件编号	采用图集	单位	加工数量	混凝土强度等级	每一构件		混凝土总量	预算价/元	
							m^3	t		单价	合价

审核： 制表：

表7-11 周转材料需用量表

工程名称：

序 号	材料名称	规 格	单 位	数 量	体 积	备 注
1						
2						
3						
⋮						

审核： 制表：

表 7-12　门窗加工表

工程名称：

序号	名　称	型　号	洞口尺寸/mm	图号	计划数量	备　注
			宽×高		单位数量	
1						
2						
3						
⋮						

审核：　　　　　　　　　　　　　　　　　　　　　　　　　　制表：

表 7-13　木材加工明细表

工程名称：

序　号	材料名称	规　格	单　位	数　量	木材体积	备　注
1						
2						
3						
⋮						

审核：　　　　　　　　　　　　　　　　　　　　　　　　　　制表：

表 7-14　金属构件加工表

工程名称：

序　号	构件名称	构件编号	采用图集	单位	数量	单位质量/kg	总质量/kg	备　注
1								
2								
3								
⋮								

审核：　　　　　　　　　　　　　　　　　　　　　　　　　　制表：

表 7-15　金属结构加工材料明细表

工程名称：

序号	构件名称	构件编号	单位	数量	分规格钢材用量/kg						
					∟	[	工				合计
1											
2											
3											
⋮											

审核：　　　　　　　　　　　　　　　　　　　　　　　　　　制表：

表 7-16　五金明细表

工程名称：

序　号	五金名称	规　格	单　位	数　量	备　注
1					
2					
3					
⋮					

审核：　　　　　　　　　　　　　　　　　　　　　　　　　　制表：

(6) 编写施工预算编制说明 按编制说明的内容，简要地将编制依据、考虑因素、存在问题和采取的措施方法等加以说明，然后将编制说明和有关计算表格装订成册，组成施工预算文件。

4. 施工预算书的组成内容

施工预算的内容是以单位工程为对象进行人工、材料、机械台班耗用量及其费用总额的计算编制。它由编制说明和计算表格等部分组成。

(1) 编制说明部分 应简明扼要地说明施工预算的编制依据、编制时间，对施工图的审查意见、存在问题及处理方法等。主要包括以下内容：编制依据；工程概况及建设地点；对设计图和说明书的审查意见及编制中的处置方法；在编制时所考虑的新技术、新材料、新工艺的采用，质量和安全保证措施，机械化施工程度及部署等；控制、节约成本的措施；工程中尚存在的问题及必须进一步落实解决的其他问题。

(2) 施工预算表 详见表7-5。

(3) 工、料、机分析汇总表 详见表7-6～表7-16。

5. 编制施工预算应注意的问题

1) 编制施工预算的主要目的，是有利于施工企业在现场施工中能有效地进行施工活动经济分析、项目成本控制与项目经济核算。因此，划分项目应与施工作业安排尽可能一致，采用定额应符合本企业接近平均先进的消耗水平，使其能够有效地降低实际成本。

2) 当施工定额中只给出砌筑砂浆和混凝土强度等级，而没有给出原材料配合比时，应按定额附录砂浆配合比表与混凝土配合比表的使用说明进行换算，求得原材料用量。

3) 对于外加工的预制混凝土构件、钢结构构件、钢木门窗等成品、半成品，可不做工料分析，并应与现场施工细目分开，单列分项，以便于进行班组施工经济核算。

4) 在人工分析中应包括其他用工，例如各工种搭接和单位工程之间转移作业地点影响工效的用工，临时停电、停水，个别材料超运距及其他不能计算的直接用工等，即未包括在施工任务书中的直接用工。

7.2.3 "两算"对比分析

所谓"两算"对比是指施工预算与施工图预算的对比。一般应在完成施工预算的编制以后，应随即进行"两算"对比分析。"两算"对比的内容见表7-17。

表7-17 施工预算与施工图预算对比表

工程名称：

序号	项目	单位	施工图预算			施工预算			数量差			金额差		
			数量	单价	合计	数量	单价	合计	节约	超支	%	节约	超支	%
一														
1														
2														
3														
⋮														

审核： 制表：

1.“两算”对比分析的意义

应当指出，目前一些施工企业用个别项目经验成本代替施工预算，并忽视施工预算的有关基础工作，此类做法显然是错误的倾向。从本质上讲，施工图预算是国家（社会）根据社会平均先进的劳动消耗水平，对施工企业在生产过程中所消耗的劳动代价的价值补偿（即预算成本）。施工预算是施工企业内部为完成一个建筑产品的计划成本。显然，“两算”对比是施工企业为完成建筑产品可能得到的收入与计划支出的分析对比。通过“两算”对比分析，找到企业计划与社会平均先进水平的差异，做到“先算后做”，使得胸中有数，从而控制实际成本的消耗。通过对各分项“费差”（即价格的差异）和“量差”（即工、料、机消耗数量的差异）的分析，可以找到主要问题及其主要的影响因素，采取防止超支的措施，尽可能地减少人工、材料和机具设备的消耗。对于进一步制订人工、材料（包括周转材料）、机械设备消耗和资金运用等计划，对于有效地主动控制实际成本消耗，促进施工项目经济效益的不断提高，不断改善施工企业与现场施工的经营管理等，都有着十分重要的意义。

2.“两算”对比的基本技术经济指标

“两算”对比分析，主要包括实物量对比和直接费金额对比两部分基本指标。

（1）分项实物量对比的基本指标　分项实物量对比，即将分部分项工程施工图预算的人工、材料和机械台班消耗量，与施工预算的人工、材料和机械台班消耗量加以对比，分析其节约或超出的原因。其基本指标如下：

1）人工消耗节约或超出数量。人工消耗节约或超出的工日数，应等于施工图预算工日数（折合成一级工的工日数）减去施工预算工日数（折合成一级工的工日数）。计算结果为正值时，表示计划工日节约数量；为负值时，表示其超出数量。

计划工日降低率是计划工日节约数占施工图预算工日数的百分比。

2）材料消耗节约或超出数量。材料消耗节约或超出数量，等于施工图预算某种材料消耗（总）量与施工预算某种材料消耗（总）量的差值。计算结果为正值时，表示材料节约数量；为负值时，表示其超出数量。

某种材料降低率是材料节约量占施工图预算材料消耗量的百分比。

3）机械台班消耗节约或超出数量。机械台班消耗节约或超出数量，等于施工图预算某种机械消耗（总）量与施工预算某种机械消耗（总）量的差值。计算结果为正值时，表示机械台班节约数量；为负值时，表示其超出数量。

某种机械台班降低率是指某种机械实际节约台班数占施工图预算机械台班数的百分比。

（2）分项费用金额对比的基本指标　进行分部分项费用金额对比，是将施工图预算的人工费、材料费和机械费，与施工预算的人工费、材料费和机械费进行对比，分析其节约或超出的原因。其基本指标如下；

1）人工费节约或超出额。人工费节约或超出额应等于施工图预算人工费减去施工预算人工费。计算结果为正值时，表示计划人工费节约额；为负值时，表示其超出额。

人工费降低率是人工费节约额占施工图预算人工费的百分比。

2）材料费节约或超出额。材料费节约或超出额应等于施工图预算材料费减去施工预算材料费。计算结果为正值时，表示计划材料费节约额；为负值时，表示其超出额。

材料费降低率是计划材料费节约额占施工图预算材料费的百分比。

3）机械费节约或超出额。机械费节约或超出额应等于施工图预算机械费减去施工预算机械费。计算结果为正值时，表示计划机械费节约额；为负值时，表示其超出额。

机械费降低率是计划机械费节约额占施工图预算机械费的百分比。

对上述三项指标的分析与对比，一般简称“工、料、机”分析。

3.“两算”对比分析方法

“两算”对比分析方法是以上述技术经济指标为基础，对“两算”各分项子项、各分部分项和单位工程的“费差”和“量差”进行的逐项分析研究，或选择主要的项目或分部进行分析研究。

此外，还可以通过企业已经掌握的有可比性的其他同类技术经济指标，进行辅助性的对比分析。其具体对比的内容有直接费、人工费、工日数（折合成一级工工日数）、材料费、机械费、主要材料与机械台班用量。对于以上各项目的对比方法，是将施工图预算中的数额与施工预算数额进行比较，计算出节约或超出额，并求其降低率。

“两算”对比时，一般不进行间接费及其他各项费用的对比。必要时，为了掌握企业和现场间接费的支出，也可以企业间接费的支出水平为依据，进行某些间接费（或现场经费）项目的分析对比。这里应着重强调，为了充分发挥“两算”对比的作用，应提倡在“两算”对比的基础上，更加注重施工图预算成本、施工预算成本（计划成本）和实际成本即“三项成本”的对比分析。

7.3 施工成本和进度的控制

在编制了施工预算并完成了“两算”对比之后，应依据“两算”对比分析的结果编制工程项目的成本费用计划，并根据该计划对工程的成本和进度进行全过程的控制，力争工程总费用不超预算。因此施工阶段的成本和进度控制是施工阶段造价管理过程中不可间断的工作。

7.3.1 工程项目成本控制的依据

1. 工程项目的成本费用计划

成本控制的目的就是为了实现成本费用计划的目标，因此成本费用计划是成本控制的基础。

2. 进度报告

进度报告提供了每一时刻的工程实际完成量、工程费用实际支付情况等重要信息。成本控制工作正是通过实际情况与费用计划相比较，找出两者之间的差别，分析偏差产生的原因，从而采取措施改进以后的工作。此外，进度报告还能使管理者及时发现工程实施中存在的隐患，并在事态尚未造成重大损失前采取有效措施以避免损失。

3. 工程变更

在项目的实施过程中，由于各方面的原因，工程变更在所难免。工程变更包括设计变更、技术规范与标准变更、工程量变更、进度计划变更、施工计划变更和施工次序变更等。一旦出现变更，工程量、工期、工程款支付都将发生变化。项目管理人员应根据工程师的变更令的内容分析、计算索赔额；而业主方的代表即工程师应判断和评估索赔额的合理性。

4. 成本管理计划

成本管理计划不同于前面讲到的成本费用计划，它主要是为明确如何处理工程实施过程中可能发生的偏差而编制的。不同的管理者对同一项目同一问题的理解和处理方式往往也不尽相同。通过成本管理计划，可以明确不同问题的不同处理方法，为项目成本管理人员的决策提供参考。

5. 索赔文件

在施工过程中，现场条件、气候环境的变化，招标文件及设计施工图中的错误等原因经常会导致索赔的发生并造成费用超支。

此外，相关法律法规及合同文本等也都是成本控制的依据。

7.3.2　成本费用控制的步骤

在确定了项目的成本费用控制目标之后，必须定期地将成本实际值与计划值进行比较。当实际值偏离计划值时，分析产生偏差的原因，采取适当的纠偏措施，以确保成本目标的实现。成本控制的步骤如下：

（1）比较　按照某种确定的方式将成本实际值与计划值进行比较，以发现是否超支。

（2）分析　在比较的基础上，对比较的结果进行分析，以确定偏差产生的原因及严重程度。这一步是成本控制的核心，其主要目的是找出偏差产生的原因，从而采取有针对性的措施以减少或避免再次发生这类问题的可能性。

（3）预测　根据项目实施情况估算整个项目完成时的费用。预测的目的在于为决策提供支持。

（4）纠偏　当工程项目的实际成本出现了偏差，应当根据工程的具体情况、偏差分析和预测的结果采取适当的措施，以达到使各种偏差尽可能小的目的。纠偏是成本控制中最具实质性的一步，只有通过纠偏才能达到有效控制成本的目的。

（5）检查　对工程的进展进行跟踪和检查，及时了解工程进展状况以及纠偏措施的执行情况及效果，为今后的工作积累经验。

上述五个步骤是一个有机的整体，在实践中构成一个周期性的循环过程。

7.3.3　成本控制的方法

1. 成本与工期进度的集成管理

建设项目施工阶段的成本管理不能仅对成本要素进行孤立的管理，因为工程项目的成本与工期是密切相关的，工程中所有费用的发生时间、结算时间和占用时间的长短等因素都会给工程成本带来波动。所以，在工程成本管理中不考虑或不能全面考虑工程进度对成本的影响都是不科学的。我国目前大多数施工企业仍将主要注意力集中于工期提前或拖后的天数以及由此带来的奖罚，还没有认真考虑工程的成本与进度的集成管理问题。如不能对成本和进度进行集成管理，就无法将项目进度的变动对成本的影响，与工程所消耗资源的多少及资源价格的变动对项目成本的影响区别开来。这使得管理者无法得到工期进度对成本的影响数据，也无法分析采取什么措施才能使成本得到控制。

2. 赢得值理论

赢得值理论为工程项目的集成管理提供了理想的工具。其基本思想是通过引进一个中间变量EV（Earned Value）来帮助项目管理人员分析工程项目的成本和进度的变动情况并给出相关的控制数据，使项目管理人员能对在施项目的成本和工期的发展趋势做出科学的预测和判断。具体地说赢得值（Earned Value）是一个在某一时间点上度量已完成作业量的价值，但该价值是用实际完成工程量的计划价值计算的。其计算公式为：

赢得值EV = 已完成工程量的预算成本BCWP（Budgeted Cost of the Work Performed）
= 项目的总预算成本 × 已完成工程量的百分数

赢得值理论涉及以下三个参数：

1）计划工程量的预算成本BCWS（Budgeted Cost of the Work Scheduled）。BCWS指根据进度计划安排在某一给定时间内所应完成的工程量的计划成本，即施工中某一时刻按计划目标应完成的工程量的价值。

2）已完成工程量的预算成本BCWP（Budgeted Cost of the Work Performed）。BCWP指在某一给定时间内实际完成的工程量的计划成本，即赢得值。其对承包商而言是可从业主处得到的工程款，与承包商实际投入的费用无关。

3）已完成工程量的实际成本ACWP（Actual Cost of the Work Performed）。ACWP指在某一给定时间内所完成的工程量的实际发生成本，与业主承认并承诺付款的工程价值无关。

赢得值分析可将施工过程中任一时刻的成本情况与工期进度情况联系起来。如果上述三个参数在施工中任一时刻都保持相等（只是理想情况，实际很难做到），则没有任何偏差产生，项目的成本和进度均与各自的计划值相符；如上述三个参数有任何差异，就产生了偏差，这些偏差有些是有利的，有些是不利的。偏差分析可采用不同的方法，常用的有横道图法、表格法和曲线法（赢得值法）。

3. 赢得值法的应用实例

成本和进度是以资源为纽带联系起来的，可以用计算机辅助项目管理技术将进度和成本结合起来对工程状况作准确的监控。为了便于理解，下面将通过一个工业厂房项目来详细讨论如何应用赢得值法对工程项目进行成本和工期进度的集成管理。

（1）制定初始进度计划和计划工序成本　该工程分为14道工序，计划工期为40周，成本费用计划的总和为716万元。用P3项目管理软件绘出进度横道图（见图7-4），然后输入各工序的计划成本，该软件会自动地将各工序成本平均地分摊到各工序的计划时间段上以使得每道工序每周的成本支出都一样（见图7-5）。全部输入工序成本后即可得到项目的周（月或季度）成本直方图及累计成本曲线。从图7-4的右侧下方可看出计划竣工成本为716万元。此图表示的是计划进度和计划成本，在计算机辅助成本-进度控制的过程中，该图可看作是初始目标工程，横道图最左侧起始点的纵向直线为数据日期线。也就是说如果进度严格地按照此横道图进行，同时成本费用值也严格地沿此图所示的时间-成本累计曲线增长的话，该项目就能确保按时竣工，且不超预算。

图7-4的下半部分实际上就是时间-费用累计曲线（S形曲线）。该曲线的绘制步骤如下：

1）确定工程项目的进度计划，编制进度计划的横道图。

2）根据每单位时间内完成的实物工程量或投入的资源计算单位时间的费用。

3）计算规定时间t计划累计消耗的费用，其计算公式为：

$$Q_t = \sum_{n=1}^{t} q_n$$

式中 Q_t——某时刻 t 计划累计支出费用；

q_n——单位时间 n 的计划支出费用；

t——某规定计划时刻。

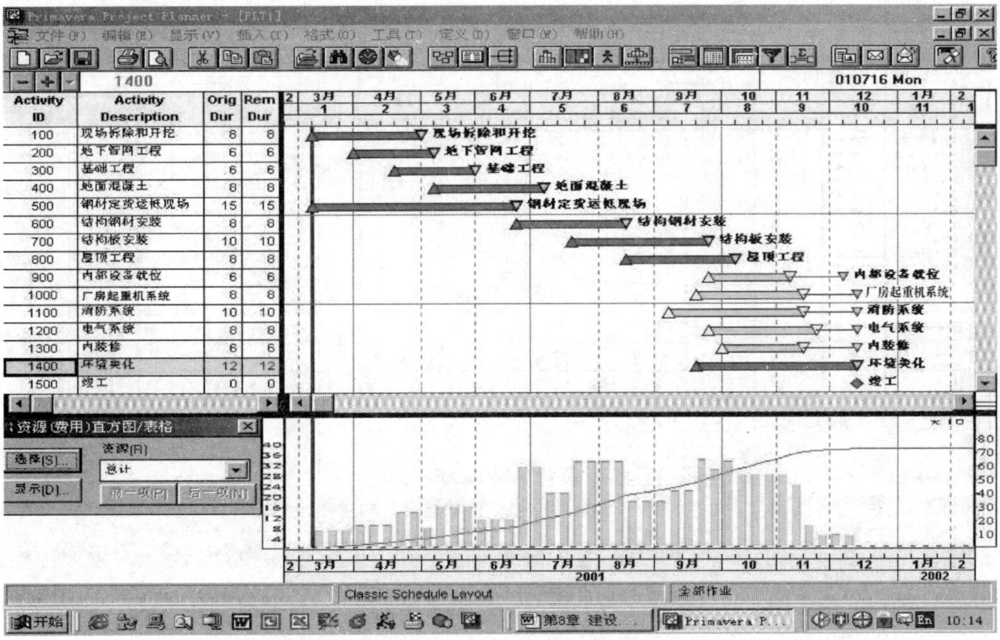

图7-4 厂房工程的进度横道图、周成本直方图及时间-成本累计曲线

4）按各规定时刻的 Q_t 值绘制S形曲线。

上述步骤只是为了说明S形曲线的生成原理，由于计算机技术的发展，很多项目管理软件都有自动生成S形曲线的功能，例如利用Project软件正确完成上述1）、2）步过程后，软件系统可自动生成图7-5所示的精确S形曲线。

（2）将计划进度与实际进度做比较 任何项目的实施都不可能自始至终遇不到任何干扰，总会有不可预见的外界条件干扰施工过程，比如天气的、地质的、供货方面的、法规方面的、设计变更造成的等等原因。图7-6为该厂房工程的进度调整图，当时已完成的工序有：

1）现场拆除及开挖。

2）地下管网工程。

3）基础工程。

4）地面混凝土工程。

5）结构钢材的订货并运抵现场。

该图以双横道表示各工序的进度情况，每组横道中下面的横道表示计划进度，上面的横道表示实际进度。不难看出第1）、2）道工序的上下横道完全重合，表示实际进度与计划进度相符合。但由于天气的原因基础施工比原计划推迟了2周，从而混凝土地面作业推迟了3周，结构钢材的到货亦比原计划推迟了8周。这些不可预测的事件造成的延误显然影响到后面所有的工序，因此有必要在此时进行数据更新并建立新的目标工程。通过相应的操作，将数据日期线移至23周末结构钢材到货的当天，软件自动将竣工时间推迟到第48周末，从而形成了尚未开始的后续工作调整后的进度计划，也就是新的目标工程。

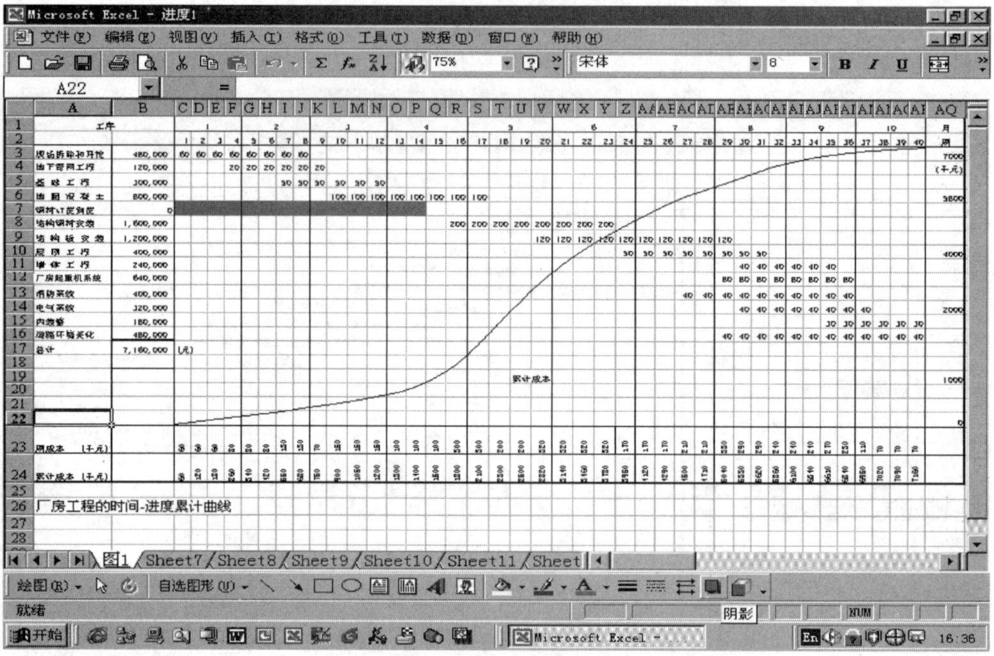

图7-5 厂房工程的时间—费用累计曲线（S形曲线）

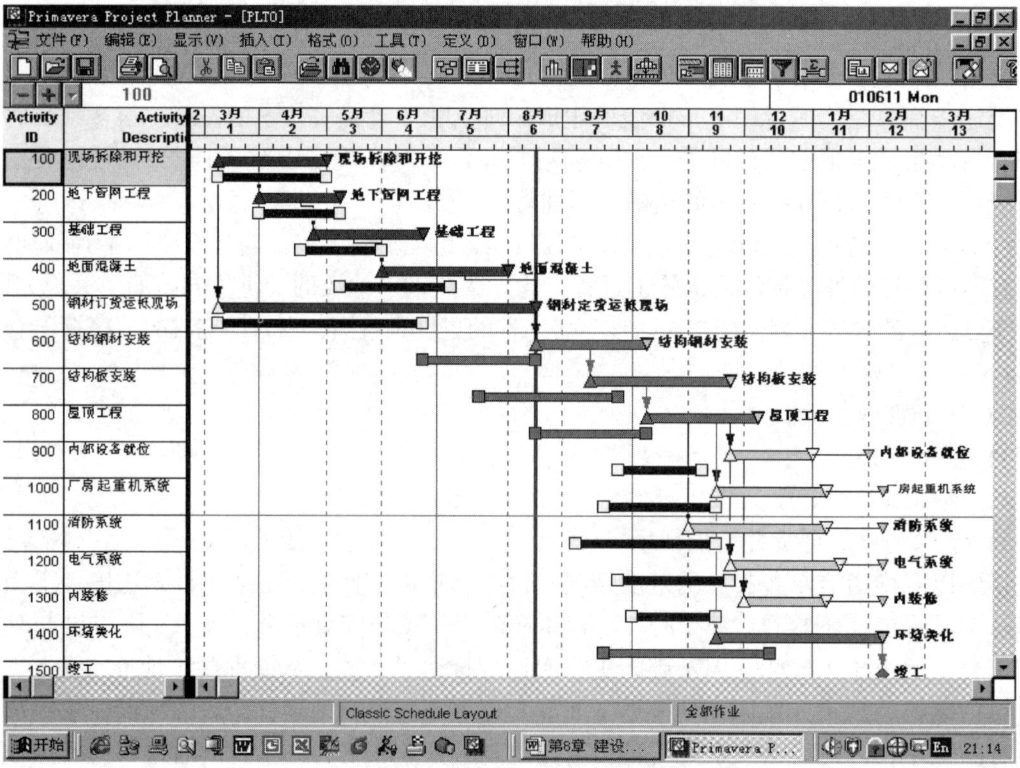

图7-6 调整日前后的厂房工程进度表

(3) 将实际成本与计划成本做比较　表7-18列出了每道工序的原始预算与当前实际支出的对比值，还给出了第23周末调整进度时的工程状况。从该成本报告中能看出某些工序成本出超的情况，但看不出这些成本出超与进度之间的关系。

表7-18　厂房工程的成本报表　（单位：元）

工　序	预算值	完成预算值百分比	计划支出	第24周末时实际成本	成本偏差
现场拆除和开挖	480000	100	480000	640000	-160000
地下管网工程	120000	100	120000	108000	12000
基础工程	300000	100	300000	480000	(180000)
地面混凝土	800000	100	800000	810000	-10000
钢材订货到货					
结构钢材安装	1600000	—	0	0	0
结构板安装	1200000	—	0	0	0
屋顶工程	400000	0	0	0	0
墙体工程	240000	0	0	0	0
厂房起重机系统	640000	0	0	0	0
消防系统	400000	0	0	0	0
电气系统	320000	0	0	0	0
内装修	180000	0	0	0	0
道路和环境美化	480000	0	0	0	0
总计	7160000	24	1700000	2038000	-338000

图7-7是调整进度的当天该厂房工程的实际成本曲线，将该曲线与表7-18的数值对比即可看出，计划支出应为378万元，而实际支出仅有203.8万元。如果不将进度和成本结合起来考虑，就有可能仅根据图7-7得出错误的结论——项目支出在预算范围之内，预算执行良好。但从随后的分析可以看出，此时虽未超预算，但由于进度的延误并没有达到203.8万元的成本所应完成的进度，即项目竣工时总成本一定会超预算，从而证明欲知晓进度的实际情况也必须将成本和时间因素共同考虑。

(4) 进度监控的依据　用成本-工期进度集成监控的方法来克服传统上将成本与进度分别监控的局限性。具体做法是在图7-7上再增加两条曲线：

1）已完成工程量的预算成本曲线。该曲线是将已完成工序的预算成本平均分摊到该工序的实际工期，并假设这些工序都按预算完成，但不考虑各工序的进度是超前、如期或延误。

2）重新计划的竣工成本曲线。该曲线的起点为第23周末的实际成本，并延伸至图7-6所示修正后的竣工时间，即第48周末。该曲线包括了到第23周为止的全部超支，并假设从此以后的所有工序全都不超预算。项目调整后的预算为749.8万元，比原始预算超出33.8万元，该数字与表7-18所示数字是一致的（见图7-8）。

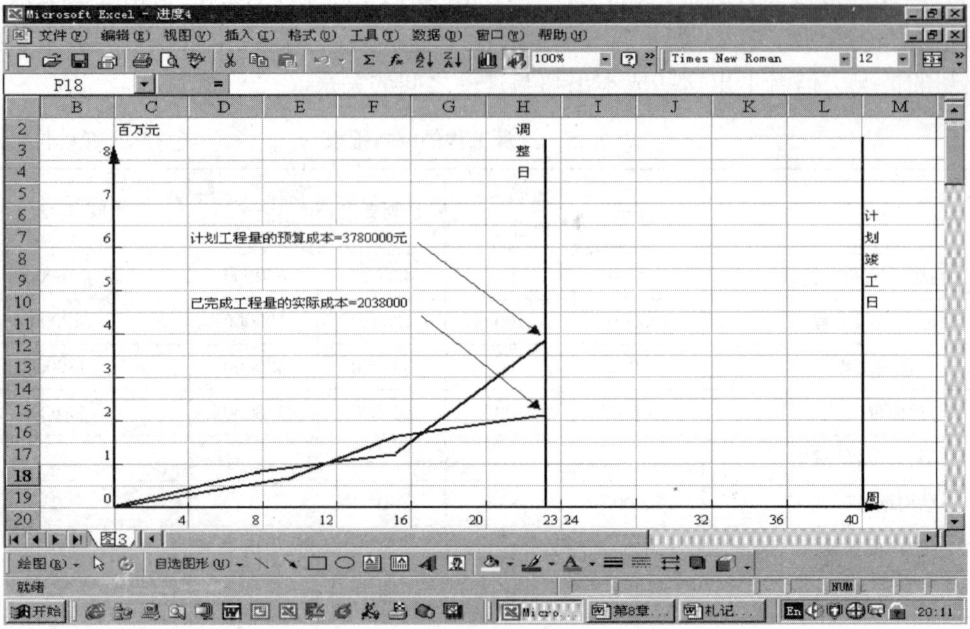

图 7-7 厂房工程的实际成本曲线

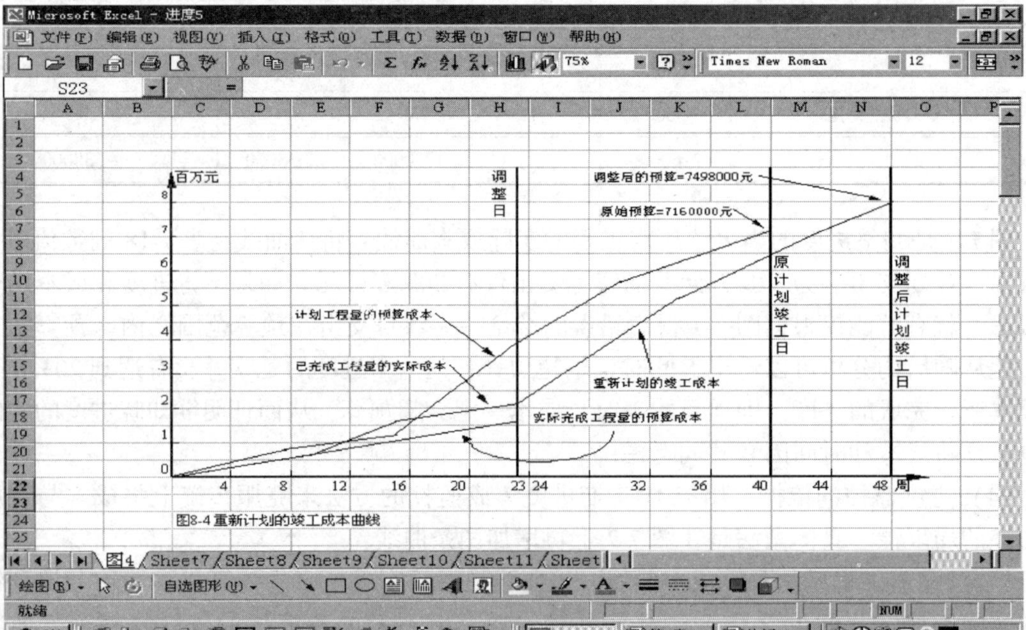

图 7-8 已完成工程量的预算成本曲线和重新计划的竣工成本曲线

（5）成本-进度监控所需的参数 在施工过程中的任一时刻对工程实施状况进行分析时均要对下列三个参数进行计算。图 7-9 给出了这三个参数的曲线。

1）计划完成工程量的预算成本 BCWS：

计划完成工程量的预算成本 BCWS = 项目的总预算成本 × 计划完成工程量的百分数

从图 7-9 可以看出，第 23 周末的预算成本为 378 万元，与图 7-7 累积成本曲线该时刻的高度一致。

2）已完成工程量的预算成本，即赢得值 BCWP：

已完成工程量的预算成本 BCWP = 项目的总预算成本 × 已完成工程量的百分数

从图 7-8 还可以看出第 23 周末已完成工程量的预算成本为 170 万元。

3）已完成工程量的实际成本 ACWP：

已完成工程量的实际成本 ACWP = 任一时刻的当前成本

第 23 周末已完成工程量的实际开支，为 203.8 万元。

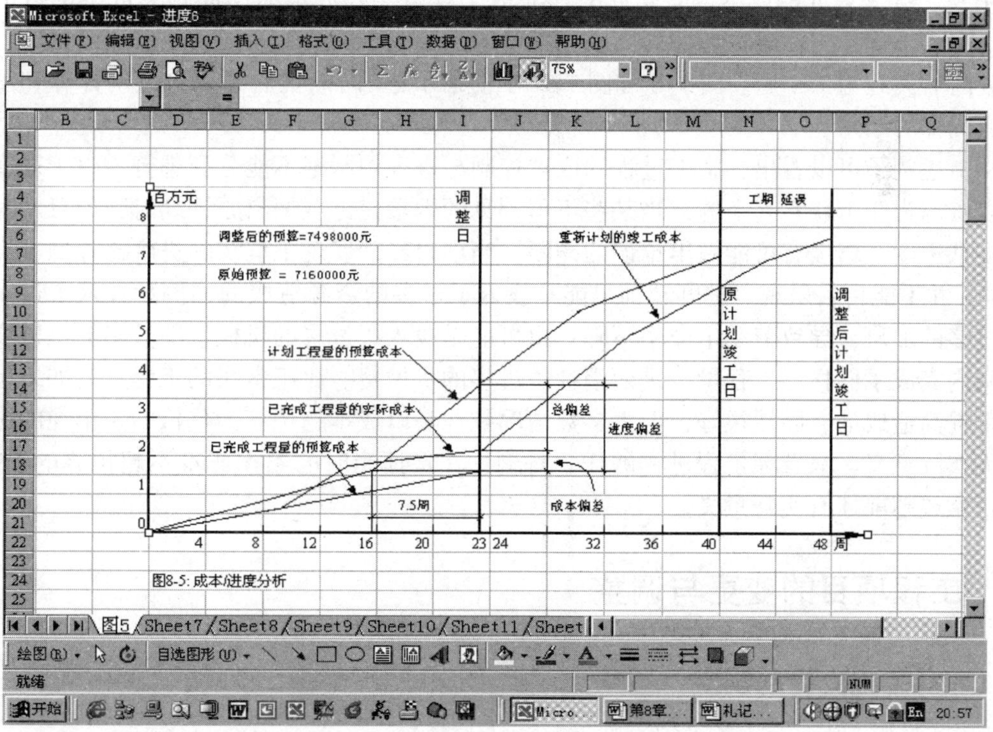

图 7-9　厂房工程的成本-进度参数曲线

（6）用偏差分析的方法计算项目的当前偏差（即第 23 周末的偏差）　依次计算成本偏差、进度偏差和总偏差。

1）成本偏差。

成本偏差 = 已完成工程量的预算成本 BCWP − 已完成工程量的实际成本 ACWP

即：(1700000 − 2038000) 元 = −338000 元，负号表示超预算。

2）进度偏差。

进度偏差 = 已完成工程量的预算成本 BCWP − 计划工程量的预算成本 BCWS

即：(1700000 − 3780000) 元 = −2080000 元，负号表示进度延误。

3）总偏差。

总偏差＝计划工程量的预算成本 BCWS－已完成工程量的实际成本 ACWP

即：(3780000－2080000)元＝174200 元，正值表明该项目此时总体上并未超预算。

从图 7-9 可看出项目的总偏差还可用成本偏差和进度偏差之差来表示，即：

总偏差＝成本偏差－进度偏差＝－338000 元－(－2080000)元＝1742000 元

该式表示总偏差包含两个参数：

① 成本偏差：表示总偏差中由于人工费、设备费、材料费及分包费等高于或低于原估算值的那部分。

② 进度偏差：表示总偏差中由于超前或滞后于计划进度的那一部分成本。

该项目由于进度落后使得在 23 周末少完成 208 万元的工程量，它需要在随后的施工中逐渐完成。33.8 万元的成本偏差是此时已完成工程量实际成本超出原预算成本的数值。将此时已完成工程量实际成本与计划完成工程量的预算成本曲线上的同一数值点做比较，可看出进度滞后大约为 7.5 周。图 7-6 和图 7-9 均将新的竣工时间推后 8 周，说明计算和图解的方法有同样的结果。

从上述例子可以看出，施工过程的成本控制与进度控制绝不能分开进行。由于进度和成本是以资源为纽带联系起来的，当某些不可预见的因素使进度偏离原计划时，如只用时间因素来评估进度，就极有可能做出错误的判断。当项目经理发现工程实际进度比计划进度快了 2 周时，并不能盲目乐观。进度超前可能是投入了过多的资源造成的，例如投入了过多的工人或过多的加班，导致劳动生产率下降；也可能是投入了过多的机械，即较多的机械在较短的时间内完成了同样的工程量，进而消耗了过多的机械费。比正常快的工程进度如果是劳动生产率提高造成的，固然很好，但大多数情况往往是以成本超预算为代价的。单纯的进度超前并无实际意义，只有在工程进程的任一时刻，在保证当时的累积成本不超预算的前提下，进度正常或超前才有实际意义。

7.4 工程项目的变更与调整

7.4.1 对工程变更的规定

1. 工程变更的概念

尽管在签订建设工程施工合同时对施工的范围、工程量、工程实施方法等均做出了全面的约定，但由于建设工程工期较长，其间可能发生各种各样的变化。例如，发包人对项目的新要求，设计错误或设计规范的更新导致的设计图修改，不利的地质条件，政府法律法规的变化等，这些都可能引起工程变更。《建设工程施工合同（示范文本）》（GF—2013—0201）及《建设工程工程量清单计价规范》（GB 50500—2013）均对工程变更给出了诠释，须参照执行。

2. 变更事件和变更权

(1) 属于工程变更的事件　除专用合同条款另有约定外，合同履行过程中发生以下事件的，应按照约定进行变更：

1）增加或减少合同中任何工作，或追加额外的工作。

2）取消合同中任何工作，但转由他人实施的工作除外。

3）改变合同中任何工作的质量标准或其他特性。

4）改变工程的基线、标高、位置和尺寸。

5）改变工程的时间安排或实施顺序。

（2）变更权　发包人和监理人均可以提出变更。变更指示均通过监理人发出，监理人发出变更指示前应征得发包人同意。承包人收到经发包人签认的变更指示后，方可实施变更。未经许可，承包人不得擅自对工程的任何部分进行变更。

涉及设计变更的，应由设计人提供变更后的设计图和说明。如变更超过原设计标准或批准的建设规模时，发包人应及时办理规划、设计变更等审批手续。

3. 变更的程序

（1）发包人提出变更　发包人提出变更的，应通过监理人向承包人发出变更指示，变更指示应说明计划变更的工程范围和变更的内容。

（2）监理人提出变更建议　监理人提出变更建议的，需要向发包人以书面形式提出变更计划，说明计划变更工程范围和变更的内容、理由，以及实施该变更对合同价格和工期的影响。发包人同意变更的，由监理人向承包人发出变更指示。发包人不同意变更的，监理人无权擅自发出变更指示。

（3）变更的执行　承包人收到监理人下达的变更指示后，认为不能执行，应立即提出不能执行该变更指示的理由。承包人认为可以执行变更的，应当书面说明实施该变更指示对合同价格和工期的影响，且合同当事人应当按照 GF—2013—0201 的第 10.4 款“变更估价”的约定确定变更估价。

4. 变更的估价

（1）变更估价原则　工程变更引起已标价工程量清单项目或其工程量发生变化，应按下列规定调整：

1）已标价工程量清单或预算书有相同项目的，按照相同项目单价认定。

2）已标价工程量清单或预算书中无相同项目，但有类似项目的，参照类似项目的单价认定。

3）合同中既没有适用的，也没有类似的综合单价，由承包人根据变更工程资料、计量规则、计价办法、造价管理机构发布的信息价格和承包人的报价浮动率提出变更工程项目的单价，经发包人确认后调整。承包人报价浮动率按下式计算：

招标工程：　承包人报价浮动率 $L=(1-\text{中标价}/\text{招标控制价})\times 100\%$

非招标工程：承包人报价浮动率 $L=(1-\text{报价值}/\text{施工图预算})\times 100\%$

4）已标价工程量清单中没有适用也没有类似于变更工程项目的，且造价管理机构的信息价格缺失，由承包人根据市场询价报发包人确认后调整。

5）工程变更引起施工方案改变，并导致措施项目发生变化，承包人提出调整措施项目费的，应事先将新方案提交发包人确认，说明与原方案的区别，新方案经发承包双方确认后执行。措施项目费调整方法如下：

① 安全文明施工费，按照实际发生变化的措施项目调整。

② 采用单价计算的措施项目费，按上述确定分部分项变更单价的方法调整。

③ 按总价（或系数）计算的措施项目费，按照实际发生变化的措施项目费调整，但应

考虑承包人报价浮动因素，即乘以报价浮动率。

如承包人事先未将拟实施的方案提交发包人确认，则视为工程变更不引起措施项目的调整。

6）如果变更项目出现承包人报出的综合单价（P_0）与发包人的招标控制价或施工图预算的相应综合单价（P_1）偏差超过15%，则该变更项目的综合单价的调整方法如下：

① 当 $P_0 < P_1 \times (1-L) \times (1-15\%)$ 时，综合单价按 $P_1 \times (1-L) \times (1-15\%)$ 调整。

② 当 $P_0 > P_1 \times (1+15\%)$ 时，综合单价按 $P_1 \times (1+15\%)$ 调整。

7）如果发包人删除了合同中的某项工作，使承包人发生的费用或应得收益不能包含在已支付或应支付的项目中，也未被包含在任何替代的工作中，承包人有权得到合理的利润补偿。

8）当工程量清单中的工程量偏差及工程变更导致的工程量的增减累计超出某子目工程量的 ±15% 时，应调整相应子项的单价。调整的原则为：当工程量增加 15% 以上时，其增加部分的综合单价应调低；当工程量减少 15% 以上时，其减少后剩余部分工程量的综合单价应调高。调整公式为：

① 当 $Q_1 > 1.15Q_0$ 时，

$$S = 1.15Q_0 \times P_0 + (Q_1 - 1.15Q_0) \times P_1$$

② 当 $Q_1 < 0.85Q_0$ 时，

$$S = Q_1 \times P_1$$

式中 S——调整后的某分部分项的结算价；

Q_1——最终完成的工程量；

Q_0——招标清单中列出的工程量；

P_1——按最终完成工程量重新调整后的综合单价；

P_0——承包人在清单中填报的综合单价。

9）如工程量偏差超过 ±15%，并引起相应措施项目发生变化，如按系数或单一总价方式计价的，工程量增加的措施项目费调增，工程量减少的措施项目费适当调减。

（2）变更估价程序 承包人应在收到变更指示后 14 天内，向监理人提交变更估价申请。监理人应在收到承包人提交的变更估价申请后 7 天内审查完毕并报送发包人，监理人对变更估价申请有异议，通知承包人修改后重新提交。发包人应在承包人提交变更估价申请后 14 天内审批完毕。发包人逾期未完成审批或未提出异议的，视为认可承包人提交的变更估价申请。

因变更引起的价格调整应计入最近一期的进度款中支付。

5. 承包人的合理化建议

承包人提出合理化建议的，应向监理人提交合理化建议说明，说明建议的内容和理由，以及实施该建议对合同价格和工期的影响。

除专用合同条款另有约定外，监理人应在收到承包人提交的合理化建议后 7 天内审查完毕并报送发包人；如发现其中存在技术上的缺陷，应通知承包人修改。发包人应在收到监理人报送的合理化建议后 7 天内审批完毕。合理化建议经发包人批准的，监理人应及时发出变更指示，由此引起的合同价格调整按照《建设工程施工合同（示范文本）》（GF—2013—0201）的第 10.4 款“变更估价”的约定执行。发包人不同意变更的，监理人应书面通知承包人。

合理化建议降低了合同价格或者提高了工程经济效益的，发包人可对承包人给予奖励，奖励的方法和金额在专用合同条款中约定。

7.4.2 对合同价款调整的规定

《建设工程施工合同（示范文本）》（GF—2013—0201）及《建筑工程工程量清单计价规范》（GB 50500—2013）均对合同价款的调整做出了规定，可归纳如下。

1）依照合同约定应调整合同价款的事项（包括但不仅限于下列事项）：

① 法律法规变化。

② 工程变更。

③ 项目特征描述不符。

④ 清单缺项。

⑤ 工程量偏差。

⑥ 物价变化。

⑦ 暂估价。

⑧ 计日工。

⑨ 现场签证。

⑩ 不可抗力。

⑪ 提前竣工（赶工补偿）。

⑫ 误期赔偿。

⑬ 索赔。

⑭ 暂列金额。

2）出现合同价款调增事项后14天内（不含工程量偏差、计日工、现场签证、施工索赔），承包人应向发包人提交合同价款调增报告，若14天内未提交，承包人应被视为不认为应调整价款。

3）发包人收到价款调增报告14天内应书面确认或提出协商意见，未确认也未提出协商意见的，应被视为认可承包人的价款调增报告；承包人收到协商意见后14天内应书面确认或提出不同意见，如无任何反响应被视为认可发包人的协商意见。

4）如发承包人对协商意见不能达成一致，只要不实质上影响双方履约，双方应实施该结果，直至被改变为止。

5）出现合同价款调减事项后14天内（不含工程量偏差、施工索赔），发包人应向承包人提交合同价款调减报告；如14天内未提交的，发包人应被视为不认为应调减。

6）发承包双方确认调整的合同价款应作为追加（减）合同价款，与工程进度款或结算款同期支付。

7.4.3 FIDIC 合同条件下工程的变更与估价

1. 变更权

根据1999年版FIDIC新红皮书的约定，在颁发工程接收证书前的任何时间，监理工程师可通过发布指示或要求承包商以提交建议书的方式提出变更。承包商应遵守并执行每项变更，除非承包商立即向监理师发出通知，说明（附详细根据）承包商难以取得变更所需的货物。监理师接到此类通知后，应取消、确认或改变原指示。变更的内容可包括：任何工作内容的数量的改变（但此类改变不一定构成变更）；任何工作内容的质量或其他特性的改变；任何部分工程的标高、位置和（尺寸）的改变；任何工作的删减，但要交他人实施工作除外；永久工程所需的任何附加工作、生产设备、材料或服务，包括任何有关的竣工试验、钻孔和其他试验及勘探工作；实施工程的顺序和时间安排的改变等。1988 年版的 FIDIC 红皮书不鼓励承包商提出变更的要求，但 1999 年版新红皮书提出，如果承包商能从价值工程的角度考虑，某项变更可能加快竣工，降低业主实施、维护或运行的费用，提高竣工工程的效率或价值或为业主带来其他利益，便可随时向工程师提交书面的变更建议，并在一定条件下与业主分享变更带来的利益。但前提是承包商负责设计变更的部分。具体的条件和程序见第 6 章中变更和调整的有关介绍。

2. 工程变更的估价

1999 年版 FIDIC 新红皮书要求监理工程师按照第 12.1 ~ 12.3 款的规定计量工程并确定适宜的费率和价格，但是对于清单中的工程量误差和变更导致工程量的改变这两种因素对承包商造成的损失是一并调整的。若某项工程出现下列情况，其费率应重新确定：该项工作实际测量的工程量比工程量表或其他报表中规定的工程量变动大于 10%；工程量的变化与该项工作规定的费率的乘积超过了中标的合同金额的 0.01%；由此工程量的变化直接造成该项工作单位成本的变动超过 1%，且这项工作不是合同中规定的“固定费率项目”。

7.5 工程项目施工索赔

7.5.1 施工索赔的概念

索赔是当事人在合同实施过程中，根据法律、合同规定及惯例，对并非由自己的过错，而是由于应由合同对方承担责任的情况造成的，且实际发生了的损失，向对方提出给予补偿要求。在工程建设的各个阶段，都有可能发生索赔，但在施工阶段索赔发生较多。

对施工合同的双方来说，索赔是维护双方合法利益的权利。它同合同条件中双方的合同责任一样，构成严密的合同制约关系。承包商可以向业主提出索赔；业主也可以向承包商提出索赔。

7.5.2 施工索赔的分类

1. 按索赔的合同依据分类

（1）合同中明示的索赔　合同中明示的索赔是指承包商所提出的索赔要求，在该工程项目的合同文件中有文字依据，承包商可以据此提出索赔要求，并取得经济补偿。这些在合同文件中有文件规定的合同条款，称为明示条款。

（2）合同中默示的索赔　合同中默示的索赔，即承包商的该项索赔要求，虽然在工程项目的合同条件中没有专门的文字叙述，但可以根据该合同条件的某些条款的含义，推论出承包商有索赔权。这种索赔要求同样有法律效力，有权得到相应的经济补偿。这种有经济补偿含义的条款，在合同管理工作中被称为默示条款或隐含条款。

默示条款是一个广泛的合同概念，它包含合同明示条款中没有写入、但符合双方签订合同时设想的愿望和当时环境条件的一切条款。这些默示条款，或者从明示条款所表述的设想愿望中引申出来，或者从合同双方在法律上的合同关系引申出来，经合同双方协商一致，或被法律和法规所指明，都成为合同文件的有效条款，要求合同双方遵照执行。

2. 按索赔有关当事人分类

(1) 承包人同业主之间索赔　这是承包施工中最普遍的索赔形式。最常见的是承包人向业主提出的工期索赔和费用索赔；有时，业主也向承包人提出经济赔偿的要求，即反索赔。

(2) 总承包人和分包人之间的索赔　总承包人和分包人按照他们之间所签订的分包合同，都有向对方提出索赔的权利，以维护自己的利益，获得额外开支的经济补偿。分包人向总承包人提出索赔要求，经过总承包人审核后，凡是属于业主方面责任范围内的事项，均由总承包人汇总编制后向业主提出；凡属总承包人责任的事项，则由总承包人同分包人协商解决。

(3) 承包人同供货人之间的索赔　承包人在中标以后，根据合同规定的机械设备和工期要求，向设备制造厂家或材料供应人询价订货，签订供货合同。供货合同一般规定供货商提供的设备型号、数量、质量标准和供货时间等具体要求。如果供货人违反供货合同的规定，使承包人受到经济损失时，承包人有权向供货人提出索赔，反之亦然。

3. 按索赔目的分类

(1) 工期索赔　由于非承包人责任的原因而导致施工进程延误，要求批准延长合同工期的索赔，称之为工期索赔。工期索赔形式上是对权利的要求，以避免在原定合同竣工日不能完工时，被业主追究拖期违约责任。一旦获得批准合同工期延长后，承包人不仅免除了承担拖期违约赔偿费的严重风险，而且可能因提前工期得到奖励，最终仍反映在经济收益上。

(2) 费用索赔　费用索赔的目的是要求经济补偿。当施工的客观条件改变导致承包人增加开支，要求对超出计划成本的附加开支给予补偿，以挽回不应由承包人负担的经济损失。

4. 按索赔的处理方式分类

(1) 单项索赔　单项索赔是针对某一干扰事件提出的。索赔的处理是在合同实施的过程中，干扰事件发生时或发生后立即执行，它由合同管理人员处理，并在合同规定的索赔有效期内提交索赔意向书和索赔报告，它是索赔有效性的保证。

单项索赔通常处理及时，实际损失易于计算。例如，监理工程师指令将某分项工程混凝土改为钢筋混凝土，对此只需提出与钢筋有关的费用索赔即可。

单项索赔报告必须在合同规定的索赔有效期内提交给监理工程师，由监理工程师审核后交业主，由业主做答复。

(2) 总索赔　又叫一揽子索赔或综合索赔。一般在工程竣工前，承包人将施工过程中未解决的单项索赔集中起来，提出一篇总索赔报告。合同双方在工程交付前后进行最终谈判，以一揽子方案解决索赔问题。

通常在如下几种情况下采用一揽子索赔：

1) 在施工过程中，由于单项索赔原因和影响都很复杂，不能立即解决，或双方对合同的解释有争议，而合同双方都要忙于合同实施，可协商将单项索赔留到工程后期解决。

2）业主拖延答复单项索赔，使施工过程中的单项索赔得不到及时解决。在国际工程中，有的业主就以拖的办法对待索赔，常常使索赔和索赔谈判旷日持久，导致许多索赔要求集中起来。

3）在一些复杂的工程中，当干扰事件多，几个干扰事件同时发生，或有一定的连贯性，互相影响大，难以一一分清，则可以综合在一起提出索赔。

综合起来总索赔具有如下一些特点：

1）处理和解决都很复杂。由于施工过程中的许多干扰事件搅在一起，使得原因、责任和影响的分析非常困难。索赔报告的起草、审阅、分析、评价的难度很大。由于解决费用、时间补偿的拖延，这种索赔的最终解决还会连带引起利息支付、违约金的扣留、预期的利润补偿、工程款的最终结算等问题，这会加剧索赔解决的困难程度。

2）为了索赔的成功，承包人必须保存全部的工程资料和其他作为证据的资料，这使得工程项目的文档管理任务极为繁重。

3）索赔的集中解决使索赔额集中起来，造成谈判的困难。由于索赔额大，双方都不愿或不敢做出让步，所以争执更加激烈。通常在最终一揽子方案中，承包商往往必须做出较大让步，有些重大的一揽子索赔谈判一拖几年，花费大量的时间和金钱。对索赔额大的一揽子索赔，必须成立专门的索赔小组负责处理。在国际承包工程中，通常聘请法律专家、索赔专家，或委托咨询公司、索赔公司进行索赔管理。

4）由于合理的索赔要求得不到解决，影响承包人的资金周转和施工速度，影响承包人履行合同的能力和积极性，这样会影响工程的顺利实施和双方的合作。

7.5.3 索赔的程序

1. 承包人的索赔

承包人的索赔程序通常可分为以下几个步骤。

（1）承包人提出索赔要求　具体如下。

1）发出索赔意向通知。索赔事件发生后，承包人应在索赔事件发生后的28天内向监理工程师递交索赔意向通知，声明将对此事件提出索赔。该意向通知是承包人就具体的索赔事件向监理工程师和发包人表示的索赔愿望和要求。如果超过这个期限，监理工程师和发包人有权拒绝承包人的索赔要求。索赔事件发生后，承包人有义务做好现场施工的同期记录，监理工程师有权随时检查和调阅，以判断索赔事件造成的实际损害。

2）递交索赔报告。索赔意向通知提交后的28天内，或监理工程师可能同意的其他合理时间，承包人应递送正式的索赔报告。索赔报告的内容应包括：事件发生的原因，对其权益影响的证据资料，索赔的依据，此项索赔要求补偿的款项和工期延长天数的详细计算等有关材料。

如果索赔事件的影响持续存在，28天内还不能算出索赔额和工期延长天数时，承包人应按监理工程师合理要求的时间间隔（一般为28天），定期陆续报出每一个时间段内的索赔证据资料和索赔要求。在该项索赔事件的影响结束后的28天内，报出最终详细报告，提出索赔论证资料和累计索赔额。

承包人发出索赔意向通知后，可以在监理工程师指示的其他合理时间内再报送正式索赔报告，也就是说，监理工程师在索赔事件发生后有权不马上处理该项索赔。如果事件发生时，现场施工非常紧张，监理工程师不希望立即处理索赔而分散各方投入施工管理的精力，可通知承包人将索赔的处理留待施工不紧张时再去解决。但承包人的索赔意向通知必须在事件发生后的28天内提出，包括因对变更估价双方不能取得一致意见，而先按监理工程师单方面决定的单价或价格执行时，承包人提出保留索赔权利的意向通知。如果承包人未能按时间规定提出索赔意向和索赔报告，则他就失去了就该项事件请求补偿的索赔权利，此时他所受到损害的补偿，将不超过监理工程师认为应主动给予的补偿额。

（2）监理工程师审核索赔报告 具体如下。

1）监理工程师审核承包人的索赔申请。接到承包人的索赔意向通知后，监理工程师应建立自己的索赔档案，密切关注事件的影响，检查承包人的同期记录时，随时就记录内容提出他的不同意见或他希望应予以增加或删减的记录项目。

在接到正式索赔报告以后，监理工程师应认真研究承包人报送的索赔资料。首先在不确认责任归属的情况下，客观分析事件发生的原因，重温合同的有关条款，研究承包人的索赔证据，并检查他的同期记录；其次通过对事件的分析，监理工程师再依据合同条款划清责任界限，必要时还可以要求承包人进一步提供补充资料。尤其是对承包人与发包人或监理工程师都负有一定责任的事件影响，更应划出各方应该承担合同责任的比例。最后再审查承包人提出的索赔补偿要求，剔除其中的不合理部分，拟定自己计算的合理索赔款额和工期顺延天数。

2）判定索赔成立的条件。监理工程师判定承包人索赔成立的条件如下：

① 与合同相对照，事件已造成了承包人施工成本的额外支出，或总工期延误。

② 造成费用增加或工期延误的原因，按合同约定不属于承包人应承担的责任，包括行为责任或风险责任。

③ 承包人按合同规定的程序提交了索赔意向通知和索赔报告。

上述三个条件没有先后主次之分，应当同时具备。只有监理工程师认定索赔成立后，才处理应给予承包人的补偿额。

3）对索赔报告的审查。对索赔报告的审查具体包括以下几方面内容：

① 事态调查。通过对合同实施的跟踪、分析，了解事件经过、前因后果，掌握事件详细情况。

② 损害事件原因分析。即分析索赔事件是由何种原因引起，责任应由谁来承担。在实际工作中，损害事件的责任有时是多方面原因造成，故必须进行责任分解，划分责任范围，按责任大小，承担损失。

③ 分析索赔理由。主要依据合同文件判明索赔事件是否属于未履行合同规定义务或未正确履行合同义务导致，是否在合同规定的赔偿范围之内。只有符合合同规定的索赔要求才有合法性，才能成立。

④ 实际损失分析。即分析索赔事件的影响，主要表现为工期的延长和费用的增加。如果索赔事件不造成损失，则无索赔可言。损失调查的重点是分析、对比实际和计划的施工进度、工程成本和费用方面的资料，在此基础上核算索赔值。

⑤ 证据资料分析。主要分析证据资料的有效性、合理性、正确性，这也是索赔要求有效的前提条件。如果在索赔报告中提不出证明其索赔理由、索赔事件的影响、索赔值的计算等方面的详细资料，索赔要求是不能成立的。如果监理工程师认为承包人提出的证据不能足

以说明其要求的合理性时，可以要求承包人进一步提交索赔的证据资料。

（3）确定合理的补偿金额　具体如下。

1）监理工程师与承包人协商补偿。监理工程师核查后初步确定应予以补偿的额度往往与承包人的索赔报告中要求的额度不一致，甚至差额较大。主要原因大多为对承担事件损害责任的界限划分不一致，索赔证据不充分，索赔计算的依据和方法分歧较大等，因此双方应就索赔的处理进行协商。

对于持续影响时间超过28天以上的工期延误事件，当工期索赔条件成立时，对承包人每隔28天报送的阶段索赔临时报告审查后，每次均应做出批准临时延长工期的决定，并于事件影响结束后28天内承包人提出最终的索赔报告后，批准顺延工期总天数。应当注意的是，最终批准的总顺延天数，不应少于以前各阶段已同意顺延天数之和。同时，规定承包人在事件影响期间必须每隔28天提出一次阶段索赔报告，可以使监理工程师能及时根据同期记录批准该阶段应予顺延工期的天数，避免事件影响时间太长而不能准确确定索赔值。

2）监理工程师索赔处理决定。在经过认真分析研究，与承包人、发包人广泛讨论后，监理工程师应该向发包人和承包人提出自己的索赔处理决定。监理工程师收到承包人送交的索赔报告和有关资料后，于28天内给予答复或要求承包人进一步补充索赔理由和证据。《建设工程施工合同（示范文本）》规定，监理工程师收到承包人递交的索赔报告和有关资料后，如果在28天内既未予答复，也未对承包人作进一步要求的话，则视为承包人提出的该项索赔要求已经认可。

监理工程师在工程延期审批表和费用索赔审批表中应该简明地叙述索赔事项、理由和建议给予补偿的金额及延长的工期，论述承包人索赔的合理方面及不合理方面。通过协商达不成共识时，承包人仅有权得到所提供的证据满足监理工程师认为索赔成立那部分的付款和工期顺延。不论监理工程师与承包人协商达到一致，还是监理工程师单方面做出的处理决定，批准给予补偿的款额和顺延工期的天数如果在授权范围之内，则可将此结果通知承包人，并抄送发包人。补偿款将计入下月支付工程进度款的支付证书内，顺延的工期加到原合同工期中去。如果批准的额度超过监理工程师权限，则应报请发包人批准。

通常，监理工程师的处理决定不是终局性的，对发包人和承包人都不具有强制性的约束力。承包人对监理工程师的决定不满意，可以按合同中的争议条款提交约定的仲裁机构仲裁或诉讼。

（4）发包人审查索赔处理　当监理工程师确定的索赔额超过其权限范围时，必须报请发包人批准。

发包人首先根据事件发生的原因、责任范围、合同条款审核承包人的索赔申请和监理工程师的处理报告，再依据工程建设的目的、投资控制、竣工投产日期要求以及针对承包人在施工中的缺陷或违反合同规定等的有关情况，决定是否同意监理工程师的处理意见。例如，承包人某项索赔理由成立，监理工程师根据相应条款规定，既同意给予一定的费用补偿，也批准顺延相应的工期。但发包人权衡了施工的实际情况和外部条件的要求后，可能不同意顺延工期，而宁可给承包人增加费用补偿额，要求他采取赶工措施，按期或提前完工。这样的决定只有发包人才有权做出。

索赔报告经发包人同意后，监理工程师即可签发有关证书。

（5）承包人是否接受最终索赔处理　承包人接受最终的索赔处理决定，索赔事件的处理即告结束。如果承包人不同意，就会导致合同争议。通过协商双方达到互谅互让的解决方案，是处理争议的最理想方式。如达不成谅解，承包人有权提交仲裁或诉讼解决。

2. 发包人的索赔

《建设工程施工合同（示范文本）》规定，承包人未能按合同约定履行自己的各项义务或发生错误而给发包人造成损失时，发包人也应按合同约定向承包人提出索赔。其索赔程序类似承包人的索赔，此处不再赘述。

7.5.4　索赔费用的计算

1. 索赔费用的组成

索赔费用的主要组成部分，同工程款的计价内容相似。按我国现行规定，建安工程合同价包括直接费、间接费、利润和税金。我国的这种规定，同国际上通行的做法还不完全一致。按国际惯例，建安工程合同价一般包括直接费、间接费和利润。直接费包括人工费、材料费和机械使用费；间接费包括工地管理费、保险费、利息、总部管理费等。一般承包商可索赔的具体费用内容如图7-10所示。

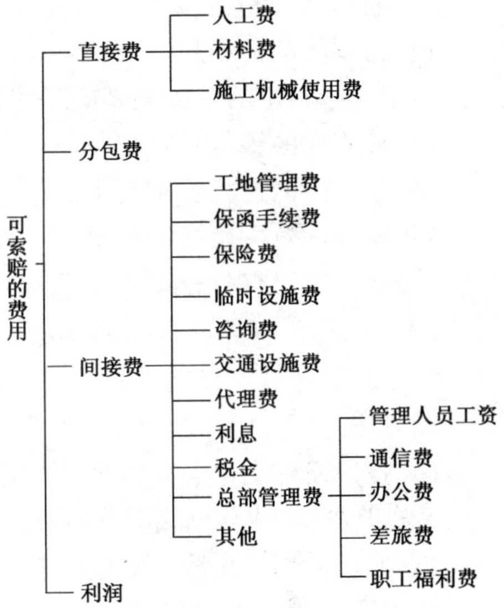

图7-10　可索赔费用的组成

从原则上说，承包商有索赔权利的工程成本增加，都是可以索赔的费用。这些费用都是承包商为了完成额外的施工任务而增加的开支。但是，对于不同原因引起的索赔，承包商可索赔的具体费用内容是不完全一样的。哪些内容可索赔，要按照各项费用的特点、具体条件进行分析论证。现概述如下：

（1）人工费　人工费包括施工人员的基本工资、工资性津贴、加班费、奖金以及法定的安全福利等费用。对于索赔费用中的人工费部分而言，人工费是指：完成合同之外的额外工作所花费的人工费用；超过法定工作时间加班劳动；法定人工费增长；由于非承包商责任的工效降低所增加的人工费用；非承包商责任工程延误导致的人员窝工费和工资上涨费等。

（2）材料费　材料费的索赔包括以下内容：

1）由于索赔事项材料实际用量超过计划用量而增加的材料费。

2）由于客观原因材料价格大幅度上涨。

3）由于非承包商责任工程延误导致的材料价格上涨和超期储存费用。

材料费用中应包括运输费、仓储费以及合理的损耗费。如果由于承包商管理不善，造成材料损坏失效，则不能列入索赔计价。

（3）施工机械使用费　施工机械使用费的索赔包括以下内容：

1）由于完成额外工作增加的机械使用费。

2）非承包商责任工效降低增加的机械使用费。

3）由于业主或监理工程师原因导致机械停工的窝工费。窝工费的计算：租赁设备一般按实际租金计算，若有发生调进调出费时，还应计算调进调出费；承包商自有设备，按国家规定的机械台班停滞费计算。

（4）分包费用 分包费用索赔指的是分包商的索赔费，包括人工、材料、机械使用费的索赔。分包商的索赔应如数列入总承包商的索赔款总额以内。

（5）工地管理费 索赔款中的工地管理费是指承包商完成额外工程、索赔事项工作以及工期延长期间的工地管理费，包括管理人员工资、办公费、交通费等。但如果对部分工人窝工损失索赔时，因其他工程仍然进行，可能不予计算工地管理费索赔。

（6）利息 在索赔款额的计算中，经常包括利息。利息的索赔通常发生于下列情况：

1）拖期付款的利息。

2）由于工程变更和工程延期增加投资的利息。

3）索赔款的利息。

4）错误扣款的利息。

至于这些利息的具体利率应是多少，在实践中可采用不同的标准，主要有以下几种：

1）按当时的银行贷款利率。

2）按当时的银行透支利率。

3）按合同双方协议的利率。

4）按中央银行贴现率加3个百分点。

（7）总部管理费 索赔款中的总部管理费主要指的是工程延误期间所增加的管理费。这项索赔款的计算，目前没有统一的方法。以下介绍几种在国际工程施工索赔中总部管理费的计算方法。

1）按照投标书中总部管理费的比例（3%～8%）计算：

$$\text{总部管理费}=\text{合同中总部管理费比率}(\%)\times(\text{直接费索赔款额}+\text{工地管理费索赔款额等})$$

2）按照公司总部统一规定的管理费比率计算：

$$\text{总部管理费}=\text{公司管理费比率}(\%)\times(\text{直接费索赔款额}+\text{工地管理费索赔款额等})$$

3）以工程延期的总天数为基础，计算总部管理费的索赔额，计算步骤如下：

$$\text{对某一工程提取的管理费}=\text{同期内公司的总管理费}\times\frac{\text{该工程的合同额}}{\text{同期内公司的总合同额}}$$

$$\text{该工程的每日管理费}=\frac{\text{该工程向总部上缴的管理费}}{\text{合同实施天数}}$$

$$\text{索赔的总部管理费}=\text{该工程的每日管理费}\times\text{工程延期的天数}$$

（8）利润 一般来说，由于工程范围的变更、文件有缺陷或技术性错误、业主未能提供现场等引起的索赔，承包商可以列入利润。但对于工程暂停的索赔，由于利润通常是包括在每项实施的工程内容的价格之内的，而延误工期并未影响削减某些项目的实施而导致利润减少。所以，一般监理工程师很难同意在工程暂停的费用索赔中加进利润损失。

索赔利润的款额计算通常是与原报价单中的利润百分率保持一致，即在成本的基础上，增加原报价单中的利润率，作为该项索赔款的利润。

2. 索赔费用的计算方法

（1）实际费用法 实际费用法是工程索赔计算时最常用的一种方法。这种方法的计算原则是以承包商为某项索赔工作所支付的实际开支为根据，向业主要求费用补偿。

用实际费用法计算时，在直接费的额外费用部分的基础上，再加上应得的间接费和利润，即是承包商应得的索赔金额。由于实际费用法所依据的是实际发生的成本记录或单据，所以，在施工过程中，系统而准确地积累记录资料是非常重要的。

（2）总费用法　总费用法即总成本法，就是当发生多次索赔事件以后，重新计算该工程的实际总费用，实际总费用减去投标报价时的估算总费用即为索赔金额：

索赔金额 = 实际总费用 - 投标报价估算总费用

不少人对采用该方法计算索赔费用持批评态度，因为实际发生的总费用中可能包括了承包商的原因，如施工组织不善而增加的费用，同时投标报价估算的总费用却因为承包商想中标而报价过低。所以这种方法只有在难以采用实际费用法时才应用。

（3）修正总费用法　修正总费用法是对总费用法的改进，即在总费用计算的原则上，去掉一些不合理的因素，使其更为合理。修正的内容如下：

1）将计算索赔款的时段局限于受到外界影响的时间，而不是整个施工期。

2）只计算受影响时段内的某项工作所受影响的损失，而不是计算该时段内所有施工工作所受的损失。

3）与该项工作无关的费用不列入总费用中。

4）对投标报价费用重新进行核算。按受影响时段内该项工作的实际单价进行核算，再乘以实际完成的该项工作的工程量，得出调整后的报价费用。

按修正后的总费用计算索赔金额的公式如下：

索赔金额 = 某项工作调整后的实际总费用 - 该项工作的报价费用

修正总费用法与总费用法相比，有了实质性的改进，它的准确程度已接近于实际费用法。

7.6 工程价款结算

7.6.1 工程价款的结算方式

1. 工程价款结算的重要意义

所谓工程价款结算是指承包商在工程实施过程中，依据承包合同中关于付款条款的规定和已经完成的工程量，并按照规定的程序向建设单位（业主）收取工程价款的一项经济活动。

工程价款结算是工程项目承包中的一项十分重要的工作，主要表现在：

（1）工程价款结算是反映工程进度的主要指标　在施工过程中，工程价款的结算的依据之一就是按照已完成的工程量进行结算，也就是说，承包商完成的工程量越多，所应结算的工程价款就应越多。所以，根据累计已结算的工程价款占合同总价款的比例，能够近似地反映出工程的进度情况，有利于准确掌握工程进度。

（2）工程价款结算是加速资金周转的重要环节　承包商能够尽快尽早地结算回工程价款，有利于偿还债务，也有利于资金的回笼，降低内部运营成本。通过加速资金周转，提高资金使用的有效性。

（3）工程价款结算是考核经济效益的重要指标　对于承包商来说，只有工程价款如数地结算，承包商才能够获得相应的利润，进而达到良好的经济效益。

2. 工程价款的主要结算方式

我国现行工程价款结算根据不同情况，可采取多种方式。

(1) 按月结算　实行旬末或月中预支，月终结算，竣工后清算的方法。跨年度竣工的工程，在年终进行工程盘点，办理年度结算。我国现行建筑安装工程价款结算中，相当一部分是实行这种按月结算。

(2) 竣工后一次结算　建设项目或单项工程全部建筑安装工程建设期在12个月以内，或者工程承包合同价值在100万元以下的，可以实行工程价款每月月中预支，竣工后一次结算。

(3) 分段结算　即当年开工，当年不能竣工的单项工程或单位工程按照工程形象进度，划分不同阶段进行结算。分段结算可以按月预支工程款。

对于以上三种主要结算方式的收支确认，财政部在1999年1月1日起实行的《企业会计准则——建造合同》讲解中做了如下规定：

1) 实行旬末或月中预支，月终结算，竣工后清算办法的工程合同，应分期确认合同价款收入的实现，即：各月份终了，与发包单位进行已完工程价款结算时，确认为承包合同已完工部分的工程收入实现，本期收入额为月终结算的已完工程价款金额。

2) 实行合同完成后一次结算工程价款办法的工程合同，应于合同完成，施工企业与发包单位进行工程合同价款结算时，确认为收入实现，实现的收入额为承发包双方结算的合同价款总额。

3) 实行按工程形象进度划分不同阶段、分段结算工程价款办法的工程合同，应按合同规定的形象进度分次确认已完阶段工程收益实现。即：应于完成合同规定的工程形象进度或工程阶段，与发包单位进行工程价款结算时，确认为工程收入的实现。

(4) 目标结款方式　即在工程合同中，将承包工程的内容分解成不同的控制界面，以业主验收控制界面作为支付工程价款的前提条件。也就是说，将合同中的工程内容分解成不同的验收单元，当承包商完成单元工程内容并经业主（或其委托人）验收后，业主支付构成单元工程内容的工程价款。

目标结款方式下，承包商要想获得工程价款，必须按照合同约定的质量标准完成界面内的工程内容。要想尽早获得工程价款，承包商必须充分发挥自己组织实施能力，在保证质量前提下，加快施工进度。这意味着承包商拖延工期时，则业主推迟付款，增加承包商的财务费用、运营成本，降低承包商的收益，客观上使承包商因延迟工期而遭受损失。同样，当承包商积极组织施工，提前完成控制界面内的工程内容，则承包商可提前获得工程价款，增加承包收益，客观上承包商因提前工期而增加了有效利润。同时，因承包商在界面内质量达不到合同约定的标准而致业主不予验收时，承包商也会因此而遭受损失。可见，目标结款方式实质上是运用合同手段、财务手段对工程的完成进行主动控制。

目标结款方式中，对控制界面的设定应明确描述，便于量化和质量控制，同时要适应项目资金的供应周期和支付频率。

(5) 合同双方约定的其他结算方式。

7.6.2 工程预付款

1. 工程预付款的给付

工程预付款是建设工程施工合同订立后由发包人按照合同约定，在正式开工前预先支付给承包人的工程款。它是施工准备和所需要材料、结构件等流动资金的主要来源，国内习惯上又称为预付备料款。预付工程款的具体事宜由发承包双方根据建设行政主管部门的规定，结合工程款、建设工期和包工包料情况在合同中约定。《建设工程施工合同（示范文本）》中，对工程预付有相关约定："实行工程预付款的，双方应当在专用条款内约定发包人向承包人预付工程款的时间和数额，开工后按约定的时间和比例逐次扣回。预付时间应不迟于约定的开工日期前7天。发包人不按约定预付，承包人在约定预付时间7天后向发包人发出要求预付的通知，发包人收到通知后仍不能按要求预付，承包人可在发出通知后7天停止施工，发包人应从约定应付之日起向承包人支付应付款的贷款利息，并承担违约责任。"

工程预付款额度，各地区、各部门的规定不完全相同，主要是保证施工所需材料和构件的正常储备。一般是根据施工工期、建安工作量、主要材料和构件费用占建安工作量的比例以及材料储备周期等因素经测算来确定。

（1）在合同条件中约定　发包人根据工程的特点、工期长短、市场行情、供求规律等因素，招标时在合同条件中约定工程预付款的百分比。

（2）公式计算法　公式计算法是根据主要材料（含结构件等）造价占年度承包工程总价的比重，材料储备定额天数和年度施工天数等因素，通过公式计算预付备料款额度的一种方法。其计算公式为：

$$\text{工程预付款数额}=\frac{\text{工程总价}\times\text{材料比重}(\%)}{\text{年度施工天数}}\times\text{材料储备定额天数}$$

$$\text{工程预付款比率}=\frac{\text{工程预付款数额}}{\text{工程总价}}\times 100\%$$

式中，年度施工天数按365天计算；材料储备定额天数由当地材料供应的在途天数、加工天数、整理天数、供应间隔天数、保险天数等因素决定。

2. 工程预付款的扣回

发包人支付给承包人的工程预付款其性质是预支。随着工程进度的推进，拨付的工程进度款数额不断增加，工程所需主要材料、构件用量逐渐减少，原已支付的预付款应以抵扣的方式予以陆续扣回。扣款的方法有：

1）由发包人和承包人通过洽商用合同的形式予以确定，采用等比率或等额扣款的方式。也可针对工程实际情况具体处理，如有些工程工期较短、造价较低，就无须分期扣还；有些工期较长如跨年度工程，其备料款占用时间很长，根据需要可以少扣或不扣。

2）从未施工工程尚需主要材料及构件的价值相当于工程预付款数额时扣起，从每次中间结算工程价款中，按材料及构件比重抵扣工程价款，至竣工之前全部扣清。因此，确定起扣点是工程预付款起扣的关键。

确定工程预付款起扣点的依据是，未完施工工程所需主要材料和构件的费用等于工程预付款的数额。

工程预付款起扣点可按下式计算：

$$T=P-M/N$$

式中　T——起扣点，即工程预付款开始扣回的累计完成工程金额；

P——承包工程合同总额；

M——工程预付款数额；

N——主要材料、构件所占比重。

7.6.3 工程进度款

《建设工程施工合同（示范文本）》关于工程款的支付做出了相应的约定："在确认计量结果后14天内，发包人应向承包人支付工程款（进度款）"。"发包人超过约定的支付时间不支付工程款（进度款），承包人可向发包人发出要求付款的通知，发包人接到承包人通知后仍不能按要求付款，可与承包人协商签订延期付款协议，经承包人同意后可延期支付。协议应明确延期支付的时间和从计量结果确认后第15天起计算应付款的贷款利息"。"发包人不按合同约定支付工程（进度款），双方又未达成延期付款协议，导致施工无法进行，承包人可停止施工，由发包人承担违约责任"。

工程进度款的计算主要涉及两个方面：一是工程量的计量；二是单价的计算方法。

单价的计算方法，主要根据由发包人和承包人事先约定的工程价格的计价方法决定。目前，我国工程价格的计价方法可分为工料单价和综合单价两种方法。两者在选择时，既可采取可调价格的方式，即工程价格在实施期间可随价格变化而调整；也可采取固定价格的方式，即工程价格在实施期间不因价格变化而调整，工程价格已考虑价格风险因素并在合同中明确了固定价格所包括的内容和范围。实践中采用较多的是可调工料单价法和固定综合单价法。

7.6.4 竣工结算

工程竣工验收报告经发包人认可后28天内，承包人向发包人递交竣工结算报告及完整的结算资料，双方按照协议书约定的合同价款及专用条款约定的合同价款调整内容，进行工程结算。专业监理工程师审核承包人报送的竣工结算报表；总监理工程师审定竣工结算报表，与发包人、承包人协商一致后，签发竣工结算文件和最终的工程款支付证书。

发包人收到承包人递交的竣工结算报告结算资料后28天内进行核实，给予确认或者提出修改意见。发包人确认竣工结算报告后通知经办银行向承包人支付竣工结算价款。承包人收到竣工结算价款后14天内将竣工工程交付发包人。

发包人收到竣工结算报告及结算资料后28天内无正当理由不支付工程竣工结算价款，从第29天起按承包人同期向银行贷款利率支付拖欠工程价款的利息，并承担违约责任。

发包人受到竣工结算报告及结算资料后28内无正当理由不支付工程竣工结算价款，承包人可以催告发包人支付结算价款。发包人在收到竣工结算报告及结算资料后56天内仍不支付的，承包人可以与发包人协议将该工程折价，也可由承包人申请法院将该工程依法拍卖，承包人就该工程折价或者拍卖的价款优先受偿。

工程竣工验收报告经发包人认可后28天内，承包人未能向发包人递交竣工结算报告及完整的结算资料，造成工程竣工结算不能正常进行或工程竣工结算价款不能及时支付，发包人要求交付工程的，承包人应当交付；发包人不要求交付工程的，承包人承担保管责任。

【例7-1】 某施工单位承包某工程项目，甲乙双方签订的关于工程价款的合同内容有：

（1）合同总价1200万元，建筑材料及设备费占施工产值的比重为60%。

（2）工程预付款为合同总价的25%。工程实施后，工程预付款从未施工工程尚需的主要材料及构件的价值相当于工程预付款数额时起扣，从每次结算工程价款中按材料和设备占施工产值的比重扣抵工程预付款，竣工前全部扣清。

（3）工程进度款按月计算。

（4）工程保修金为合同总价的3%，从最后一个月的工程款中按3%扣留。

（5）材料和设备价差调整按规定进行（按有关规定材料和设备价差上调10%，在竣工结算时一次调增）。

工程各月实际完成产值见表7-19。

表7-19　各月实际完成产值　（单位：万元）

月　份	2	3	4	5	6	7
完成产值	150	180	250	250	220	150

问题：

（1）该工程的预付款、起扣点为多少？

（2）该工程2～6月各月拨付工程款为多少？

（3）7月份办理工程竣工结算，该工程结算造价为多少？甲方应付工程结算款为多少？

解：问题（1）

工程预付款：1200万元×25%＝300万元

起扣点：1200万元－300万元/60%＝700万元

问题（2）

2～6月各月拨付工程款为：

2月：工程款150万元，累计工程款150万元

3月：工程款180万元，累计工程款330万元

4月：工程款250万元，累计工程款580万元

5月：工程款250万元－(250＋580－700)万元×60%＝172万元，累计工程款为752万元

6月：工程款220万元－220万元×60%＝88万元，累计工程款为840万元

问题（3）

工程结算总造价：1200万元＋1200万元×60%×10%＝1272万元

甲方应付工程结算款：1272万元－840万元－1272万元×3%－300万元＝93.84万元

7.6.5　工程价款价差调整的主要方法

在经济发展过程中，物价水平是动态的、经常不断变化的，有时上涨快、有时上涨慢，有时甚至表现为下降。工程建设项目中合同周期较长的项目，随着时间的推移，经常要受到物价浮动等多种因素的影响，其中主要是人工费、材料费、施工机械费、运费等动态影响。

这样就有必要在工程价款结算中充分考虑动态因素，也就是要把多种动态因素纳入到结算过程中认真加以计算，使工程价款结算能够基本上反映工程项目的实际消耗费用。这对避免承包商（或业主）遭受不必要的损失，获取必要的调价补偿，从而维护合同双方的正当权益是十分必要的。

工程价款价差调整的方法有工程造价指数调整法、实际价格调整法、调价文件计算法、调值公式法等。下面分别加以介绍。

1. 工程造价指数调整法

这种方法是甲乙方采用当时的预算（或概算）定额单价计算出承包合同价，待竣工时，根据合理的工期及当地工程造价管理部门所公布的该月度（或季度）的工程造价指数，对原承包合同价予以调整。重点调整那些由于实际人工费、材料费、施工机械费等费用上涨及工程变更因素造成的价差，并对承包商给以调价补偿。

2. 实际价格调整法

在我国，由于建筑材料需要市场采购的范围越来越大，有些地区规定对钢材、木材、水泥三大材的价格采取按实际价格结算的方法，工程承包商可凭发票按实报销。这种方法方便而正确。但由于是实报实销，因而承包商对降低成本不感兴趣，为了避免副作用，地方主管部门要定期发布最高限价，同时合同文件中应规定建设单位或工程师有权要求承包商选择更廉价的供应来源。

3. 调价文件计算法

这种方法是甲乙方采取按当时的预算价格承包，在合同工期内，按照造价管理部门调价文件的规定，进行抽料补差（在同一价格期内所完成的材料用量乘以差价）。也有的地方定期发布主要材料供应价格和管理价格，对这一时期的工程进行抽料补差。

4. 调值公式法

根据国际惯例，对建设项目工程价款的动态结算，一般是采用此法。事实上，在绝大多数国际工程项目中，甲乙双方在签订合同时就明确列出这一调值公式，并以此作为价差调整的计算依据。

建筑安装工程费用价格调值公式一般包括固定部分、材料部分和人工部分。但当建筑安装工程的规模和复杂性增大时，公式也变得更为复杂。调值公式一般为：

$$P = P_0\left(a_0 + a_1\frac{A}{A_0} + a_2\frac{B}{B_0} + a_3\frac{C}{C_0} + a_4\frac{D}{D_0} + \cdots\right)$$

式中 P——调值后合同价款或工程实际结算款；

P_0——合同价款中工程预算进度款；

a_0——固定要素，代表合同支付中不能调整的部分占合同总价中的比重；

a_1、a_2、a_3、a_4、…——有关各项费用（如人工费、钢材费用、水泥费用、运输费等）在合同总价中所占比重，且 $a_0 + a_1 + a_2 + a_3 + a_4 + \cdots = 1$；

A_0、B_0、C_0、D_0…——基准日期与 a_1、a_2、a_3、a_4…对应的各项费用的基期价格指数或价格；

A、B、C、D…——与特定付款证书有关的期间最后一天的 49 天前与 a_1、a_2、a_3、a_4…对应的各项费用的现行价格指数或价格。

在运用这一调值公式进行工程价款价差调整中要注意如下几点：

1）固定要素通常的取值范围在0.15～0.35左右。固定要素对调价的结果影响很大，它与调价余额成反比关系。固定要素相当微小的变化，隐含着在实际调价时很大的费用变动，所以，承包商在调值公式中采用的固定要素取值要尽可能偏小。

2）调值公式中有关的各项费用，按一般国际惯例，只选择用量大、价格高且具有代表性的一些典型人工费和材料费，通常是大宗的水泥、砂石料、钢材、木材、沥青等，并用它们的价格指数变化综合代表材料费的价格变化，以便尽量与实际情况接近。

3）各部分成本的比重系数，在许多招标文件中要求承包方在投标中提出，并在价格分析中予以论证。但也有的是由发包方（业主）在招标文件中即规定一个允许范围，由投标人在此范围内选定。例如，鲁布革水电站工程的标书即对外币支付项目各费用比重系数范围做了如下规定：外籍人员工资0.10～0.20，水泥0.10～0.16，钢材0.09～0.13，设备0.35～0.48，海上运输0.04～0.08，固定系数0.17，并规定允许投标人根据其施工方法在上述范围内选用具体系数。

4）调整有关各项费用要与合同条款规定相一致。例如，签订合同时，甲乙双方一般应商定调整的有关费用和因素，以及物价波动到何种程度才进行调整。在国际工程中，一般在±5%以上才进行调整。如有的合同规定，在应调整金额不超过合同原始价5%时，由承包方自己承担；在5%～20%时，承包方负担10%，发包方（业主）负担90%；超过20%时，则必须另行签订附加条款。

5）调整有关各项费用应注意地点与时点。地点一般指工程所在地或指定的某地市场价格，时点指的是某月某日的市场价格。这里要确定两个时点价格，即签订合同时间某个时点的市场价格（基础价格）和每次支付前的一定时间的时点价格，这两个时点就是计算调值的依据。

6）确定每个品种的系数和固定要素系数。品种的系数要根据该品种价格对总造价的影响程度而定。各品种系数之和加上固定要素系数应该等于1。

7.6.6 设备、工器具和材料价款的支付与结算

1. 国内设备、工器具和材料价款的支付与结算

（1）国内设备、工器具价款的支付与结算　按照我国现行规定，银行、单位和个人办理结算都必须遵守结算原则：一是及时付款；二是谁的钱进谁的账，由谁支配；三是银行不垫款。

建设单位对订购的设备、工器具，一般不预付定金，只对制造期在半年以上的大型专用设备和船舶的价款，按合同分期付款。如上海市对大型机械设备结算进度规定为：当设备开始制造时，收取20%货款；设备制造进行60%时收取40%贷款；设备制造完毕托运时，再收取40%货款。有的合同规定，设备购置方扣留5%的质量保证金，待设备运抵现场验收合格或质量保证期届满时再返还质量保证金。

建设单位收到设备、工器具后，要按合同规定及时结算付款，不应无故拖欠。如果资金不足而延期付款，要支付一定的赔偿金。

（2）国内材料价款的支付与结算　建筑安装工程承发包双方的材料往来，可以按以下方式结算：

1）由承包单位自行采购建筑材料的，发包单位可以在双方签订工程承包合同后按年度

工作量的一定比例向承包单位预付备料资金。备料款的预付额度，建筑工程一般不应超过当年建筑（包括水、电、暖、卫等）工作量的30%，大量采用预制构件以及工期在6个月以内的工程，可以适当增加；安装工程一般不应超过当年安装工程量的10%，安装材料用量较大的工程，可以适当增加。

预付的备料款，可从竣工前未完工程所需材料价值相当于预付备料款额度时起，在工程价款结算时按材料款占结算价款的比重陆续抵扣；也可按有关文件规定办理。

2）按工程承包合同规定，由承包方包工包料的，则由承包方负责购货付款，并按规定向发包方收取备料款。

3）按工程承包合同规定，由发包单位供应材料的，其材料可按材料预算价格转给承包单位。材料价款在结算工程款时陆续抵扣。这部分材料，承包单位不应收取备料款。

凡是没有签订工程承包合同和不具备施工条件的工程，发包单位不得预付备料款，不准以备料款为名转移资金。承包单位收取备料款后2个月仍不开工或发包单位无故不按合同规定付给备料款的，开户银行可以根据双方工程承包合同的约定分别从有关单位账户中收回或付出备料款。

2. 进口设备、工器具和材料价款的支付与结算

进口设备分为标准机械设备和专制设备两类。标准机械设备系指通用性广泛、供应商（厂）有现货，可以立即提交的货物。专制设备是指根据业主提交的定制设备图样专门为该业主制造的设备。

（1）标准机械设备的结算　标准机械设备的结算，大都使用国际贸易广泛使用的不可撤销的信用证。这种信用证在合同生效之后一定日期由买方委托银行开出，经买方认可的卖方所在地银行为议付银行。以卖方为收款人的不可撤销的信用证，其金额与合同总额相等。

1）标准机械设备首次合同付款。当采购货物已装船，卖方提交下列文件和单证后，即可支付合同总价的90%。

① 由卖方所在国的有关当局颁发的允许卖方出口合同货物的出口许可证，或不需要出口许可证的证明文件。

② 由卖方委托买方认可的银行出具的以买方为受益人的不可撤销保函。担保金额与首次支付金额相等。

③ 装船的海运提单。

④ 商业发票副本。

⑤ 由制造厂（商）出具的质量证书副本。

⑥ 详细的装箱单副本。

⑦ 向买方信用证的出证银行开出以买方为受益人的即期汇票。

⑧ 于合同总价形式的发票。

2）最终合同付款。机械设备在保证期截止时，卖方提交下列单证后支付合同总价的尾款，一般为合同总价的10%：

① 货物无损、无遗留问题、完全符合技术规范要求的证明书。

② 出证行开出以买方为受益人的即期汇票。

③ 汇票副本。

3）支付货币与时间。按如下规定操作。

① 付款货币：买方以卖方在投标书标价中说明的一种或几种货币，和卖方在投标书中说明在执行合同中所需的一种或几种货币比例进行支付。

② 时间：每次付款在卖方所提供的单证符合规定之后，买方须在卖方提出日期的一定期限内（一般45天内）将相应的货款付给卖方。

（2）非标准机械设备的结算　非标准机械设备的结算一般分为三个阶段：预付款、阶段付款和最终付款。

1）预付款。一般非标准机械设备的采购，在合同签订后开始制造前，由买方向卖方提供合同总价的10%～20%的预付款。

预付款一般在提出下列文件和单证后进行支付：

① 由卖方委托银行出具以买方为受益人的不可撤销的保函，担保金额与预付款货币金额相等。

② 相当于合同总价形式的发票。

③ 商业发票。

④ 由卖方委托的银行向买方的指定银行开具由买方承兑的即期汇票。

2）阶段付款。按照合同条款，当机械制造开始加工到一定阶段，可按设备合同价一定的百分比进行付款。阶段的划分是当机械设备加工制造到关键部位时进行一次付款，到货物装船买方收货验收后再付一次款。每次付款都应在合同条款中做较详细的规定。

机械设备制造阶段付款的一般条件如下：

① 当制造工序达到合同规定的阶段时，制造厂应以传真或信件通知业主。

② 开具经双方确认完成工作量的证明书。

③ 提交以买方为受益人的所完成部分保险发票。

④ 提交商业发票副本。

机械设备装运付款，包括成批订货分批装运的付款，应由卖方提供下列文件和单证：

① 有关运输部门的收据。

② 交运合同货物相应金额的商业发票副本。

③ 详细的装箱单副本。

④ 由制造厂（商）出具的质量和数量证书副本。

⑤ 原产国证书副本。

⑥ 货物到达买方验收合格后，当事双方签发的合同货物验收合格证书副本。

3）最终付款。最终付款指在保证期结束时的付款。付款时应提交下列文件和单证：

① 商业发票副本。

② 全部设备完好无损，所有待修缺陷及待办的问题均已按技术规范说明圆满解决后的合格证副本。

（3）利用出口信贷方式支付进口设备、工器具和材料价款　对进口设备、工器具和材料价款的支付，我国还经常利用出口信贷的形式。出口信贷根据借款的对象分为卖方信贷和买方信贷。

1）卖方信贷。卖方信贷是卖方将产品赊销给买方，规定买方在一定时期内延期或分期付款；卖方通过向本国银行申请出口信贷，来填补占用的资金。卖方信贷过程如图7-11所示。

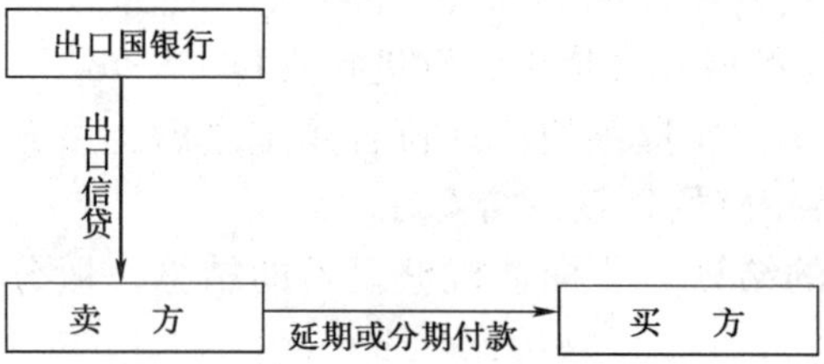

图 7-11　卖方信贷示意图

采用卖方信贷进行设备材料结算时，一般是在签订合同后先预付 10% 定金；在最后一批货物装船后再付 10%；在货物运抵目的地，验收后付 5%；待质量保证期届满时再付 5%；剩余的 70% 贷款应在全部交货后规定的若干年内一次或分期付清。

2）买方信贷。买方信贷有两种形式。

一种是由产品出口国银行把出口信贷直接贷给买方，买卖双方以即期现汇成交，其过程如图 7-12 所示。

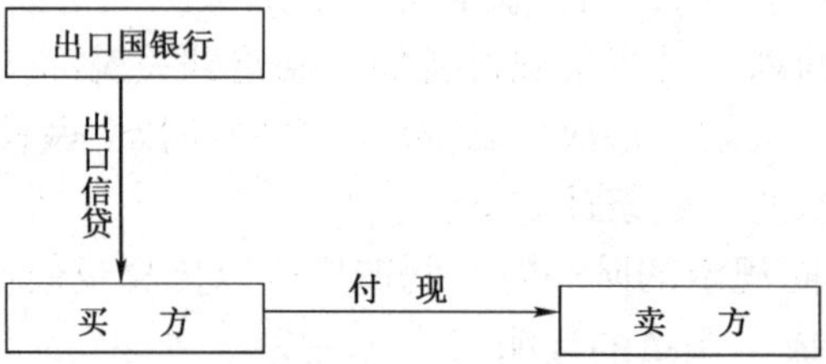

图 7-12　买方信贷（出口国银行直接贷款给进口商）示意图

例如，在进口设备材料时，买卖双方签订贸易协议后，买方先付 15% 左右的定金，其余贷款由卖方银行贷给，再由买方按现汇付款条件支付给卖方。此后，买方分期向卖方银行偿还贷款本息。

买方信贷的另一种形式是由出口国银行把出口信贷贷给进口国银行，再由进口国银行转贷给买方，买方用现汇支付借款，进口国银行分期向出口国银行偿还借款本息，其过程如图 7-13 所示。

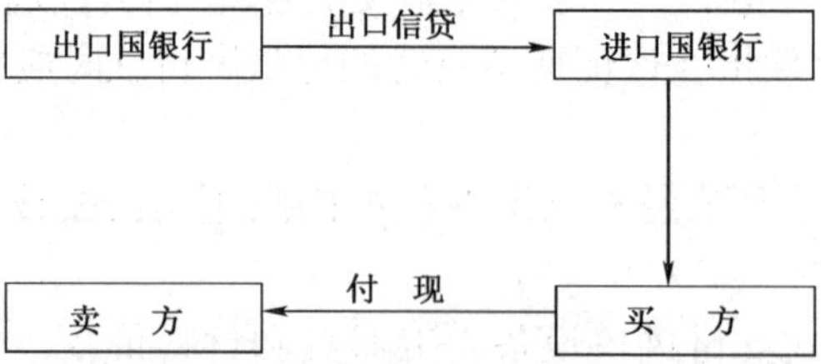

图 7-13　买方信贷（出口国银行借款给进口国银行）示意图

3. 设备、工器具和材料价款的动态结算

（1）价格调值公式计算　设备、工器具和材料价款的动态结算主要是依据国际上流行的货物设备价格调值公式来计算，即：

$$P_1 = P_0\left(a + b\frac{M_1}{M_0} + c\frac{L_1}{L_0}\right)$$

式中 P_1——应付给供货人的价格或结算款；

P_0——合同价格（基价）；

M_0——原料的基本物价指数，取投标截止前28天的指数；

L_0——特定行业人工成本的基本指数，取投标截止日期前28天的指数；

M_1、L_1——在合同执行时的相应指数；

a——代表管理费用和利润占合同的百分比，这一比例是不可调整的，因而称之为固定成分；

b——代表原料成本占合同价的百分比；

c——代表人工成本占合同价的百分比。

应注意的是，在公式中 $a+b+c=1$，其中：

a 的数值可因货物性质的不同而不同，一般占合同的5%～15%。

b 是通过设备、工器具制造中消耗的主要材料的物价指数进行调整的。如果主要材料是钢材，但也需要铜螺丝、轴承和涂料等，那么也仅以钢材的物价指数来代表所有材料的综合物价指数。如果有二三种主要材料，其价格对成品的总成本都是关键因素，则可把材料物价指数再细分成二三个子成本。

c 通常是根据整个行业的物价指数调整的（如机床行业）。在极少数的情况下，将人工成本 c 分解成二三个部分，通过不同的指数来进行调整。

（2）多种主要材料和成分构成的成套设备 对于有多种主要材料和成分构成的成套设备合同，则可采用更为详细的公式进行逐项的计算调整，即：

$$P_1 = P_0\left(a + b\frac{M_{S1}}{M_{S0}} + c\frac{M_{C1}}{M_{C0}} + d\frac{M_{P1}}{M_{P0}} + e\frac{L_{E1}}{L_{E0}} + f\frac{L_{P1}}{L_{P0}}\right)$$

式中 M_{S1}/M_{S0}——钢板的物价指数；

M_{C1}/M_{C0}——电解铜的物价指数；

M_{P1}/M_{P0}——塑料绝缘材料的物价指数；

L_{E1}/L_{E0}——电气工业的人工费用指数；

L_{P1}/L_{P0}——塑料工业的人工费用指数；

a——固定成本在合同价格中所占的百分比；

b、c、d——每类材料成分的成本在合同价格中所占的百分比；

e、f——每类人工成分的成本在合同价格中所占的百分比。

复习题

1. 简述优化施工组织设计任务。
2. 简述工程质量、造价、工期三者之间的关系。
3. 何谓施工预算？其作用有哪些？
4. 简述“两算”对比的意义。
5. 确定工程变更价款的原则有哪些？

6. 索赔处理的程序分哪些步骤?

7. 简述索赔成立的条件。

8. 简述索赔费用的内容及计算方法。

9. 工程价款的结算方式有哪几种?

10. 工程款价差调整的方法有哪些?

11. 某建设单位与承包商签订某建设工程施工合同。合同总价为2000万元。合同规定:

(1) 建设单位向承包商支付合同价25%的工程预付款。

(2) 工程预付款从未施工工程尚需的主要材料及设备价值相当于工程预付款时起扣，主要材料及设备费用占合同总价的60%。

(3) 工程保修金为合同总价的3%，从建设单位支付给承包商的工程款中每月按3%的比例扣留。

(4) 由建设单位直接提供的材料和设备应在发生当月的工程款中扣回其费用。

经监理工程师签认的承包商各月计划和实际完成的工作量以及建设单位直接提供的材料、设备价值见表7-20。

表7-20 工程结算数据表 (单位:万元)

月 份	1~5	6	7	8	9	10	11
计划完成工作量	1000	180	200	190	180	150	100
实际完成工作量	1000	200	200	180	180	140	100
建设单位直供材料设备价值	80	40	20	10	20	10	5

问题:

(1) 工程预付款是多少?

(2) 起扣点是多少?

(3) 1~5月以及其他各月监理工程师应签证的工程款是多少?应签发付款凭证金额是多少?

第 8 章　建设工程的竣工决算

8.1　竣工验收

8.1.1　建设项目竣工验收概述

1. 建设项目竣工验收的概念

建设项目竣工验收是指由建设单位、施工单位和项目验收委员会，以项目批准的设计任务书和设计文件，以及国家或部门颁发的施工验收规范和质量检验标准为依据，按照一定的程序和手续，在项目建成并试生产合格后（工业生产性项目），对工程项目的总体进行检验和认证、综合评价和鉴定的活动。竣工验收是建设工程的最后阶段。一个单位工程或一个建设项目在全部竣工后进行检查验收及交工，是建设、施工、生产准备工作进行检查评定的重要环节，也是对建设成果和投资效果的总检验。竣工验收是严格按照国家的有关规定组成验收组进行的。建设项目和单项工程要按照设计文件所规定的内容全年建成最终建筑产品，根据国家有关规定评定质量等级进行竣工验收。

单项工程竣工验收是由施工单位对竣工的单位工程进行实际成本分析，反映其经济效果的一项决算工作。它是以单位工程的竣工决算为依据，核算其预算成本、实际成本和成本降低额，并编制单位工程竣工成本决算表，以总结经验教训，提高企业经营管理水平。

工业生产项目，须经试生产（投料试车）合格，形成生产能力，能正常生产出产品后，才能进行验收。非工业生产项目，应能正常使用，才能进行验收。

建设项目竣工验收，按被验收的对象划分，可分为：单项工程、单位工程验收（称为交工验收）及工程整体验收（称为动用验收）。通常所说的建设项目竣工验收，指的是动用验收，是指建设单位在建设项目按批准的设计文件所规定的内容全部建成后，向使用单位（国有资金建设的工程向国家）交工的过程。其验收程序是：整个建设项目按设计要求全部建成，经过第一阶段的交工验收，符合设计要求，并具备竣工图、竣工结算、竣工决算等必要的文件资料后，由建设项目主管部门或建设单位，按照国家有关部门关于《建设项目（工程）竣工验收办法》的规定，及时向负责验收的单位提出竣工验收申请报告，按现行验收组织规定，接受由银行、物资、环保、劳动、统计、消防及其他有关部门组成的验收委员会或验收组进行验收，办理固定资产移交手续。验收委员会或验收组负责建设的各个环节，听取有关单位的工作报告，审阅工程技术档案资料，并实地查验建筑工程和设备安装情况，对工程设计、施工和设备质量等方面提出全面的评价。

2. 建设项目竣工验收的作用

1）全面考核建设成果，检查设计、工程质量是否符合要求，确保项目按设计要求的各项技术经济指标正常使用。

2）通过竣工验收办理固定资产使用手续，可以总结工程建设经验，为提高建设项目的经济效益和管理水平提供重要依据。

3）建设项目竣工验收是项目施工阶段的最后一个程序，是建设成果转入生产使用的标志，是审查投资使用是否合理的重要环节。

4）建设项目建成投产交付使用后，能否取得良好的宏观效益，需要经过国家权威管理部门按照技术规范、技术标准组织的验收确认。因此，竣工验收是建设项目转入投产使用的必要环节。

3. 建设项目竣工验收的任务

建设项目通过竣工验收后，由施工单位移交建设单位使用，并办理各种移交手续，这时标志着建设项目全部结束，即建设资金转化为使用价值。建设项目竣工验收的主要任务有：

1）建设单位、勘察和设计单位、施工单位分别对建设项目的决策和论证、勘察和设计以及施工的全过程进行最后的评价，对各自在建设项目进展过程中的经验和教训进行客观的评价。

2）办理建设项目的验收和移交手续，并办理建设项目竣工结算和竣工决算，以及建设项目档案资料的移交和保修手续等。

8.1.2 建设项目竣工验收的内容

建设项目竣工验收的内容依据建设项目的不同而不同，一般包括以下两部分。

1. 工程资料验收

工程资料包括工程技术资料、工程综合资料和工程财务资料。

（1）工程技术资料验收内容　具体如下。

1）工程地质、水文、气象、地形、地貌、建筑物、构筑物及重要设备安装位置、勘察报告与记录。

2）初步设计、技术设计或扩大初步设计、关键的技术试验、总体规划设计。

3）土质试验报告、基础处理记录。

4）建筑工程施工记录，单位工程质量检验记录，管线强度、密封性试验报告，设备及管线安装施工及质量检查记录，仪表安装施工记录。

5）设备试车、验收运转、维修记录。

6）产品的技术参数、性能、图样，工艺说明、工艺规程、技术总结，产品检验、包装、工艺图。

7）设备的图样、说明书。

8）涉外合同、谈判协议、意向书。

9）各单项工程及全部管网竣工图等的资料。

（2）工程综合资料验收内容　具体如下。

1）项目建议书及批准文件，可行性研究报告及批准文件，项目评估报告，环境影响评估报告书，设计任务书。

2）土地证用申报及批准的文件，承包合同，招标投标文件，施工执照，项目竣工验收报告，验收鉴定书。

2. 工程财务资料验收内容

1）历年建设资金供应（拨、贷）情况和应用情况。

2）历年批准的年度财务决算。

3）历年年度投资计划、财务收支计划。

4）建设成本资料。

5）支付使用的财务资料。

6）设计概算、预算资料。

7）施工决算资料。

3. 工程内容验收

工程内容验收包括建筑工程验收和安装工程验收两部分。

（1）建筑工程验收内容　建筑工程验收主要是运用有关资料进行审查验收，主要包括：

1）建筑物的位置、标高、轴线是否符合设计要求。

2）对基础工程中的土石方工程、垫层工程、砌筑工程等资料的审查，因为这些工程在交工验收时已验收。

3）对结构工程中的砖木结构、砖混结构、内浇外砌结构、钢筋混凝土结构的审查验收。

4）对屋面工程的木基、望板油毡、屋面瓦、保温层、防水层等的审查验收。

5）对门窗工程的审查验收。

6）对装修工程的审查验收（抹灰、油漆等工程）。

（2）安装工程验收内容　安装工程验收分为建筑设备安装工程、工艺设备安装工程、动力设备安装工程验收：

1）安装工程：指民用建筑物中的上下水管道，暖气、煤气、通风、电气照明等安装工程。建筑设备安装工程验收应检查这些设备的规格、型号、数量、质量是否符合设计要求，检查安装时的材料、材质，检查试压、闭水试验及照明。

2）工艺设备安装工程：包括生产、起重、传动、实验等设备的安装，以及附属管线敷设和油漆、保温等。验收时应检查设备的规格、型号、数量、质量，设备安装的位置、标高，机座尺寸、质量，单机试车、无负荷联动试车、有负荷联动试车，管道的焊接质量、洗清、吹扫、试压、试漏、油漆、保温，各种阀门等。

3）动力设备安装工程：指有自备电厂的项目，或变配电室（所）、动力配电线路的验收。

8.1.3 建设项目竣工验收的条件和依据

1. 竣工验收的条件

国务院2000年1月发布的第279号令《建设工程质量管理条例》规定，建设工程竣工验收应当具备以下条件：

1）完成建设工程设计和合同约定的各项内容，并满足使用要求。

2）有完整的技术档案和施工管理资料。

3）有工程使用的主要建筑材料、建筑构配件和设备的进场试验报告。

4）有勘察、设计、施工、工程监理等单位分别签署的质量合格文件。

5）建设单位已按合同约定支付工程款。

6）有施工单位签署的工程质量保修书。

7）在建设行政主管部门及工程质量监督站等有关部门的历次抽查中，责令整改的问题全部整改完毕。

8）工程项目前期审批手续齐全。

2. 竣工验收的标准

（1）民用建设项目竣工验收的标准　具体如下。

1）建设项目的各单位工程和单项工程均已符合竣工验收的标准。

2）建设项目配套工程和附属工程均已施工结束，达到设计规定的相应质量要求，并具备正常使用条件。

（2）工业建设项目竣工验收的标准　根据国家规定，建设项目竣工验收、交付生产使用，必须满足以下要求：

1）生产性项目和辅助性公用设施，已按设计要求完成，能满足生产使用。

2）主要工艺设备配套经联动负荷试车合格，形成生产能力，能够生产出设计文件所规定的产品。

3）必要的生产设施，已按设计要求建成。

4）生产准备工作能适应投产的需要。

5）环境保护设施、劳动安全卫生设施、消防设施已按设计要求与主体工程同时建成，可供使用。

生产性投资项目如工业项目的土建工程、安装工程、人防工程、管道工程、通信工程等工程的施工和竣工验收，必须按照国家及地方相关行业主管部门批准的工程质量标准及验收规范执行。

3. 竣工验收的范围

国家颁布的建设法规规定，凡新建、扩建、改建的基本建设项目和技术改造项目（所有列入固定资产投资计划的建设项目或单项工程），已按国家批准的设计文件所规定的内容建成，符合验收标准，即：工业投资项目经负荷试车考核，试生产期间能够正常生产出合格产品，形成生产能力的；非工业投资项目符合设计要求，能够正常使用的，不论是属于哪种建设性质，都应及时组织验收，办理固定资产移交手续。有的工期较长、建设设备装置较多的大型工程，为了及时发挥其经济效益，对其能够独立生产的单项工程，也可以根据建成时间的先后顺序，分期分批地组织竣工验收；对能生产中间产品的一些单项工程，不能提前投料试车，可按生产要求与生产最终产品的工程同步建成竣工后，再进行全部验收。此外对于某些特殊情况，工程施工虽未全部按设计要求完成，也应进行验收，这些特殊情况主要有：

1）因少数非主要设备或某些特殊材料短期内不能解决，虽然工程内容尚未全部完成，但已可以投产或使用的工程项目。

2）规定要求的内容已完成，但因外部条件的制约，如流动资金不足、生产所需原材料不能满足等，而使已建工程不能投入使用的项目。

3）有些建设项目或单项工程，已形成部分生产能力，但近期内不能按原设计规模续建。应从实际情况出发，经主管部门批准后，可缩小规模对已完成的工程和设备组织竣工验收，移交固定资产。

4. 竣工验收的依据

建设项目竣工验收的主要依据包括：

1）级主管部门对该项目批准的各种文件。

2）可行性研究报告。

3）施工图设计文件及设计变更洽商记录。

4）国家颁布的各种标准和现行的施工验收规范。

5）工程承包合同文件。

6）技术设备说明书。

7）建筑安装工程统计规定及主管部门关于工程竣工规定。

8）从国外引进的新技术和成套设备的项目，以及中外合资建设项目，要按照签订的合同和进口国提供的设计文件等进行验收。

9）利用世界银行等国际金融机构贷款的建设项目，应按世界银行规定，按时编制项目完成报告。

8.1.4 建设项目竣工验收的质量核定

建设项目竣工验收的质量核定是政府对竣工工程进行质量监督的一种带有法律性的手段，是竣工验收交付使用必须办理的手续。质量核定的范围包括新建、扩建、改建的工业与民用建筑，设备安装工程、市政工程等。

1. 申报竣工质量核定的工程条件

1）必须符合国家或地区规定的竣工条件和合同规定的内容。委托工程监理的工程，必须提供监理单位对工程质量进行监理的有关资料。

2）必须具备各方签认的验收记录。对验收各方提出的质量问题，施工单位进行返修的，应具备建设单位和监理单位的复验记录。

3）提供符合规定且齐全有效的施工技术资料。

4）保证竣工质量核定所需的水、电供应及其他必备的条件。

2. 核定的方法、步骤

1）单位工程完成之后，施工单位应按照国家检验评定标准的规定进行自验，符合有关规范、设计文件和合同要求的质量标准后，将自检结果提交建设单位。

2）建设单位组织设计、监理、施工等单位，对工程质量评出等级，并向有关的监督机构提出申报竣工工程质量核定。

3）监督机构在受理了竣工工程质量核定后，按照国家的工程质量检验评定标准进行核定，经核定合格或优良的工程，颁发合格证书，并说明其质量等级。工程交付使用后，如工程质量出现永久缺陷等严重问题，监督机构将收回合格证书，并予以公布。

4）经监督机构核定不合格的单位工程，不颁发合格证书，不准投入使用，责任单位在规定期限返修后，再重新进行申报、核定。

5）在核定中，如施工单位资料不能说明结构安全或不能保证使用功能的，由施工单位委托法定监测单位进行监测，并由监督机构对隐瞒事故者进行依法处理。

8.1.5 建设项目竣工验收的形式与程序

1. 建设项目竣工验收的形式

根据工程的性质及规模，建设项目竣工验收的形式分为以下三种：

1）事后报告验收形式；适用于一些小型项目或单纯的设备安装项目。

2）委托验收形式：对一般工程项目，委托某个有资格的机构为建设单位验收。

3）成立竣工验收委员会验收。

2. 工程竣工验收资料

（1）竣工验收报告　工程施工全部完成后，经建设、施工、设计单位共同检查合格，施工单位要及时向建筑工程质量监督站呈报竣工验收报告，申请竣工验收，评定工程质量等级。竣工验收报告的主要内容有：

1）工程概况。

2）建设单位执行基本建设程序情况。

3）对工程勘察、设计、施工、监理等方面的评价。

4）工程竣工验收时间、程序、内容和组织形式。

5）工程竣工验收结论。

同时在呈报竣工验收时还应附有下列资料：

1）施工许可证。

2）施工图设计文件审查批准书。

3）验收人员签署的工程竣工验收意见。

4）施工单位签署的工程质量保修书。

5）单位工程质量综合评定表。

6）单位工程质量保证资料核查表。

7）单位工程质量观感评定表。

（2）竣工图　竣工图是真实记录各种地上、地下建筑物、构筑物、设备安装等实际情况的技术文件，是对工程进行交工验收、维护、改建、扩建的主要依据，是国家重要的技术档案。国家规定：各项新建、扩建、改建的基本建设工程，特别是基础、地下建筑、管线、结构、井巷、桥梁、隧道、港口、水坝以及设备安装等隐蔽部位，都要编制竣工图。国家大中型建设项目、城市住宅小区建设，以及城市的水、电、气、交通、通信等工程，一般应编制不少于两套的竣工图，一套交生产使用单位保管，另一套交有关主管部门或技术档案部门长期保管。而对于特别重要的建设项目，还应增加一套交国家档案馆保存。小型建设项目应编制不少于一套竣工图，交生产使用单位保管。

3. 建设项目竣工验收的程序

建设项目全部建成，经过各单项工程的验收符合设计的要求，并具备竣工图表、竣工决算、工程总结等必要文件资料，由建设项目主管部门或建设单位向负责验收的单位提出竣工验收申请报告，按程序验收。工程验收报告应经项目经理和施工单位有关负责人审核签字。竣工验收的一般程序介绍如下。

（1）承包商申请交工验收　承包商在完成了合同工程或按合同约定可分布移交工程的，

可申请交工验收。竣工验收一般为单项工程，但在某些特殊情况下也可以是单位工程的施工内容，诸如特殊基础处理工程、发电站单机机组完成后的移交等。承包商施工的工程达到竣工条件后，应先进行预检验，对不符合要求的部位和项目，确定修补措施和标准并修补有缺陷的工程部位。对于设备安装工程，要与甲方和监理工程师共同进行无负荷的单机和联动试车。承包商完成了上述工作并准备好竣工资料后，即可向甲方提交竣工验收申请报告。竣工验收预验收（简称竣工预验），一般有基层施工单位自验、项目经理自验、公司级预验三个层次。

（2）监理工程师现场初验　施工单位通过竣工预验收，对发现的问题进行处理后，决定正式提请验收，应向监理工程师提交验收申请报告，监理工程师审查验收申请报告，如认为可以验收，则由监理工程师组成验收组，对竣工的工程项目进行初验。在初验中发现的质量问题，要及时书面通知施工单位，令其修理甚至返工。

（3）正式验收　由业主或监理工程师组织由业主、监理单位、设计单位。施工单位、工程质量监督站等参加正式验收。工作程序是：

1）参加工程项目竣工验收的各方对已竣工的工程进行目测检查和逐一核对工程资料所列内容是否齐备和完整。

2）首先举行各方参加的现场验收会议，由项目经理对工程施工情况、自验情况和竣工情况进行介绍，并出示竣工资料，包括竣工图和各种原始资料及记录；由项目总监理工程师通报工程监理中的主要内容，发表竣工验收的监理意见；业主根据在竣工项目目测中发现的问题，按照合同规定对施工单位提出限期处理的意见。然后暂时休会，由质检部门会同业主及监理工程师讨论正式验收是否合格。最后复会，由业主或总监理工程师宣布验收结果，质检站人员宣布工程质量等级。

3）办理竣工验收签证书，三方签字盖章。竣工验收签证书的格式见表8-1。

表8-1　竣工验收签证书

<table>
<tr><td>工程名称</td><td colspan="3"></td><td>工程地点</td><td></td></tr>
<tr><td>工程范围</td><td colspan="3">（按合同要求定）</td><td>建筑面积</td><td></td></tr>
<tr><td>工程造价</td><td colspan="5"></td></tr>
<tr><td>开工日期</td><td colspan="2">年　月　日</td><td colspan="2">竣工日期</td><td>年　月　日</td></tr>
<tr><td>日历工作天</td><td></td><td colspan="4">实际工作天</td></tr>
<tr><td>验收意见</td><td colspan="5"></td></tr>
<tr><td>建设单位验收人</td><td colspan="5"></td></tr>
</table>

（4）单项工程验收　单项工程验收又称交工验收，即验收合格后业主方可投入使用。由业主组织的交工验收，主要依据国家颁布的有关技术规范和施工承包合同，对以下几方面进行检查或检验：

1）检查、核实竣工项目准备移交给业主的所有技术资料的完整性、准确性。

2）按照设计文件和合同，检查已完工程是否有漏项。

3）检查工程质量、隐蔽工程验收资料、关键部位的施工记录等，考察施工质量是否达到合同要求。

4）检查试车记录及试车中所发现的问题是否得到改正。

5）在交工验收中发现需要返工、修补的工程，明确规定完成期限。

6）其他涉及的有关问题。

验收合格后，业主和承包商共同签署交工验收证书。然后由业主将有关技术资料和试车记录、试车报告及交工验收报告一并上报主管部门，经批准后改部分工程即可投入使用。验收合格的单项工程，在全部工程验收时，原则上不再办理验收手续。

（5）全部工程的竣工验收　全部施工过程完成后，由国家主管部门组织的竣工验收，又称为动用验收。业主参与全部工程竣工验收分为验收准备、预验收和正式验收三个阶段。正式验收，在自验的基础上，确认工程全部符合验收标准，具备了交付使用的条件后，即可开始正式竣工验收工作。

1）发出竣工验收通知书。施工单位应于正式竣工验收之日的前10天，向建设单位发送竣工验收通知书。

2）组织验收工作。建设单位应在竣工验收7个工作日前，将验收的时间、地点及验收组成员名单通知负责监督该工程的质量监督站。建设单位收到竣工验收报告后，对符合竣工验收条件的工程，组织勘察、设计、施工、监理等单位和其他有关方面的专家组成验收组，制定验收方案，组织实施工程竣工验收。国家重点工程的大型建设项目，由国家有关部委邀请有关方面参加，组成工程验收委员会，进行验收。

3）签发竣工验收证明书并办理移交。在建设单位验收完毕并确认工程符合竣工标准和合同条款规定要求以后，向施工单位签发竣工验收证明书。

4）进行工程质量评定。建筑工程按设计要求和建筑安装工程施工的验收规范和质量标准进行质量评定验收。验收委员会或验收组，要全面实地查验工程质量，重点查验使用功能，对工程勘察、设计、施工、设备安装质量和各管理环节等方面做出全面评价，形成经验收组成员签署的工程竣工验收意见。在确认工程符合竣工标准和合同条款规定后，签发竣工验收合格证书。

5）整理各种技术文件材料，办理工程档案资料移交。建设项目竣工验收前，各有关单位应将所有技术文件进行系统整理，由建设单位分类立卷，在竣工验收时，交生产单位统一保管，同时将与所在地区有关的文件交当地档案管理部门，以满足生产、维修的需要。

6）办理固定资产移交手续。在对工程检查验收完毕后，施工单位要向建设单位逐项办理工程移交和其他固定资产移交手续，加强固定资产的管理，并应签认交接验收证书，办理工程结算手续。工程结算由施工单位提出，送建设单位审查无误后，由双方共同办理结算签认手续。工程结算手续办理完毕，除施工单位承担保修工作（一般保修期为1年）以外，甲乙双方的经济关系和法律责任予以解除。

7）办理工程决算。整个项目完工验收后，并且办理了工程结算手续，要由建设单位编制工程决算，上报有关部门。

8）签署竣工验收鉴定书。竣工验收鉴定书是表示建设项目已经竣工并交付使用的重要文件，是全部固定资产交付使用和建设项目正式动用的依据，也是承包商对建设项目消除法律责任的证件。竣工验收鉴定书一般包括：工程名称、地点，验收委员会成员，工程总说明，工程据以修建的设计文件，竣工工程是否与设计相符合，全部工程质量鉴定，总的预算造价和实际造价，结论，验收委员会对工程动用时的意见和要求等。至此，项目的全部建设过程全部结束。

整个建设项目进行竣工验收后，建设单位应及时办理固定资产交付使用手续。在进行竣工验收时，已验收过的单项工程可以不再办理验收手续，但应将单项工程交工验收证书作为最终验收的附件而加以说明。建设单位在竣工验收过程中，如发现工程不符合竣工条件，应责令施工单位进行返修，并重新组织竣工验收，直到通过验收。

8.1.6 建设项目竣工验收的组织和职责

施工验收的组织应按《建设项目（工程）竣工验收办法》的规定组成。大中型和限额以上基本建设和技术改造项目（工程），由国家发改委或国家发改委委托项目主管部门、地方政府部门组织验收。小型和限额以下基本建设和技术改造项目（工程），由项目（工程）主管部门或地方政府部门组织验收。竣工验收要根据工程规模大小、复杂程度组成验收委员会或验收组。验收委员会或验收组应由银行、物资、环保、劳动、消防及其他有关部门组成。建设单位、接管单位、施工单位、勘察设计单位参加验收工作。

验收委员会或验收组的主要职责是：

1）审查预验收情况报告和移交生产准备情况报告。

2）审查各种技术资料，如项目可行性研究报告、设计文件、概预算，有关项目建设的重要会议记录，以及各种合同、协议、工程技术经济档案等。

3）对项目主要生产设备和公用设施进行复验和技术鉴定，审查试车规格，检查试车准备工作，监督检查生产系统的全部带负荷运转，评定工程质量。

4）处理交接验收过程中出现的有关问题。

5）核定移交工程清单，签订交工验收证书。

6）提出竣工验收工作的总结报告和国家验收鉴定书。

8.2 竣工决算

8.2.1 建设项目竣工决算的概念及作用

8.2.1.1 建设项目竣工决算的概念

建设项目竣工决算是指所有建设项目竣工后，建设单位按照国家有关规定在新建、改建和扩建工程建设项目竣工验收阶段编制的竣工决算报告。竣工决算是以实物数量和货币指标为计量单位，综合反映竣工项目从筹建开始到项目竣工交付使用为止的全部建设费用、建设成果和财务情况的总结性文件，是竣工验收报告的重要组成部分。竣工决算是正确核定新增固定资产价值，考核分析投资效果，建立健全经济责任制的依据，是反映建设项目实际造价和投资效果的文件。

8.2.1.2 建设项目竣工决算的作用

1）竣工决算是综合全面地反映竣工项目建设成果及财务情况的总结性文件，它采用货币指标、实物数量、建设工期和各种技术经济指标综合全面地反映建设项目自开始建设到竣工为止全部建设成果和财物状况。

2）竣工决算是办理交付使用资产的依据，也是竣工验收报告的重要组成部分。建设单位与使用单位在办理交付资产的验收交接手续时，通过竣工决算反映了交付使用资产的全部价值，包括固定资产、流动资产、无形资产和递延资产的价值。同时，它还详细提供了交付使用资产的名称、规格、数量、型号和价值等明细资料，是使用单位确定各项新增资产价值并登记入账的依据。

3）竣工决算是分析和检查设计概算的执行情况，考核投资效果的依据。竣工决算反映了竣工项目计划、实际的建设规模、建设工期以及设计和实际的生产能力，反映了概算总投资和实际的建设成本，同时还反映了所达到的主要技术经济指标。通过对这些指标计划数、概算数与实际数进行对比分析，不仅可以全面掌握建设项目计划和概算执行情况，而且可以考核建设项目投资效果，为今后制订基建计划、降低建设成本、提高投资效果提供必要的资料。

8.2.2 竣工决算的内容

竣工决算是由竣工决算报表和竣工情况说明书两部分组成。一般大中型建设项目的竣工决算报表包括：竣工工程概况表、竣工财务决算表、建设项目交付使用财产总表和建设项目交付使用财产明细表等；小型建设项目的竣工决算报表一般包括竣工决算总表和交付使用财产明细表两部分。除此以外，还可根据需要，编制结余设备材料明细表、应收应付款明细表、结余资金明细表等，将其作为竣工决算表的附件。大中型和小型建设项目的竣工决算都包括建设项目从筹建开始到项目竣工交付生产使用为止的全部建设费用，其内容包括以下四个方面。

8.2.2.1 竣工决算报告情况说明书

竣工决算报告情况说明书主要反映竣工工程建设成果和经验，是对竣工决算报表进行分析和补充说明的文件，是全面考核分析工程投资与造价的书面总结，其内容主要包括：

1）建设项目概况，对工程总的评价。一般从进度、质量、安全和造价方面进行分析说明。进度方面主要说明开工和竣工时间，对照合理工期和要求工期分析是提前还是延期。质量方面主要根据竣工验收委员会或相当一级质量监督部门的验收评定等级、合格率和优良品率。安全方面主要根据劳动工资和施工部门的记录，对有无设备和人身事故进行说明。造价方面主要对照概算造价，说明节约还是超支，用金额和百分率进行分析说明。

2）资金来源及运用等财务分析。主要包括工程价款结算、会计账务的处理、财产物资情况及债权债务的清偿情况。

3）基本建设收入、投资包干结余、竣工结余资金的上交分配情况。通过对基本建设投资包干情况的分析，说明投资包干数、实际支用数和节约额、投资包干节余的有机构成和包干节余的分配情况。

4）各项经济技术指标的分析。包括概算执行情况分析和新增生产能力的效益分析。概算执行情况分析：根据实际投资完成额与概算进行对比分析。新增生产能力的效益分析：说明支付使用财产占总投资额的比例、占支付使用财产的比例，不增加固定资产的造价占投资总额的比例，分析有机构成和成果。

5）工程建设的经验，项目管理和财务管理工作以及竣工财务决算中有待解决的问题。

6）需要说明的其他事项。

8.2.2.2　竣工财务决算报表

建设项目竣工财务决算报表根据大、中型建设项目和小型建设项目分别制定。大中型建设项目竣工决算报表包括：建设项目竣工财务决算审批表；大中型建设项目概况表；大中型建设项目竣工财务决算表；大中型建设项目交付使用资产总表；小型建设项目竣工财务决算报表包括建设项目竣工财务决算审批表、竣工财务决算总表、建设项目交付使用资产明细表。有关表格形式分别见表8-2～表8-7。

1. 建设项目竣工财务决算审批表（见表8-2）

建设项目竣工财务决算审批表作为竣工决算上报有关部门审批时使用，其格式按照中央级小型项目审批要求设计的，地方级项目可按审批要求作适当修改。大、中、小型项目均要按照下列要求填报此表。

1）表中“建设性质”按照新建、改建、扩建、迁建和恢复建设项目等分类填列。

2）表中“主管部门”是指建设单位的主管部门。

3）所有建设项目均须经过开户银行签署意见后，按照有关要求进行报批：中央级小型项目由主管部门签署审批意见；中央级大中型建设项目报所在地财政监察专员办事机构签署意见后，再由主管部门签署意见报财政部审批；地方级项目由同级财政部门签署审批意见。

4）已具备竣工验收条件的项目，3个月内应及时填报审批表。如3个月内不办理竣工验收和固定资产移交手续的视同项目已正式投产，其费用不得从基本建设投资中支付，所实现的收入作为经营收入，不再作为基本建设收入管理。

表8-2　建设项目竣工财务决算审批表

建设项目法人（建设单位）		建设性质	
建设项目名称		主管部门	
开户银行意见： 盖章 年　月　日			
专员办审批意见： 盖章 年　月　日			
主管部门或地方财政部门审批意见： 盖章 年　月　日			

2. 大中型建设项目概况表（见表8-3）

大中型建设项目概况表综合反映大中型项目的基本概况，内容包括该项目总投资、建设起止时间、新增生产能力、主要材料消耗、建设成本、完成主要工程量和主要技术经济指标，可按下列要求填写：

1）建设项目名称、建设地址、主要设计单位和主要施工单位，要按全称填列。

2）表中各项目的设计、概算、计划等指标，根据批准的设计文件和概算、计划等确定的数字填列。

3）表中所列新增生产能力、完成主要工程量、主要材料消耗的实际数据，根据建设单位统计资料和施工单位提供的有关成本核算资料填列。

4）表中“主要技术经济指标”包括单位面积造价、单位生产能力投资、单位投资增加的生产能力、单位生产成本和投资回收年限等反映投资效果的综合性指标，根据概算和主管部门规定的内容分别按概算和实际填列。

5）表中基建支出是指建设项目从开工起至竣工为止发生的全部基本建设支出，包括形成资产价值的交付使用资产如固定资产、流动资产、无形资产、递延资产支出，还包括不形成资产价值按照规定应核销的非经营项目的待核销基建支出和转出投资。上述支出，应根据财政部门历年批准的“基建投资表”中的有关数据填列。按照财政部印发财基字［1998］4号关于《基本建设财务管理若干规定》的通知，需要注意以下几点：

① 建筑安装工程投资支出、设备工器具投资支出、待摊投资支出和其他投资支出构成建设项目的建设成本。建筑安装工程投资支出是指建设单位按项目概算发生的建筑安装工程的实际成本，不包括被安装设备本身的价值以及按合同规定支付给施工单位的预付备料款和预付工程款。设备工器具投资支出是指建设单位按照项目概算内容发生的各种设备的实际成本和为生产准备的不够固定资产标准的工具、器具的实际成本。待摊投资支出是指建设单位按项目概算内容发生的，按规定应分摊计入交付使用资产价值的各项费用支出，内容包括建设单位管理费、土地征用及迁移补偿费、勘察设计费、研究试验费、可行性研究费、临时设施费、设备检验费、负荷联动试运转费、包干结余、坏账损失、借款利息、合同公正及工程质量监理费、土地使用税、汇兑损益、国外借款手续费及承诺费、施工机构迁移费、报废工程损失、耕地占用税、土地复耕及补偿费、固定资产损失、器具处理亏损、设备盘亏毁损、调整器具调拨价格折价、企业债券发行费、概预算审查费、贷款项目评估费、社会中介机构审计费、车船使用税、其他待摊投资支出等。建设单位发生单项工程报废时，按规定程序报批并经批准以单项工程的净损失，按增加建设成本处理，计入待摊投资支出。其他投资支出是指建设单位按项目概算内容发生的构成建设项目实际支出的房屋购置和基本畜禽、林木等购置、饲养、培养支出以及取得各种无形资产和递延资产发生的支出。

② 待核销基建支出是指非经营性项目发生的江河清障、补助群众造林、水土保持、城市绿化、取消项目可行性研究费、项目报废等不能形成资产部分的投资。对于能够形成资产部分的投资，应计入交付使用资产价值。

③ 非经营性项目转出投资支出是指非经营项目为项目配套的专用设施投资，包括专用道路、专用通信设施、送变电站、地下管道等，其产权不属于本单位的投资支出。对于产权归属本单位的，应计入交付使用资产价值。

6）表中“初步设计和概算批准日期、文号”，按最后经批准的日期和文件号填列。

7）表中收尾工程是指全部工程项目验收后尚遗留的少量收尾工程，在表中应明确填写收尾工程内容、完成时间，这部分工程的实际成本可根据实际情况进行估算并加以说明，完工后不再编制竣工决算。

表 8-3 大中型建设项目竣工工程概况表

<table>
<tr><td>建设项目
(单项工程)
名称</td><td colspan="2"></td><td>建设地址</td><td colspan="4"></td></tr>
<tr><td>主要设计
单位</td><td colspan="2"></td><td>主要施工
企业</td><td colspan="4"></td></tr>
<tr><td rowspan="3">占地面积</td><td>计划</td><td>实际</td><td rowspan="3">总投资
/万元</td><td colspan="2">设 计</td><td colspan="2">实 际</td></tr>
<tr><td rowspan="2"></td><td rowspan="2"></td><td>固定
资产</td><td>流动
资产</td><td>固定
资产</td><td>流动
资产</td></tr>
<tr><td></td><td></td><td></td><td></td></tr>
<tr><td rowspan="2">新增生产
能力</td><td colspan="2">能力(效
益)名称</td><td>设计</td><td colspan="4">实 际</td></tr>
<tr><td colspan="2"></td><td></td><td colspan="4"></td></tr>
<tr><td rowspan="2">建设起止
时间</td><td colspan="2">设计</td><td colspan="5">从 年 月开工至 年 月竣工</td></tr>
<tr><td colspan="2">实际</td><td colspan="5">从 年 月开工至 年 月竣工</td></tr>
<tr><td>设计概算
批准文号</td><td colspan="7"></td></tr>
<tr><td rowspan="5">完成主要
工程量</td><td colspan="2">建设面积
/m²</td><td colspan="5">设备/台套吨</td></tr>
<tr><td>设计</td><td>实际</td><td colspan="3">设 计</td><td colspan="2">实 际</td></tr>
<tr><td></td><td></td><td colspan="3"></td><td colspan="2"></td></tr>
<tr><td colspan="2">工程内容</td><td colspan="3">投资额</td><td colspan="2">完成时间</td></tr>
<tr><td colspan="2"></td><td colspan="3"></td><td colspan="2"></td></tr>
</table>

<table>
<tr><td rowspan="8">基建支出</td><td colspan="2">项目</td><td>概算</td><td>实际</td><td>主要
指标</td></tr>
<tr><td colspan="2">建筑安装
工程</td><td></td><td></td><td rowspan="12"></td></tr>
<tr><td colspan="2">设备、工
具、器具</td><td></td><td></td></tr>
<tr><td colspan="4">待摊投资
其中:建设单位管理费</td></tr>
<tr><td colspan="4">其他投资</td></tr>
<tr><td colspan="4">待核销基建支出</td></tr>
<tr><td colspan="4">非经营项目转出投资</td></tr>
<tr><td colspan="4">合计</td></tr>
<tr><td rowspan="5">主要材料消耗</td><td colspan="4"></td></tr>
<tr><td>名称</td><td>单位</td><td>概算</td><td>实际</td></tr>
<tr><td>钢材</td><td>t</td><td></td><td></td></tr>
<tr><td>木材</td><td>m²</td><td></td><td></td></tr>
<tr><td>水泥</td><td>t</td><td></td><td></td></tr>
<tr><td>主要技术经济指标</td><td colspan="5"></td></tr>
</table>

3. 大中型建设项目竣工财务决算表(见表 8-4)

大中型建设项目竣工财务决算表反映竣工的大中型建设项目从开工到竣工为止全部资金来源和资金运用的情况。它是考核和分析投资效果，落实结余资金，并作为报告上级核销基本建设支出和基本建设拨款的依据。在编制该表前，应先编制出项目竣工年度财务决算，根据编制出的竣工年度财务决算和历年财务决算编制项目的竣工财务决算。此表采用平衡表形式，即资金来源合计等于资金支出合计。具体编制方法是：

1)资金来源包括基建拨款、项目资本金、项目资本公积金、基建借款、上级拨入投资借款、企业债券资金、待冲基建支出、应付款、未交款、上级拨入资金和企业留成收入等。

① 项目资本金是指经营性项目投资者按国家有关项目资本金的规定，筹集并投入项目的非负债资金。项目资本金在项目竣工后，相应转为生产经营企业的国家资本金、法人资本金、个人资本金和外商资本金。

② 项目资本公积金。经营性项目对投资者实际缴付的出资额超过其资金的差额（包括发行股票的溢价净收入），资产评估确认价值或者合同、协议约定价值与原账面净值的差额，接收捐赠的财产、资本汇率折算差额，在项目建设期间作为资本公积金，在项目建成交付使用并办理竣工决算后，转为生产经营企业的资本公积金。

③ 基建收入是基建过程中形成的各项工程建设副产品变价净收入、负荷试车的试运行收入以及其他收入。在表中基建收入以实际销售收入扣除销售过程中所发生的费用和税后的实际纯收入填写。

2）表中“交付使用资产”“预算拨款”“自筹资金拨款”“其他拨款”“项目资本”“基建投资借款”“其他借款”等项目，是指自开工建设至竣工的累计数。上述有关指标应根据历年批复的年度基本建设财务决算和竣工年度的基本建设财务决算中资金平衡表相应项目的数字进行汇总填写。

3）表中其余项目费用办理竣工验收时的结余数，根据竣工年度财务决算中资金平衡表的有关项目期末数填写。

4）资金支出反映建设项目从开工准备到竣工全过程资金支出的情况，内容包括基本建设支出、应收生产单位投资借款、库存器材、货币资金、预付及应收款、有价证券以及拨付所属投资借款和库存固定资产等，资金支出总额应等于资金来源总额。

5）补充材料的“基建投资借款期末余额”反映竣工时尚未偿还的基本投资借款额，应根据竣工年度资金平衡表内的“基建投资借款”项目期末数填写；“应收生产单位投资借款期末数”，根据竣工年度资金平衡表内的“应收生产单位投资借款”项目的期末数填写；“基建结余资金”反映竣工的结余资金，根据竣工决算表中有关项目计算填写。

6）基建结余资金可以按下列公式计算：

基建结余资金 = 基建拨款 + 项目资本 + 项目资本公积金 + 基建投资借款 + 企业债券基金 + 待冲基建支出 − 基本建设支出 − 应收生产单位投资借款

表 8-4 大中型建设项目竣工财务决算表 （单位：元）

资金来源	金额	资金占用	金额	补充资料
一、基建拨款		一、基本建设支出		1. 基建投资借款期末余额
1. 预算拨款		1. 交付使用资产		
2. 基建基金拨款		2. 在建工程		2. 应收生产单位投资借款期末余额
3. 进口设备转账拨款		3. 待核销基建支出		
4. 器材转账拨款		4. 非经营项目转出投资		3. 基建结余资金
5. 煤代油专用基金拨款		二、应收生产单位投资借款		
6. 自筹资金拨款		三、拨付所属投资借款		
7. 其他拨款		四、器材		
二、项目资本		其中：待处理器材损失		
1. 国家资本		五、货币资金		
2. 法人资本		六、预付及应收款		
3. 个人资本		七、有价证券		
三、项目资本公积		八、固定资产		

（续）

资金来源	金额	资金占用	金额	补充资料
四、基建借款		固定资产原值		
五、上级拨入投资借款		减：累计折旧		
六、企业债券资金		固定资产净值		
七、待冲基建支出		固定资产清理		
八、应付款		待处理固定资产损失		
九、未交款				
1. 未交税金				
2. 未交基建收入				
3. 未交基建包干节余				
4. 其他未交款				
十、上级拨入资金				
十一、留成收入				
合计		合计		

4. 大中型建设项目交付使用资产总表（见表8-5）

大中型建设项目交付使用资产总表反映建设项目建成后新增固定资产、流动资产、无形资产和递延资产价值的情况和价值，作为财产交接、检查投资计划完成情况和分析投资效果的依据。小型建设项目不编制交付使用资产总表。直接编制交付使用资产明细表，大中型建设项目在编制交付使用资产总表的同时，还需编制交付使用资产明细表。大中型建设项目交付使用资产总表具体编制方法是：

1）表中各栏目数据根据交付使用明细表的“固定资产”“流动资产”“无形资产”“递延资产”的各相应项目的汇总数分别填写，表中总计栏的总计数应与竣工财务决算表中的交付使用资产的金额一致。

2）表中第2栏、第6栏、第7～9栏的合计数，应分别与竣工财务决算表交付使用的“固定资产”“流动资产”“无形资产”“递延资产”的数据相符。

表8-5 大中型建设项目交付使用资产总表 （单位：元）

单项工程项目名称	总计	固定资产					流动资产	无形资产	递延资产
		建筑工程	安装工程	设备	其他	合计			
1	2	3	4	5	6	7	8	9	10

支付单位盖章 年 月 日 接收单位盖章 年 月 日

5. 建设项目交付使用资产明细表（见表8-6）

建设项目交付使用资产明细表反映交付使用的固定资产、流动资产、无形资产和递延资产及其价值的明细情况，是办理资产交接的依据和接收单位登记资产账目的依据，是使用单位建立资产明细账和登记新增资产价值的依据。大中型和小型建设项目均需编制此表。编制时要做到齐全完整，数字准确，各栏目价值应与会计账目中相应科目的数据保持一致。建设项目交付使用资产明细表具体编制方法是：

1）表中“建筑工程”项目应按单项工程名称填列其结构、面积和价值。其中，“结构”是指项目按钢结构、钢筋混凝土结构、混合结构等结构形式填写；“面积”则按各项目实际完成面积填列；“价值”按交付使用资产的实际价值填写。

2）表中固定资产部分要在逐项盘点后，根据盘点实际情况填写，工具、器具和家具等低值易耗品可分类填写。

3）表中“流动资产”“无形资产”“递延资产”项目应根据建设单位实际交付的名称和价值分别填列。

表 8-6 建设项目交付使用资产明细表

单项工程项目名称	建筑工程			设备、工具、器具、家具					流动资产		无形资产		递延资产	
	结构	面积/m^2	价值/元	规格型号	单位	数量	价值/元	设备安装费/元	名称	价值/元	名称	价值/元	名称	价值/元
合计														

支付单位盖章 年 月 日 接收单位盖章 年 月 日

6. 小型建设项目竣工财务决算总表（见表 8-7）

由于小型建设项目内容比较简单，因此可将工程概况与财务情况合并编制一张竣工财务决算总表，该表主要反映小型建设项目的全部工程和财务情况。具体编制时可参照大、中型建设项目概况表指标和大、中型建设项目竣工财务决算表指标口径填写。

表 8-7 小型建设项目竣工财务决算总表

<table>
<tr><td>建设项目名称</td><td colspan="3"></td><td colspan="2">建设地址</td><td colspan="2"></td><td colspan="2">资金来源</td><td colspan="2">资金运用</td></tr>
<tr><td rowspan="2">初步设计概算批准文号</td><td colspan="7" rowspan="2"></td><td>项目</td><td>金额/元</td><td>项目</td><td>金额/元</td></tr>
<tr><td rowspan="2">一、基建拨款
其中：预算拨款</td><td rowspan="2"></td><td>一、交付使用资产</td><td></td></tr>
<tr><td rowspan="3">占地面积</td><td>计划</td><td>实际</td><td rowspan="3">总投资/万元</td><td colspan="2">计划</td><td colspan="2">实际</td><td>二、待核销基建支出</td><td></td></tr>
<tr><td rowspan="2"></td><td rowspan="2"></td><td>固定资产</td><td>流动资金</td><td>固定资产</td><td>流动资金</td><td>二、项目资本</td><td></td><td rowspan="2">三、非经营项目转出投资</td><td rowspan="2"></td></tr>
<tr><td></td><td></td><td></td><td></td><td>三、项目资本公积</td><td></td></tr>
<tr><td rowspan="2">新增生产能力</td><td colspan="2">能力（效益）名称</td><td>设计</td><td colspan="4">实际</td><td>四、基建借款</td><td></td><td rowspan="2">四、应收生产单位投资借款</td><td rowspan="2"></td></tr>
<tr><td colspan="2"></td><td></td><td colspan="4"></td><td>五、上级拨入借款</td><td></td></tr>
</table>

（续）

<table>
<tr><td>建设项目名称</td><td colspan="2"></td><td colspan="2">建设地址</td><td colspan="2">资金来源</td><td colspan="2">资金运用</td></tr>
<tr><td rowspan="2">建设起止时间</td><td>计划</td><td colspan="3">从 年 月开工至 年 月竣工</td><td>六、企业债券资金</td><td></td><td>五、拨付所属投资借款</td><td></td></tr>
<tr><td>实际</td><td colspan="3">从 年 月开工至 年 月竣工</td><td>七、待冲基建支出</td><td></td><td>六、器材</td><td></td></tr>
<tr><td rowspan="9">基建支出</td><td colspan="2">项目</td><td>概算/元</td><td>实际/元</td><td>八、应付款</td><td></td><td>七、货币资金</td><td></td></tr>
<tr><td colspan="2">建筑安装工程</td><td></td><td></td><td rowspan="3">九、未付款
其中：
未交基建收入
未交包干收入</td><td rowspan="3"></td><td>八、预付及应收款</td><td></td></tr>
<tr><td colspan="2">设备工器具</td><td></td><td></td><td>九、有价证券</td><td></td></tr>
<tr><td colspan="2" rowspan="2">待摊投资
其中：建设单位管理费</td><td rowspan="2"></td><td rowspan="2"></td><td>十、原有固定资产</td><td></td></tr>
<tr><td>十、上级拨入资金</td><td></td><td></td><td></td></tr>
<tr><td colspan="2">其他投资</td><td></td><td></td><td>十一、留成收入</td><td></td><td></td><td></td></tr>
<tr><td colspan="2">待核销基建支出</td><td></td><td></td><td></td><td></td><td></td><td></td></tr>
<tr><td colspan="2">非经营性项目转出投资</td><td></td><td></td><td></td><td></td><td></td><td></td></tr>
<tr><td colspan="2">合计</td><td></td><td></td><td>合计</td><td></td><td>合计</td><td></td></tr>
</table>

8.2.2.3 建设工程竣工图

为确保竣工图质量，必须在施工过程中（不能在竣工后）及时做好隐蔽工程检查记录，整理好设计变更文件。其具体要求有：

1）凡按图竣工没有变动的，由施工单位（包括总包和分包施工单位，下同）在原施工图上加盖“竣工图”标志后作为竣工图。

2）凡在施工过程中，虽有一般性设计变更，但能将原施工图加以修改补充作为竣工图的，可不重新绘制，由施工单位负责在原施工图（必须是新蓝图）上注明修改的部分，并附以设计变更通知单和施工说明，加盖“竣工图”标志后作为竣工图。

3）凡结构形式改变、施工工艺改变、平面布置改变、项目改变以及有其他重大改变，不宜再在原施工图上修改、补充时，应重新绘制改变后的竣工图。由原设计原因造成的，由设计单位负责重新绘制；由施工原因造成的，由施工单位负责重新绘图；由其他原因造成的，由建设单位自行绘制或委托设计单位绘制。施工单位负责在新图上加盖“竣工图”标志，并附以有关记录和说明，作为竣工图。

4）为了满足竣工验收和竣工决算需要，还应绘制反映竣工工程全部内容的工程设计平面示意图。

8.2.2.4 工程造价比较分析

对控制工程造价所采取的措施、效果及其动态的变化进行认真的比较对比，总结经验教训。批准的概算是考核建设工程造价的依据。在分析时，可先对比整个项目的总概算，然后将建筑安装工程费、设备工器具费和其他工程费用逐一与竣工决算表中所提供的实际数据和相关资料及批准的概算、预算指标、实际的工程造价进行对比分析，以确定竣工项目总造价是节约还是超支，并在对比的基础上，总结先进经验，找出节约和超支的内容和原因，提出改进措施。在实际工作中，应主要分析以下内容：

1）主要实物工程量。对于实物工程量出入比较大的情况，必须查明原因。

2）主要材料消耗量，考核主要材料消耗量，要按照竣工决算表中所列明的三大材料实际超概算的消耗量，查明是在工程的哪个环节超出量最大，再进一步查明超耗的原因。

3）考核企业管理费，规费的取费标准。这些取费标准要按照国家和各地的有关规定，根据竣工决算报表中所列的企业管理费与概预算所列的企业管理费数额进行比较，依据规定查明是否多列或少列费用项目，确定其节约超支的数额，并查明原因。

8.2.3 竣工决算的编制

8.2.3.1 竣工决算的编制依据

1）可行性研究报告，投资估算书，初步设计或扩大初步设计，修正总概算及其批复文件。

2）设计变更记录，施工记录或施工签证单，其他施工发生的费用记录。

3）经批准的施工图预算或标底造价，承包合同，工程结算等有关资料。

4）历年基建计划，历年财务决算及批复文件。

5）设备、材料调价文件和调价记录。

6）其他有关资料。

8.2.3.2 竣工决算的编制要求

为了严格执行建设项目竣工验收制度，正确核定新增固定资产价值，考核分析投资效果，建立健全经济责任制，所有新建、扩建和改建等建设项目竣工后，都应及时、完整、正确地编制好竣工决算。建设单位要做好以下工作。

1. 按照规定组织竣工验收，保证竣工决算的及时性

及时组织竣工验收，是对建设工程的全面考核所有的建设项目（或单项工程）按照批准的设计文件所规定的内容建成后，具备了投产和使用条件的，都要及时组织验收。对于竣工验收中发现的问题，应及时查明原因，采取措施加以解决，以保证建设项目按时交付使用和及时编制竣工决算。

2. 积累、整理竣工项目资料，保证竣工决算的完整性

积累、整理竣工项目资料是编制竣工决算的基础工作，它关系到竣工决算的完整性和质量的好坏。因此，在建设过程中，建设单位必须随时收集项目建设的各种资料，并在竣工验收前，对各种资料进行系统整理，分类立卷，为编制竣工决算提供完整的数据资料，为投产后加强固定资产管理提供依据。在工程竣工时，建设单位应将各种基础资料与竣工决算一起移交给生产单位或使用单位。

3. 清理、核对各项账目，保证竣工决算的正确性

工程竣工后，建设单位要认真核实各项交付使用资产的建设成本，做好各项账务、物资以及债权的清理结余工作。应偿还的及时偿还，该收回的应及时收回；对各种结余的材料、设备、施工机械工具等，要逐项清点核实，妥善保管，按照国家有关规定进行处理，不得任

意侵占；对竣工后的结余资金，要按规定上交财政部门或上级主管部门。作完上述工作，核实了各项数字的基础上，正确编制从年初起到竣工月份止的竣工年度财务决算，以便根据历年的财务决算和竣工年度财务决算进行整理汇总，编制建设项目决算。

按照规定竣工决算应在竣工项目办理验收交付手续后 1 个月内编好，并上报主管部门，有关财务成本部分，还应送经办行审查签证。主管部门和财政部门对报送的竣工决算审批后，建设单位即可办理决算调整和结束有关工作。

8.2.3.3 竣工决算的编制步骤

1）收集、整理和分析有关依据资料。在编制竣工决算文件之前，就系统地整理所有的技术资料、工料结算的经济文件、施工图纸和各种变更与签证资料，并分析它们的准确性。完整、齐全的资料，是准确而迅速编制竣工决算的必要条件。

2）清理各项财务、债务和结余物资。在收集、整理和分析有关资料中，要特别注意建设工程从筹建到竣工投产或使用的全部费用的各项账务，债权和债务的清理，做到工程完毕账目清晰。既要核对账目，又要查点库有实物的数量，做到账与物相等，账与账相符。对结余的各种材料、工器具和设备，要逐项清点核实，妥善管理，并按规定及时处理，收回资金。对各种往来款项要及时进行全面清理，为编制竣工决算提供准确的数据和结果。

3）填写竣工决算报表。安装建设工程决算表格中的内容，根据编制依据中的有关资料进行统计或计算各个项目和数量，并将其结果填到相应表格的栏目内，完成所有报表的填写。

4）编制建设工程竣工决算说明。按照建设工程竣工决算说明的内容要求，根据编制依据材料填写在报表中的结果，编写文字说明。

5）做好工程造价对比分析。

6）清理、装订好竣工图。

7）上报主管部门审查。

将上述编写的文字说明和填写的表格经核对无误，装订成册，即为建设工程竣工决算文件。将其上报主管部门审查，并把其中财务成本部分送交开户银行签证。竣工决算在上报主管部门的同时，抄送有关设计单位。大中型建设项目的竣工决算还应抄送财政部、建设银行总行以及省、市、自治区的财政局和建设银行分行各一份。建设工程竣工决算的文件，由建设单位负责组织人员编写，在竣工建设项目办理验收使用 1 个月之内完成。

8.2.3.4 竣工决算的编制实例

【例 8-1】 某一大中型建设项目 1999 年开工建设，2000 年底有关财务核算资料如下。

（1）已经完成部分单项工程，经验收合格后，已经交付使用的资产包括：

1）固定资产价值 75540 万元。

2）为生产准备的使用期限在一年以内的备品备件、工具、器具等流动资产价值 30000 万元，期限在一年以上，单位价值在 1500 元以上的工具 60 万元。

3）建造期间购置的专利权、非专利技术等无形资产 2000 万元，摊销期 5 年。

4）筹建期间发生的开办费 80 万元。

（2）基本建设支出的项目包括：

1）建筑安装工程支出16000万元。

2）设备工器具投资44000万元。

3）建设单位管理费、勘察设计费等待摊投资2400万元。

4）通过出让方式购置的土地使用权形成的其他投资110万元。

5）非经营项目发生待核销基建支出50万元。

6）应收生产单位投资借款1400万元。

7）购置需要安装的器材50万元，其中待处理器材16万元。

8）货币资金470万元。

9）预付工程款及应收有偿调出器材款18万元。

10）建设单位自用的固定资产原值60550万元，累计折旧10022万元。

（3）反映在资金平衡表上的各类资金来源的期末余额是：

1）预算拨款52000万元。

2）自筹资金拨款58000万元。

3）其他拨款520万元。

4）建设单位向商业银行借入的借款110000万元。

5）建设单位当年完成交付生产单位使用的资产价值中，200万元属于利用投资借款形成的待冲基建支出。

6）应付器材销售商40万元贷款和尚未支付的应付工程款1916万元。

7）未交税金30万元。

根据上述有关资料编制该项目竣工财务决算表（见表8-8）。

表8-8 某大中型建设项目竣工财务决算表

建设项目名称：××建设项目　　　　（单位：万元）

资金来源	金额	资金占用	金额	补充资料
一、基建拨款	110520	一、基本建设支出	170240	1. 基建投资借款期末余额
1. 预算拨款	52000	1. 交付使用资产	107680	
2. 基建基金拨款		2. 在建工程	62510	2. 应收生产单位投资借款期末余额
3. 进口设备转账拨款		3. 待核销基建支出	50	
4. 器材转账拨款		4. 非经营项目转出投资		3. 基建结余资金
5. 煤代油专用基金拨款		二、应收生产单位投资借款	1400	
6. 自筹资金拨款	58000	三、拨付所属投资借款		
7. 其他拨款	520	四、器材	50	
二、项目资本		其中：待处理器材损失	16	
1. 国家资本		五、货币资金	470	
2. 法人资本		六、预付及应收款	18	
3. 个人资本		七、有价证券		
三、项目资本公积		八、固定资产	50528	
四、基建借款	110000	固定资产原值	60550	
五、上级拨入投资借款		减：累计折旧	10022	

（续）

资金来源	金额	资金占用	金额	补充资料
六、企业债券资金		固定资产净值	50528	
七、待冲基建支出	200	固定资产清理		
八、应付款	1956	待处理固定资产损失		
九、未交款	30			
1. 未交税金	30			
2. 未交基建收入				
3. 未交基建包干节余				
4. 其他未交款				
十、上级拨入资金				
十一、留成收入				
合计	222706	合计	222706	

8.2.4 新增资产价值的确定

8.2.4.1 新增资产价值的分类

按照新的财务制度和企业会计准则，新增资产按资产性质可分为固定资产、流动资产、无形资产、递延资产和其他资产五大类。

（1）固定资产　是指使用期限超过一年，单位价值在1000元或1500元或2000元以上，并且在使用过程中保持原有实物形态的资产，包括房屋、建筑物、机械、运输工具等。不同时具备以上两个条件的资产为低值易耗品，应列入流动资产范围内，如企业自身使用的工具、器具、家具等。

（2）流动资产　是指可以在一年或者超过一年的营业周期内变现或者耗用的资产。它是企业资产的重要组成部分。流动资产按资产的占用形态可分为现金、存货（指企业的库存材料、在产品、产成品、商品等）、银行存款、短期投资、应收账款及预付账款。

（3）无形资产　是指特定主体所控制的，不具有实物形态，对生产经营长期发挥作用且能带来经济利益的资源。主要有专利权、非专利技术、商标权、商誉。

（4）递延资产　是指不能全部计入当年损益，应当在以后年度分期摊销的各种费用，包括开办费、租入固定资产改良支出等。

（5）其他资产　是指具有专门用途但不参加生产经营的经国家批准的特种物资，银行冻结存款和冻结物质、涉及诉讼的财产等。

8.2.4.2 新增资产价值的确定方法

1. 新增固定资产价值的确定

新增固定资产价值是以独立发挥生产能力的单项工程为对象的。单项工程建成经有关部门验收鉴定合格，正式移交生产或使用，即应计算新增固定资产价值。一次交付生产或使用的工程应一次计算新增固定资产价值；分期分批交付生产或使用的工程，应分期分批计算新增固定资产价值。在计算时应注意以下几种情况：

1）对于为了提高产品质量、改善劳动条件、节约材料消耗、保护环境而建设的附属辅助工程，只要全部建成，正式验收交付使用后就要计入新增固定资产价值。

2）对于单项工程中不构成生产系统，但能独立发挥效益的非生产性项目，如住宅、食堂、医务所、托儿所、生活服务网点等，在建成并交付使用后，也要计算新增固定资产价值。

3）凡购置达到固定资产标准不需安装的设备、工器具，应在交付使用后计入新增固定资产价值。

4）属于新增固定资产价值的其他投资，应与受益工程交付使用的同时一并计入。

5）交付使用财产的成本，应按下列内容计算：房屋、建筑物、管道、线路等固定资产的成本包括建筑工程成果和待分摊的待摊投资；动力设备和生产设备等固定资产的成本包括需要安装设备的采购成本、安装工程成本、设备基础支柱等建筑工程成本或砌筑锅炉及各种特殊炉的建筑工程成本、应分摊的待摊投资；运输设备及其他不需要安装的设备、工具、器具、家具等固定资产一般仅计算采购成本，不计分摊的待摊投资。

6）共同费用的分摊方法。新增固定资产的其他费用，如果是属于整个建设项目或两个以上单项工程的，在计算新增固定资产价值时，应在各单项工程中按比例分摊。分摊时，什么费用应由什么工程负担应按具体规定进行。一般情况下，建设单位管理费按建筑工程、安装工程、需安装设备价值总额作比例分摊，而土地征用费、勘察设计费等费用则按建筑工程造价分摊。

【例8-2】 某工业建设项目及其总装车间的建筑工程费、安装工程费，需安装设备费以及应摊入费用见表8-9，计算总装车间新增固定资产价值。

表8-9 分摊费用计算表 （单位：万元）

项目名称	建筑工程	安装工程	需安装设备	建设单位管理费	土地征用费	勘察设计费
建设单位竣工决算	3000	500	1200	60	80	55
总装车间竣工决算	600	200	500			

【解】 1）应分摊的建设单位管理费 $=\dfrac{600+200+500}{3000+500+1200}\times 60$ 万元 $=16.60$ 万元

2）应分摊的土地征用费 $=\dfrac{600}{3000}\times 80$ 万元 $=16$ 万元

3）应分摊的勘察设计费 $=\dfrac{600}{3000}\times 55$ 万元 $=11$ 万元

第一车间新增固定资产价值 $=[(600+200+500)+(16.60+16+11)]$ 万元

$=(1300+48.75)$ 万元 $=1343.6$ 万元

2. 流动资产价值的确定

流动资产是指可以在一年内或者超过一年的一个营业周期内变现或者运用的资产，包括现金及各种存款以及其他货币资金、短期投资、存货、应收及预付款项以及其他流动资产等。

（1）货币性资金 货币性资金是指现金、各种银行存款及其他货币资金。现金是指企业的库存现金，包括企业内部各部门用于周转使用的备用金。各种存款是指企业的各种不同类型的银行存款。其他货币资金是指除现金和银行存款以外的其他货币资金，根据实际入账价值核定。

(2) 应收及预付款项　应收账款是指企业因销售商品、提供劳务等应向购货单位或受益单位收取的款项；预付款项是指企业按照购货合同预付给供货单位的购货定金或部分货款。应收及预付款项包括应收票据、应收款项、其他应收款、预付货款和待摊费用。一般情况下，应收及预付款项按企业销售商品、产品或提供劳务时的成交金额入账核算。

(3) 短期投资　这包括股票、债券、基金。股票和债券根据是否可以上市流通分别采用市场法和收益法确定其价值。

(4) 存货　存货是指企业的库存材料、在产品、产成品等。各种存货应当按照取得时的实际成本计价。存货的形成主要有外购和自制两个途径。外购的存货，按照买价加运输费、装卸费、保险费、途中合理损耗、入库前加工整理及挑选费用以及缴纳的税金等计价；自制的存货，按照制造过程中的各项实际支出计价。

3. 无形资产价值的确定

根据我国2001年颁布的《资产评估准则——无形资产》规定，无形资产是指特定主体所控制的，不具有实物形态，对生产经营长期发挥作用且能够带来经济利益的资源。

(1) 无形资产的计价原则　具体如下。

1) 按无形资产作为资本金或者合作条件投入时，按评估确认或合同协议约定的金额计价。

2) 购入的无形资产，按照实际支付的价款计价。

3) 自行开发并依法申请取得的，按开发过程中的实际支出计价。

4) 企业接受捐赠的无形资产，按照发票账单所持金额或者同类无形资产市价作价。

5) 无形资产计价入账后，应在其有效使用期内分期摊销。

(2) 无形资产的计价方法　具体如下。

1) 专利权的计价。专利权分为自创和外购两类。自创专利权的价值为开发过程中的实际支出，主要包括专利的研制成本和交易成本。研制成本包括直接成本和间接成本：直接成本是指研制过程中直接投入发生的费用，主要包括材料费用、工资费用、专用设备费、资料费、咨询鉴定费、协作费、培训费和差旅费等；间接成本是指与研制开发有关的费用，主要包括管理费、非专用设备折旧费、应分摊的公共费用及能源费用。交易成本是指在交易过程中的费用支出，主要包括技术服务费、交易过程中的差旅费及管理费、手续费、税金。由于专利权是具有独占性并能带来超额利润的生产要素，因此，专利权转让价格不按成本估价，而是按照其所能带来的超额收益计价。

2) 非专利技术的计价。非专利技术具有使用价值和价值。使用价值是非专利技术本身应具有的。非专利技术的价值在于非专利技术的使用所能产生的超额获利能力，应在研究分析其直接和间接的获利能力的基础上，准确计算出其价值。如果非专利技术是自创的，一般不作为无形资产入账，自创过程中发生的费用，按当期费用处理。对于外购非专利技术，应由法定评估机构确认后再进行估价，其方法往往通过能产生的收益采用收益法进行估价。

3) 商标权的计价。如果商标权是自创的，一般不作为无形资产入账，而将商标设计、制作、注册、广告宣传等发生的费用直接作为销售费用计入当期损益。只有当企业购入或转让商标时，才需要对商标权计价。商标权的计价一般根据被许可方新增的收益确定。

4）土地使用权的计价。根据取得土地使用权的方式不同，土地使用权可有以下几种计价方式：当建设单位向土地管理部门申请土地使用权并为之支付一笔出让金时，土地使用权作为无形资产核算；当建设单位获得土地使用权是通过行政划拨的，这时土地使用权就不能作为无形资产核算；在将土地使用权有偿转让、出租、抵押、作价入股和投资，按规定补交土地出让价款时，才作为无形资产核算。

4. 递延资产和其他资产价值的确定

（1）递延资产价值的确定　具体如下。

1）开办费。开办费是指在筹集期间发生的，不能计入固定资产或无形资产价值的费用，主要包括筹建期间人员工资、办公费、员工培训费、差旅费、印刷费、注册登记费以及不计入固定资产和无形资产购建成本的汇兑损益、利息支出等。根据现行财务制度规定，企业筹建期间发生的费用，应于开始生产经营起一次计入开始生产经营当期的损益。企业筹建期间开办费的价值可按其账面价值确定。

2）以经营租赁方式租入的固定资产改良工程支出的计价，应在租赁有限期限内摊入制造费用或管理费用中。

（2）其他资产　其他资产包括特准储备物资等，按实际入账价值核算。

8.3 保修费用的处理

8.3.1 建设项目保修

8.3.1.1 建设项目保修及其意义

1. 保修的含义

我国《建筑法》第六十二条规定：“建筑工程实行质量保修制度。”建设工程质量保修制度是国家所确定的重要法律制度，它是指建设工程在办理交工验收手续后，在规定的保修期限内（按合同有关保修期的规定），因勘察设计、施工、材料等原因造成的质量缺陷，应由责任单位负责维修。项目保修是项目竣工验收交付使用后，在一定期限内由施工单位到建设单位或用户进行回访，对于工程发生的确实是由于施工单位施工责任造成的建筑物使用功能不良或无法使用的问题，由施工单位负责修理，直到达到正常使用的标准。保修回访制度属于建筑工程竣工后管理范畴。

2. 保修的意义

工程质量保修是一种售后服务方式，是《建筑法》和《建设工程质量管理条例》规定的承包人的质量责任。建设工程保修制度对于完善建设工程保修制度，促进承包方加强质量管理、改进工程质量，保护用户及消费者的合法权益能够起到重要的作用。

8.3.1.2 保修的范围和最低保修期限

1. 保修的范围

建筑工程的保修范围应包括地基基础工程。主体结构工程、屋面防水工程和其他土建工程，电气管线、上下水管线的安装工程，供热、供冷系统工程等项目。

2. 保修的期限

保修的期限应当按照保证建筑物合理寿命内正常使用，维护使用者合法权益的原则确定。按照《建设工程质量管理条例》第四十条规定：

1）基础设施工程、房屋建筑的地基基础工程和主体结构工程，为设计文件规定的该工程的合理使用年限。

2）屋面防水工程、有防水要求的卫生间、房间和外墙面的防渗漏，为5年。

3）供热与供冷系统，为2个采暖期和供热期。

4）电气管线、给排水管道、设备安装和装修工程，为2年。

5）其他项目的保修期限由承发包双方在合同中规定。

建设工程的保修期，自竣工验收合格之日算起。

8.3.1.3 保修的操作方法

1. 发送保修证书（房屋保修卡）

在工程竣工验收的同时（最迟不应超过三天到一周），由施工单位向建设单位发送建筑安装工程保修证书。保修证书目前在国内没有统一的格式或规定，应由施工单位拟定并统一印刷。保修证书一般的主要内容包括：

1）工程简况、房屋使用管理要求。

2）保修范围和内容。

3）保修时间。

4）保修说明。

5）保修情况记录。

6）保修单位（即施工单位）的名称、详细地址等。

2. 要求检查和保修

在保修期间内，建设单位或用户发现房屋的使用功能出现问题，是由于施工质量而影响使用，可以用口头或书面通知施工单位的有关保修部门，说明情况，要求派人前往检查修理。施工单位必须尽快地派人检查，并会同建设单位共同做出鉴定，提出修理方案，尽快地组织人力物力进行修理。房屋建筑工程在保修期间出现质量缺陷，建设单位或房屋建筑所有人应当向施工单位发出保修通知，施工单位接到保修通知后，应到现场检查情况，在保修书约定的时间内予以保修。发生涉及结构安全或者严重影响使用功能的紧急抢修事故，施工单位接到保修通知后，应当立即到达现场抢修。发生涉及结构安全的质量缺陷，建设单位或者房屋建筑产权人应当立即向当地建设主管部门报告，采取安全防范措施；由原设计单位或者具有相应资质等级的设计单位提出保修方案；施工单位实施保修，原工程质量监督机构负责监督。

3. 验收

在发生问题的部位或项目修理完毕后，要在保修证书的“保修记录”栏内做好记录，并经建设单位验收签认，此时修理工作完毕。

8.3.2 保修费用及其处理

8.3.2.1 保修费用的含义

保修费用是指对保修期间和保修范围内所发生的维修、返工等各项费用支出。保修费用应按合同和有关规定合理确定和控制。保修费用一般可参照建筑安装工程造价的确定程序和方法计算，也可以按照建筑安装工程造价或承包工程合同价的一定比例计算（目前取5%）。

8.3.2.2 保修费用的处理

根据我国《建筑法》的规定，在保修费用的处理问题上，必须根据修理项目的性质、内容以及检查修理等多种因素的实际情况，区别保修责任的承担问题。对于保修的经济责任的确定，应当由有关责任方承担，由建设单位和施工单位共同商定经济处理办法。

1）承包单位未按国家有关规范、标准和设计要求施工，造成的质量缺陷，由承包单位负责返修并承担经济责任。由承包人采购的建筑材料、建筑构配件、设备等不符合质量要求，或承包人应进行而没有进行试验或检验，进入现场使用造成质量问题的，应由承包人负责修理并承担经济责任。

2）由于设计方面的原因造成的质量缺陷，由设计单位承担经济责任，可由施工单位负责维修。其费用按有关规定通过建设单位向设计单位索赔，不足部分由建设单位负责协同有关方解决。

3）因建筑材料、建筑构配件和设备质量不合格引起的质量缺陷，属于承包单位采购的或经其验收同意的，由承包单位承担经济责任；属于建设单位采购的，由建设单位承担经济责任。

4）因使用单位使用不当造成的损坏问题，由使用单位自行负责。

5）由于地震、洪水、台风等不可抗力原因造成损坏，或非施工原因造成的事故，承包人不承担经济责任。当使用人需要责任以外的修理、维护服务时，承包人应提供相应的服务，但应签订协议，约定服务的内容和质量要求，所发生的费用，应由使用人按协议约定的方式支付。

6）有的项目经发包人和承包人协商，根据工程的合理使用年限，采用保修保险方式。这种方式不需扣保留金，保险费由发包人支付，承包人应按约定的保修承诺，履行其保修职责和义务。

7）根据《建筑法》第七十五条的规定，建筑施工企业违反该法规定，不履行保修义务的，责令改正，可以处以罚款。在保修期间因屋顶、墙面渗漏、开裂等质量缺陷，有关责任企业应当依据实际损失给予实物或价值补偿。质量缺陷是由勘察设计、监理或者建筑材料、建筑构配件和设备等原因造成的，施工企业可以在保修和赔偿损失之后，根据有关法律规定向有关责任者追偿。因建设工程质量不合格而造成损害的，受损害人有权向责任者要求赔偿。因建设单位或者勘察设计的原因、施工的原因、监理的原因产生的建设质量问题，造成他人损失的，以上单位应当承担相应的赔偿责任。受损害人可以向以上任何一方要求赔偿，也可以向以上各方提出共同赔偿要求。有关各方之间在赔偿后，可以在查明原因后向真正责任人追偿。

8）涉外工程的保修问题，除参照上述办法进行处理外，还应依照原合同条款的有关规定执行。

建设工程在保修范围和保修期限内发生质量问题的，承包人应当履行保修义务，并对造成的损失承担赔偿责任。凡是由于用户使用不当而造成建筑功能不良或损坏，不属于保修范围；凡属工业产品项目发生问题，也不属于保修范围。以上两种情况应由建设单位自行组织修理。

复习题

1. 建设项目竣工验收的概念是什么？
2. 建设项目竣工验收的内容有哪些？
3. 建设项目竣工验收的程序是什么？
4. 建设项目竣工决算的概念及作用是什么？
5. 竣工决算的内容有哪些？
6. 竣工决算的编制步骤是什么？
7. 新增固定资产价值是如何确定的？
8. 保修费用如何处理？

参考文献

[1] 龚维丽．工程造价的确定与控制［M］．北京：中国计划出版社，2001.
[2] 丛培经．建设工程施工发包承包价格［M］．北京：中国计划出版社，2002.
[3] 中国机械工业教育协会．建筑工程概预算［M］．2版．北京：机械工业出版社，2008.
[4] 孙震．建筑工程概预算与工程量清单计价［M］．北京：人民交通出版社，2003.
[5] 蒋传辉．建设工程造价管理［M］．南昌：江西高校出版社，1999.
[6] 袁建新．施工图预算与工程造价控制［M］．北京：中国建筑工业出版社，2000.
[7] 全国造价工程师执业资格考试培训教材编审委员会．全国造价工程师执业资格考试培训教材——工程造价计价与控制［M］．北京：中国计划出版社，2003.
[8] 刘元芳．建设工程造价管理［M］．北京：中国电力出版社，2005.
[9] 戚安邦．工程项目全面造价管理［M］．天津：南开大学出版社，2000.
[10] 刘伊生．建设项目管理［M］．北京：北方交通大学出版社，2001.
[11] 唐连钰．工程造价的确定与控制［M］．北京：中国建材工业出版社，2001.
[12] 包晓春，廖培林．计划编制与进度控制方法论［M］．上海：上海普华应用软件出版社，2001.
[13] 刘允延，马龙友．可变工期施工项目的投标技巧［J］．北京建筑工程学院学报，2000（2）：1-7.
[14] 蔡文元．基本建设财务会计核算实务例解［M］．北京：中国农业出版社，2001.
[15] 张智钧．工程项目管理［M］．北京：机械工业出版社，2004.
[16] 丛培经．建设工程项目管理规范培训讲座［M］．北京：中国建筑工业出版社，2003.
[17] 许高峰．国际招投标［M］．北京：人民交通出版社，2001.
[18] 王雪青．国际工程项目管理［M］．北京：中国建筑工业出版社，2000.
[19] 全国监理工程师培训教材编写委员会．工程建设投资控制［M］．北京：知识产权出版社，2000.
[20] 刘允延．施工过程的计算机监控［J］．建筑技术，1997（6）：422-423.
[21] 刘允延，刘彦．工程业主如何选择项目实施方式［J］．北京建筑工程学院学报，2002（3）：58-63.
[22] 住房和城乡建设部标准定额研究所，四川省建设工程造价管理总站 GB 50500—2013 建设工程工程量清单计价规范［S］．北京：中国计划出版社，2013.
[23] 全国造价工程师执业资格考试培训教材编审委员会．建设工程造价案例分析（2014年修订）［M］．北京：中国城市出版社，2014.